高等学校公共基础课系列教材

大学物理实验

主编　刘芬娣　周红仙　郭献章　穆松梅

西安电子科技大学出版社

内 容 简 介

本书是根据教育部《理工科类大学物理实验课程教学基本要求》编写的大学物理实验教材。全书共 5 章，内容包括绪论，物理实验中的基本测量方法与常用物理量的测量，误差、不确定度和数据处理的基本知识，以及基础物理实验（12 个），综合与应用性实验（7 个）和设计性物理实验（20 个）。其中，基础物理实验和综合与应用性实验中的大部分实验项目都提供了二维码，这些二维码关联了对应的实验微课，便于学生利用碎片化时间进行自主学习。为适应社会发展对高等教育的要求，本书侧重于综合与应用性实验和设计性实验项目的选用。实验项目的实验导引抛砖引玉地介绍了与实验项目相关的大国工程、科技前沿等，旨在培养学生的爱国主义情怀。

本书可作为高等工科院校物理实验教材或教学参考书。

图书在版编目(CIP)数据

大学物理实验 / 刘芬娣等主编. —西安：西安电子科技大学出版社，2021.8(2022.8 重印)
ISBN 978 - 7 - 5606 - 6132 - 2

Ⅰ. ①大… Ⅱ. ①刘… Ⅲ. ①物理学—实验—高等学校—教材
Ⅳ. ①O4 - 33

中国版本图书馆 CIP 数据核字(2021)第 150795 号

策　　划	刘小莉
责任编辑	汪　飞　刘小莉
出版发行	西安电子科技大学出版社(西安市太白南路 2 号)
电　　话	(029)88202421　88201467　　邮　编　710071
网　　址	www.xduph.com　　　　电子邮箱　xdupfxb001@163.com
经　　销	新华书店
印刷单位	陕西天意印务有限责任公司
版　　次	2021 年 8 月第 1 版　2022 年 8 月第 2 次印刷
开　　本	787 毫米×1092 毫米　1/16　印张　15
字　　数	353 千字
印　　数	3001～5000 册
定　　价	36.00 元

ISBN 978 - 7 - 5606 - 6132 - 2 / O

XDUP 6434001 - 2

前　言

  本书是依据教育部高等学校物理学与天文学教学指导委员会之物理基础课程教学指导分委员会颁布的《理工科类大学物理实验课程教学基本要求》编写的。本书除了包含物理实验内容，还包含了课程思政的内容，旨在让学生学习科学知识的同时，潜移默化地提升爱国主义情怀。

  本书对有关物理实验的基础知识、基本技能作了比较详细的介绍，包括主要的实验方法、常用实验仪器的正确使用、实验记录、数据处理等内容，目的是让学生上大学就能受到正规的实验训练，能按照实验数据处理的正规要求去做，能掌握一些基本实验技能和实验方法，为以后的科学研究工作打下坚实的基础。

  全书共 39 个实验项目，按实验的特点分为基础物理实验、综合与应用性实验、设计性物理实验三部分。其中综合与应用性实验及设计性物理实验的比例较大，主要结合工科院校教学的特点，增加了物理量的测量实验，以提高学生分析问题和解决问题的能力。

  每个实验开始都以实验导引的形式引入和实验相关的大国工程及科技前沿，并对实验作了概述，介绍了其理论或工程上的意义、应用范围及实验特点，以便让学生了解它的应用价值，感受祖国的日益强大。大部分实验后都设有思考题，提出了若干与本实验原理、方法和数据处理等有关的问题，供学生在实验前或实验后完成，这将有助于提高学生对实验的认识。思考题中稍难的题目，供有余力的优秀学生学习思考。

  另外，本书的基础物理实验和综合与应用性实验中的大部分实验项目关联了对应的二维码实验微课，学生可随时随地扫描二维码进行相关实验的微课学习，实现课外碎片化时间自主学习。

  本书由东北大学秦皇岛分校刘芬娣、周红仙、郭献章、穆松梅主编。

  本书的编写得到了学校各级领导的热情鼓励和大力支持。同时，一些兄弟院校的教材也为本书的编写提供了很好的借鉴，几个仪器厂家也为本书的编写提供了参考资料，此外以 2019 级学生张雨辰为代表的审阅小组对本书内容进行了认真细致的审阅，在此一并表示衷心感谢。

  由于编者水平有限，加之时间仓促，实践经验不足，书中难免有不妥之处，恳请读者提出宝贵意见。

编者

2021 年 3 月

目　　录

1

物理实验课学生守则

一、每学期开课前各班学委必须先到物理实验办公室抄取本班实验课表，学生按课表进行实验预习和实验操作。

二、要按时上课，迟到超过 5 分钟者，不得进入实验室。

三、学生进入实验室须带上本人学生证、事先写好的预习报告和记录实验数据的表格，经教师检查同意方可进行实验。

四、学生进入实验室后，要遵守如下规定：

1. 入室前要将鞋底擦净；入室后，书包要放在指定地点，不许放在实验台上。

2. 禁止喧哗，保持安静；保持实验室卫生。

3. 要集中精神听讲，不许在下面摆弄仪器或做其他小动作。

4. 操作前，首先检查器材是否齐全，如有短缺或损坏，应立即提出，不许私自串用其他组的器材。

5. 使用电源时，如无特殊声明，必须经过教师或实验室工作人员检查线路后方可接通电源。

6. 要爱护实验器具，细心使用，严格遵守操作规程；对于其性能及使用方法还不甚了解的器具，切勿乱摸乱拧；转动旋钮时，动作要轻，切忌猛力转动；光学实验中，不许触摸光学元件表面。实验器具如有损坏，应立即报告实验室工作人员，如系学生违规造成，需照章赔偿。

7. 实验中，要保持实验台稳定，避免其受到震动或严重变形。

8. 仪器设备出现故障时，应立即停止实验，并报告指导教师，在教师指导下，设法排除故障，培养分析问题和独立工作的能力。

9. 做实验时要一丝不苟，精心操作，仔细观察，积极分析思考，如实记录实验数据。做完实验，应将仪器整理还原，将实验台面和凳子收拾整齐。经教师审查测量数据和仪器还原情况并签字后，方能离开实验室。未经教师签字的测量数据无效。

10. 实验失败或误差超限时，应重做实验。

学生必须严格遵守上述有关规定，服从指导，态度要端正。否则，指导教师和实验室工作人员有权停止该生做实验。

五、要忠实于测量数据，实事求是，不许人为造假或抄袭他人的数据，一经发现，严肃处理。

六、实验报告（连同经过签字的记录纸）在实验后一周内交实验室，否则酌情降低实验成绩。

七、对于不合格的实验报告，发回后要重做，否则该次成绩按不及格处理；如有特殊原因缺课，期末前，要将所缺实验补齐，补实验的时间，请与任课老师联系确定。

绪　　论

物理实验是针对理工科新生所开设的第一门基础实验课，这门课程的重要性不仅在于物理学是一门实验科学，更重要的是通过物理实验能使学生学到实验知识，提高实验技能，掌握研究方法，全面地培养学生分析问题和解决问题的能力，为以后的科学研究工作打下坚实的基础。

1. 物理实验的重要性

物理学是以实验为基础的科学。无论是物理规律的发现还是物理理论的验证，都离不开实验。例如，赫兹的电磁波实验使麦克斯韦的电磁场理论获得普遍承认，杨氏干涉实验使光的波动说得以确立，卢瑟福的 α 粒子散射实验揭开了原子的秘密，近代高能粒子对撞实验使人们深入到物质的最深层——原子核和基本粒子的内部来探索其规律，等等。即便是爱因斯坦的相对论理论，在创建半个世纪后才接受实践的检验，在此之前并没有得到认可，而理论物理大师斯蒂芬·霍金的量子引力论也必须用天文观测的数据来验证。所以，没有经过实验检验的理论并不是真正的理论。

在物理学三百多年的发展历程中，实验起到了决定性的作用，它是人们发现新事实、探索新规律的开路先锋。例如，黑体辐射实验、固体比热容的测量和迈克尔逊-莫雷实验等最终导致了一场物理学的革命，由此量子力学和相对论才得以建立。理论是物理学的主体，而实验是检验物理学理论的必要手段。例如，李政道和杨振宁博士所提出的在弱相互作用下的宇称不守恒定律，是由吴健雄博士用实验验证的，这一验证使他们的理论得以确立并荣获了诺贝尔物理学奖。科学实验是科学理论的源泉，是自然科学的根本，同时也是工程技术的基础，各种发明创造，如电灯、雷达、制冷机、光导纤维、正负电子对撞机、核磁共振成像仪，以及原子能、半导体、激光、高温超导材料等科技成果，无一不是实验的产物，而且都是经过大量的实验研究才逐步完善的，实验给人类带来的经济效益和社会效益是无法估量的。

2. 物理实验课的目的

（1）通过对实验现象的观察分析和对物理量的测量，学生能够逐步掌握物理实验的基本知识、基本方法和基本技能，并能运用物理学原理和物理学方法研究物理现象和规律，加深对物理学原理的理解。

（2）培养并提高学生的科学实验能力。其中包括：

① 自学能力，能够自行阅读与钻研实验教材或资料，做好实验前的准备；

② 实践能力，能够借助教材或仪器说明书正确使用常用仪器；

③ 书写表达能力，能够正确记录和处理实验数据，绘制曲线，说明实验结果，撰写合格的实验报告；

④ 思维分析能力，能够运用物理学理论对实验现象和实验结果进行初步的分析判断；

⑤ 实验设计能力，能够完成简单的设计性实验。

（3）培养与提高学生从事科学实验应具备的素养，包括：不怕困难、主动进取的探索精神；严肃认真、一丝不苟的工作态度；理论联系实际、实事求是的科学作风；遵守纪律、爱护公共财产的优良品德；相互协作、共同探索的协同心理。在科技工作中，要有所发现、有所发明、有所创造、有所前进，若缺少这些素养是很难成功的。

物理实验课是一门实践性课程，要求学生在独立工作的过程中增长知识、提高能力，因而，上述教学目的能否达到，很大程度上取决于学生自己是否努力。

3. 物理实验课的基本程序

（1）实验前的预习。通过阅读实验讲义和有关的参考资料，弄清实验的目的、原理以及所要使用的仪器，明确测量方法，了解实验的主要步骤及注意事项等。在此基础上写出预习报告，并在单独的一张纸上绘制数据记录表格。

预习报告是正式报告的一部分，必须在专用的实验报告纸上认真撰写（不许用红笔或铅笔），要求字体工整、文字简练、内容全面。内容包括：① 实验名称；② 实验目的；③ 实验器材；④ 实验原理（只要求写清主要概念、测量公式的依据、原理图、测量公式的形式以及图上所标注的字母的意义，不要求写出测量公式的推导过程）；⑤ 实验步骤，这部分应突出关键性的调整方法和测量技巧，其他内容只要求简单列出。

（2）实验操作。遵守"物理实验课学生守则"；实验过程要按实验步骤进行，认真观察现象并注意进行分析判断，正确地、实事求是地读取和记录测量数据；实验中若发现问题，应及时向教师请教，不得随意处理；实验完毕，将仪器、凳子归整好，实验数据经教师签字后方能离开实验室。

（3）完成实验报告。实验报告是实验工作的总结，也是实验成果的书面反映。报告中应有清晰的思路、齐全的数据图表以及科学的结论。

如果预习报告的书写合乎要求，可以在其基础上继续完成下述内容：

① 数据处理。这是实验报告的重点，首先将实验室所给的数据或查到的数据列出，再将记录纸上的原始数据以表格的形式正式列在"数据处理"栏目下，然后写出数据处理的主要过程（例如计算时要有数学表达式）、图线、结果、误差估算以及结果表达式。

② 分析讨论。要养成对实验结果进行分析的习惯，特别是当结果误差较大或测量值偏离标准值较大时，应分析其原因，找出实验中存在的不足。还应分析讨论实验中存在的异常现象、影响测量结果的主要因素、对实验方案的评述及改进意见等。内容不受限制，但一定要中肯、具体、实在，不要硬凑。

第 1 章　物理实验中的基本测量方法与常用物理量的测量

　　物理学是一门实验科学,物理实验是发现物理规律、形成理论的基础。可以毫不夸张地说,没有物理实验的进步就没有物理学的发展。正是实验思想和方法的不断创新,实验仪器和设备的不断改进等,才使人类对物理世界的探索和对物理规律的认识不断深入。实践证明,每当实验上有新的发现或者实验方法、测量精度上有新的突破时,原有的理论都要重新受到验证、检验或修正,从而推动整个物理学的发展达到一个新的高度。

　　任何物理实验几乎都离不开对物理量的测量。正是对各种物理现象的观察,对各种物理量的测量,才使对测量数据的分析、处理、归纳、抽象上升成了物理理论。在实验物理学中,对各种物理量的研究和测量已经形成了自身的理论和卓有成效的测量方法。它们不但对物理学的发展起到了巨大的推动作用,而且这些理论和方法还有其基本性和通用性,对其他有实验的学科的研究无疑也是极具价值的。本章将介绍物理实验中的基本测量方法、常用物理量的测量和常用测量仪器。

　　物理量可以分为基本量和导出量。原则上讲,一切导出量都可以由基本量导出。国际单位制(SI)规定了长度、质量、时间、电流、热力学温度、发光强度和物质的量共 7 个物理量为基本物理量,平面角和立体角为辅助基本物理量。这些基本物理量的定量描述只有通过测量才能得到。随着科学技术的进步,物理量的各种各样的测量方法逐步建立起来,并且愈来愈科学,愈来愈先进。其中,最基本、最常用的测量方法有比较法、模拟法、放大法、补偿法、干涉法、转换法和示波法等。

1.1　物理实验中的基本测量方法

1.1.1　比较法

　　比较法是物理实验中最基本、最常用、最重要的测量方法。其要点是:首先确定与被测量为同类量的一个单位量,将此单位量作为标准,然后将被测量与此单位量进行比较,求出它们的倍率而得到测量结果。该单位必须是公认的,若被测的量是基本量,则单位量应是国际计量大会规定的单位,例如长度标准"米"、质量标准"千克"等。

　　比较法可以分为直接比较法和间接比较法。

　　我们用米尺测量某工件的长度,就是以"米"的千分之一即毫米作为单位量的,将工件的长度和毫米进行直接比较,若其倍率为 L,则得到该工件的长度是 L 毫米。又如,用分光计测平面角、用停表测时间等都采用了直接比较法。

　　当一些物理量难以用直接比较法测量时,可以利用物理量之间的函数关系将待测物理量与同类标准量进行间接比较。例如,用惠斯通电桥法测电阻,就是利用电桥电阻间的函数关系将待测电阻与标准电阻进行间接比较的。

1.1.2　模拟法

模拟法利用了自然界中某些现象或过程存在的相似性。所谓相似性,是指两个现象或过程的数学模型相同,遵循相同的规律,若边界条件和初始条件相同,则它们的解是唯一且相同的。模拟法就是研究两个相似现象或过程中的一个,得到结果,去代替另一个现象或过程的研究结果。

模拟法的优点是能够用易于观测的现象或过程去模拟与之相似的另一个难于观测的现象或过程,解决了某些物理参量可测性的问题,因而在实验中得到愈来愈广泛的应用。例如,研究静电场问题时,一般要用电场强度或电位分布来描述,但直接测量这些参量是很困难的,因为任何测量仪器的探测器一旦进入静电场,就会有感应电荷产生,必然会引起电场分布的改变。如果用稳恒电流场来模拟,便可测得相应静电场的分布情况。又如,在几何相似和力学相似的条件下,可以把飞机缩小成模型,放在风洞中进行实验,从而获得飞机原型的许多重要特性。

在计算机技术迅速发展的今天,采用适当的数学模型还可以把一个物理系统用一定的计算机程序来代替,进而在计算机上进行实验,这种方法称为计算机模拟。

1.1.3　放大法

在物理量的测量中,常遇到一些微小量或微小改变量难于直接测量或直接测量精度不高的现象,这时常采用放大法进行测量。常用的放大法有积累放大法、机械放大法、光学放大法和电信号放大法等。

在物理实验中,由于仪器精度或观察者反应能力的限制,单次测量的误差很大,采用积累放大法测量,可以有效地减小测量误差。例如,在单摆实验中不是测一个周期的时间,而是测 50～100 个周期的时间;光的干涉实验中往往要求测几十条条纹之间的总间距,所用的都是积累放大法。

机械放大法是指将测量仪器的刻度细分,从而提高测量精度的方法。用游标卡尺或千分尺测长度,利用的就是机械放大法。

光学放大法的常用仪器有放大镜、显微镜、望远镜等,许多精密仪器都在最后的读数装置上加装这类视角放大装置以提高测量精度。光学放大法是无接触测量,因而具有不破坏被测物体原有状态的优点。

随着微电子技术和电子器件的发展,各种电信号的放大都很容易实现,把弱电信号放大几个甚至几十个数量级已不再是难事,因而电信号放大法应用得更加广泛和普遍。它不仅用于对电学量本身的测量,而且往往把其他物理量也转换为电信号放大后进行测量。三极管是各种测量中最常用的电信号放大器件。

1.1.4　补偿法

通过调整一个或几个与被测物理量有已知平衡关系的同类标准量,去抵消被测物理量的作用，使系统处于补偿状态（即平衡状态）；处于补偿状态的测量系统，被测量与标准量之间有确定的关系，由此可测得被测物理量。这种测量方法称为补偿法或平衡测量法。例如在电势差计中，利用已知电压抵消待测电压，在电路中电流为零的状态下测量电压，消除了用电压表直接测电势差时流经电压表的支路电流对测量的影响。天平测质量、平衡电桥测电阻也利用了补偿法原理。此外还有各种各样的补偿，如温度补偿、光强补偿等。

补偿法的特点是测量中包含标准量具，同时还有一个示零仪表，测量时要使被测量与标准量之差为零，这个过程叫做补偿操作或平衡操作。补偿操作往往比较复杂，但可以获得精度较高的结果。

1.1.5　干涉法

众所周知，凡是频率相同、具有确定的相位关系的同类波在相遇时，就会产生相干叠加，形成干涉花样。干涉法就是利用波的干涉现象，通过对干涉花样的观测来间接测量一些物理量的测量方法。例如，在等厚干涉实验中，我们用干涉来测量微小厚度、微小直径、透镜的曲率半径等；在迈克尔逊干涉实验中，我们用干涉法来测量光的波长，研究光源的相干性等。利用干涉法还可以检查工件表面的平面度、球面度、光洁度，以及精确地测量长度、厚度、角度、形变、应力等。干涉测量已形成一个科学分支，称为干涉计量学。

1.1.6　转换法

转换法是通过传感器将一种物理量转换为另一种物理量来进行测量的方法。它不仅在物理实验测量中经常被采用，而且在工农业生产、交通运输、国防军事、遥测遥感、航天和空间技术等各个领域都有着十分广泛的应用。

转换法中应用最多的是非电量的电测法和非光学量的光测法。

由于电流、电压和电阻易于测量和处理，而且可以达到很高的测量准确度，所以通过传感器将其他物理量转换为电流、电压或电阻进行测量的电测法，已成为一种很常用的测量方法。最常见的有：利用光敏元件（如光电池、光电管等）将光信号转换为电信号进行测量；利用磁敏元件（如霍尔元件、磁记录元件等）将磁学参量转换为电学参量进行测量；利用压敏元件或压敏材料（如压电陶瓷、石英晶体等）的压电效应，将压力转换为电信号进行测量；等等。

由于光学量的测量具有灵敏度高、无损伤、不用接触被测物和即时性等优点，所以将非光学量转换为光学量进行测量的非光学量的光测法在实验中得到了广泛的应用。例如，用光纤传感器测量温度、压力、形变、电容等。

在转换法测量中，传感器往往是最关键的器件，因此对传感器的研究是一项重要的工作。

1.1.7　示波法

通过示波器将人眼看不见的电信号在示波管的荧屏上转换成形象直观、清晰可见的图像，然后进行测量的方法称为示波法。将此法与各类传感器结合，就可以对各种非电学量进行测量。

以上对物理实验中常见的几种基本测量方法作了简要介绍。实际上，在物理实验中这些方法往往是相互交叉、相互配合的。所以，在实验时应认真思考所进行的实验应用到了哪些测量方法，有意识地让自己对物理实验的基本思想、基本方法有更多的了解。

1.2　长度的测量和量具量仪

长度是 7 个基本物理量之一，也是 3 个基本力学量中的一个。长度的计量方法是取一个标准长度作为长度的计量标准，称为单位量。物体的长度即为它与这个单位量之间的倍率并在其后附上单位。在国际单位制（SI）中，长度的基本单位是"米"。

为了适应科学技术的迅速发展，"米"的定义经历了数次更新，其准确度愈来愈高。最早的"米"定义为经过巴黎的地球子午线的四千万分之一。1889 年 19 个国家开会议定以"米原器"为基准，定义 1 米为在用 Pt 做成的 X 形横截面的尺子上两条刻线之间的距离，其精度可达 10^{-6}。1960 年国际计量大会废除了"米原器"，重新定义 1 米等于 ^{86}Kr 原子在 $2p^{10}$ 和 $5d^5$ 两能级之间跃迁所发射的电磁波在真空中波长的 1 650 763.73 倍，这样定义，"米"的精度可达 5×10^{-9}。1983 年 10 月国际计量大会通过决议，承认米定义咨询委员会在 1979 年 6 月提出的以时间定长度的建议，规定"米"的长度等于平面电磁波在真空中每 1/299 792 458 秒内所传播的距离。现在各国均采用此定义，且 1 米可表示为 1 m。

长度的常用单位还有毫米（1 mm＝10^{-3} m）、微米（1 μm＝10^{-6} m）、纳米（1 nm＝10^{-9} m）、皮米（1 pm＝10^{-12} m）、千米（1 km＝10^3 m）、兆米（1 Mm＝10^6 m）、吉米（1 Gm＝10^9 m）和光年等。

长度的测量具有基本性和普遍性，在生产和科学实验中需要大量的长度测量。在仪器中，除数字显示仪表外，几乎所有的其他仪表最终也转化为长度进行读数，所以长度测量在测量中尤为重要。

长度测量的基本方法是比较法。通过各种各样的量具量仪，提供不同精度的单位量，让被测量分别与这些单位量进行比较，得到具有不同精度的长度测量值。常用的量具、量仪有米尺、游标尺、数字显示卡尺、千分尺、移测显微镜、测微目镜等。此外，测量长度的方法也比较多，常用的有放大法、衍射法、干涉法、转换法和莫尔条纹技术等。下面介绍几种常见的长度量具量仪。

1.2.1　米尺

米尺是最简单、最常用的测长量具，它分为直尺和卷尺。它们的最小分度值是 1 mm，测量时可估读至 0.1 mm。较准确的米尺是用较稳定的受环境影响小的材料，如不锈钢、铟钢、铁镍合金等制成的。

用米尺测量长度时，要让米尺贴紧被测物体，一端与米尺的零刻度线对齐。读数时，视线要与尺面垂直，而且要正对刻度线。

1.2.2　游标尺

这里介绍的游标尺是指测长游标尺，又称为直游标尺或游标卡尺。它由主尺和附在主尺上一段能滑动的副尺（游标）构成。主尺是米尺的刻度，副尺上常有 10、20 或 50 个分格。它是一种比米尺精确的测长量具，可用来测量物体的长度、内径、外径和测量孔的深度等。

常用游标尺的量程是 0~125 mm。

1. 结构

游标尺的结构如图 1-1 所示。A 是主尺，B 是游标，CE 是与主尺相连的固定量爪，DF 是和游标固连的活动量爪，它们与固定量爪一起组成测量卡口（钳口和刀口）。螺丝 H 用来锁定游标。钳口 E、F 用来测量内径，刀口 C、D 用来测量长度和外径，深度尺 G 用来测量深度。

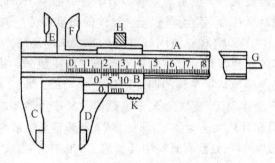

图 1-1　游标尺的结构

2. 原理

设游标上每个分格的长度为 L_n，共有 n 个分格；主尺上每个分格的长度为 L_m。游标上 n 个分格的长度和主尺上 $n-1$ 个分格的长度相等，即

$$nL_n = (n-1)L_m \tag{1-1}$$

于是游标上每个分格的真实长度为

$$L_n = \frac{n-1}{n}L_m = \left(1 - \frac{1}{n}\right)L_m \tag{1-2}$$

若用 a 表示主尺上一个分格与游标上一个分格的长度之差，则

$$a = L_m - L_n = \frac{1}{n}L_m \tag{1-3}$$

式(1-3)中，a 为游标尺准确读数的最小单位，即游标上一个分格的读数值，它由 L_m 和 n 决定。例如，$L_m=1$ mm，当 n 分别为 10、20、50 时，游标上一个分格的读数值分别为 0.1 mm，0.05 mm，0.02 mm。

如图 1-2 所示的两种游标尺，游标分格数均为 20，但主尺分别为 19 mm 和 39 mm，等分为游标的 20 倍。显然，它们的最小分度值均为 0.05 mm。

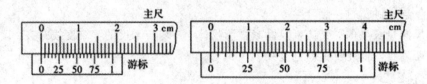

图 1-2　两种二十分游标尺

3. 测量和读数

如图 1-3 所示，使用 n 分度游标测量某物体长度 L 时，若游标的零刻度线过主尺的第

k 条刻度线，游标的第 m 条刻度线与主尺的某一刻度线对准，则游标（副尺）的读数为

$$\Delta L = m\frac{L_m}{n} \tag{1-4}$$

物体的长度为

$$L = kL_m + m\frac{1}{n}L_m = \left(k + \frac{m}{n}\right)L_m \tag{1-5}$$

　　测量时，根据游标的零刻度线所对应主尺的位置，可在主尺上读出毫米位的准确数，毫米以下的尾数由游标读出，如图 1-3 所示。

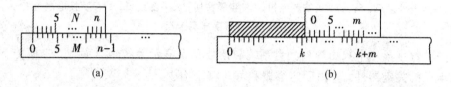

图 1-3　游标尺的读数

读数一般分以下三步进行：

　　(1) 读整数。读出游标零刻度线的左边主尺上最近的刻度线数值。

　　(2) 读小数。看游标上零刻度线的右边游标上的第 m 条刻度线与主尺上的刻度线对齐，将对齐的刻度线 m 与最小分度 a 相乘，ma 即为小数部分。

　　(3) 根据式(1-5)得出最后的测量结果。为了便于读数，二十分游标尺在游标上刻有 0、25、50、75、1 等标度。如游标上第 5 条刻度线与主尺刻度线对齐，则读数的尾数 $5a = 0.25$ mm，并可直接读出。二十分游标尺的估读误差（小于 $\frac{1}{2}a$）可认为在百分之一毫米位上，如读数等于 10.75 mm，就不能再在后面加"0"。

4. 注意事项

　　(1) 用游标尺测量之前，应先将卡口合拢，检查游标尺的零刻度线与主尺的零刻度线是否对齐。如不能对齐，则应记下零点读数，以便修正。

　　(2) 测量外尺寸时，应先把刀口开得比被测尺寸稍大；测量内尺寸时，应先把钳口开得比被测尺寸稍小。然后慢慢推或拉游标，使刀口或钳口轻轻地接触被触件表面。测量内尺寸时，不要使劲转动游标尺，可轻轻摆动，以便找出最大值。

　　(3) 用游标尺测量时，用力的大小应正好使量爪刚好能接触被测物表面。若用力过大，量出的尺寸会偏小，而且易损坏卡口。

　　(4) 不得用游标尺去测量表面粗糙的物体。物体被夹住后，不要在卡口处挪动物体，以免磨损卡口。

1.2.3　数字显示卡尺

　　随着传感技术和大规模集成电路技术的发展，目前已出现了数字化长度测量量具。数字显示卡尺（简称数显尺）就是其中之一，其结构如图 1-4 所示。

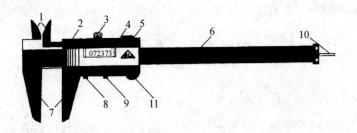

1—刀口内量爪；2—尺框；3—制动螺钉；4—显示器；5—数据输出端口；6—尺身；
7—外量爪；8—公、英制转换钮；9—置零按钮；10—深度尺；11—更换电池盖板

图 1-4　数字显示卡尺

有一种数字显示卡尺由容栅测量系统和读数数字显示系统组合而成。容栅传感器是数字显示卡尺的关键器件，它由固定容栅和可动容栅构成。

固定容栅(简称定栅)贴于卡尺尺身 6 上，在测量过程中位置保持不变，它是测量的基准部件。可动容栅(简称动栅)用螺钉固定在尺框内，它是在测量过程中与尺框一起发生位置变动的测量元件。定栅和动栅组成容栅副，即通常所说的容栅传感器。如图 1-5 所示，定栅片为有规律排列的铜片，其节距 $D = 5.08$ mm，其中公共板和独立的定栅片宽度各为总宽度的一半，即 2.54 mm。动栅片和定栅片一样，也是有规律排列的铜片，节距 $d = D/8 = 0.635$ mm。如图 1-6 所示，每块动栅由 48 片独立的栅片构成，对应定栅的 1 个节距有 8 个动栅片(A，B，C，D，E，F，G，H)，这是为了连接电子线路的 8 路激励信号而设置的，所以称这些栅片为发射极板。每 8 个栅片为 1 组，布置 6 组栅片并联是为了提高测量精度及降低对传感器制造精度的要求。接收极板 J 与发射极板做在同一平面内，在极板移动的过程中，它始终与不同的小电极组成差动电容器，通过适当的电路，就能得到与极板位移成线性关系的输出信号，最后在数字显示屏上将位移量显示出来。

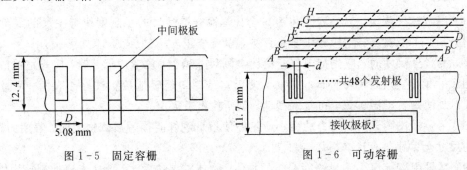

图 1-5　固定容栅　　　　　　　　　　图 1-6　可动容栅

数字显示卡尺与机械卡尺相比，具有精度高、功能多、测量效率高并可实现相对测量等优点，可作为标准计量器具使用。但它对环境和使用条件的要求相对较高，如所处环境需防潮，使用时需注意防摔、防碰等。

1.2.4　千分尺(螺旋测微计)

千分尺又叫螺旋测微计，是用来测长度和外径的。它的测量精度比游标尺高一个数量级，比米尺高两个数量级。常用千分尺的量程是 0~25 mm。

1. 结构

螺旋测微计主要由一个装在蹄形架上的精密螺杆 D、作为主尺的螺母外套 A 和螺杆套筒-副尺 B 构成。如图 1-7 所示，精密螺杆的螺距为 0.5 mm，主尺上有一条平行于螺杆螺线的横线，是副尺的圆周刻度读数准线。横线上面刻有表示整毫米数的刻度线，下面刻有表示半毫米数的刻线。作为副尺的圆形截口套筒 B 与螺杆相连，其圆周上有 50 条刻度线，将该圆周等分为 50 格。副尺 B 的圆周刻度

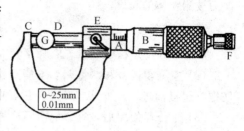

图 1-7 千分尺的结构示意图

线与主尺 A 上的读数准线垂直相交，是主尺的读数准线。螺杆的伸缩靠旋转副尺来实现。C 是量砧，其右端面是垂直于螺轴的平面，是两个量面之一。螺杆的左端面也是垂直于螺轴的平面，是另一个量面。被测物就放在这两个平行的量面间。E 为锁紧手柄，用来固定螺杆的位置，即两量面的间距。F 是棘轮（又称微调旋钮），靠摩擦力与螺杆 D 相连。旋转 F 也可以使螺杆 D 伸缩。

2. 原理

螺杆的运动始终是旋转运动，当螺距为 t，旋转角度是 φ 时，螺杆沿其轴线方向的线位移 l 是

$$l = \frac{\varphi}{2\pi} t \tag{1-6}$$

式(1-6)表明：千分尺的测微原理是一种机械线性放大原理。若 $t=0.5$ mm，副尺旋转一周，$\varphi=2\pi$，l 亦为 0.5 mm。因为副尺为 50 分度，所以副尺的分度值是 0.01 mm，下一位还可以再估计，读数达到以毫米为单位的千分位。

3. 测量与读数

读数时，观察主尺读数准线所在的位置。如果半毫米刻度线尚未露出，则千分尺所表示的读数应是主尺上整毫米刻度数加上副尺的读数；若主尺横线下方的半毫米线已露出，千分尺的主尺读数至 0.5 mm 的整倍数再加上副尺的读数。图 1-8 所示读数分别为 5.383 mm 和 5.883 mm。

测量前读的零读数又称零差，就是被测量为零时千分尺的读数。它是一种系统误差。为此，用左手握住蹄形架，右手徐徐转动棘轮 F 使螺杆 D 前进。当发出"咔咔"声时，表明两个量面已接触良好，此时千分尺的读数就是零读数。如图 1-9 所示，零读数分别为 +0.010 mm 和 -0.040 mm。注意：千分尺的零读数是可以调整的。

图 1-8 千分尺的读数 　　　　图 1-9 千分尺的零读数

零读数记录后，便可进行测量。将被测物放在两个测量面之间，徐徐转动棘轮，听见

"咔咔"声后立即停止转动棘轮,读出此时千分尺的读数。将此读数减去零读数,所得之差即为被测物体的长度。

4. 注意事项

(1) 千分尺是精密量具,应轻拿轻放,不得随意放置。

(2) 检测零读数和测量时,不能直接转动螺杆套筒使螺杆快速前进,应徐徐轻转棘轮使螺杆缓慢前进,当听见"咔咔"声后,必须立即停止转动,以免损坏量面和精密螺杆。

(3) 千分尺使用后,两个量面间应留有一定空隙,方能放回盒内。

1.2.5 移测显微镜

1. 结构

移测显微镜是显微镜和测微螺旋的组合体。显微镜可放大被测物,以便观测。测微螺旋是测量读数系统。显然,移测显微镜是用于测量长度的精密仪器,测量精度与千分尺一样,可达 0.001 mm,量程通常为 0~80 mm。常见的移测显微镜结构如图 1-10 所示。它由光学系统、机械系统和测量读数系统组成。光学部分是一个长焦距的显微镜,旋转调焦手轮可使显微镜上下移动,达到调焦的目的。显微镜的位置由滑动台上主尺读出的整毫米数与测距手轮上的副尺读数之和确定。转动测距手轮能够左右平移与显微镜相连的拖板,带动显微镜左右平移,读数亦随之改变。

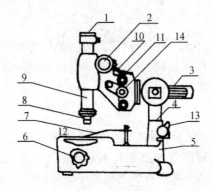

1—目镜;2—调焦手轮;3—横轴;4—立柱;5—底座;6—反光镜调节手轮;7—工作台压簧;
8—物镜;9—镜筒;10—指标;11—主尺(毫米分格);12—毛玻璃;13—底座手轮;14—测距手轮(副尺)

图 1-10 移测显微镜

2. 测量与读数

测量步骤如下:

(1) 根据被测物的具体情况,转动测距手轮,将显微镜调至适当位置,正确放置被测物。

(2) 调目镜使视场中的"十"字分划线清晰无视差,并使"十"字叉丝的一臂平行于主尺,另一臂与主尺垂直。

(3) 显微镜调焦。调节调焦手轮,将显微镜徐徐放下至接近被观测物,然后通过显微镜观察,同时缓慢转动调焦手轮使显微镜慢慢地向上运动,直至视场中出现被测物的清晰物像。

（4）旋转测距手轮和（或）移动待测物，使视场中垂直于主尺的"十"字叉丝的臂与待测物的一边相切，并读出此时显微镜的位置坐标。然后保持被测物位置不变，沿同一方向旋转测距手轮，使该"十"字叉丝的臂与被测物的另一边相切，又得到显微镜的一个坐标。这两个坐标差的绝对值就是被测物体的长度。

注意：移测显微镜的读数方法与千分尺的读数方法相同。

3. 注意事项

（1）当眼睛通过显微镜观察时，显微镜只准移离物体，不得向被测物或载物台方向移动，以防止损坏显微镜或被测物体。

（2）在整个测量过程中，必须保持"十"字叉丝的一臂与主尺垂直。

（3）在整个测量过程中，必须保持显微镜沿同一方向运动。例如，调测距手轮使显微镜从左向右慢慢移近被测物并与一边相切，此后仍只能使显微镜从左向右调至与被测物的另一边相切。否则，就会出现空转（回程）误差，这是因为显微镜的平移是靠螺杆的旋转带动的。

1.2.6　测微目镜

测微目镜可用来测量微小距离（长度），其结构如图 1-11 所示。旋转传动丝杆，可使活动分划板左右移动。活动分划板上刻有双线和叉丝，其移动方向垂直于目镜的光轴。由于固定分划板上刻有短的毫米标度线，测微器鼓轮上有 100 个分格，每转一圈，活动分划板移动 1 mm，因此测微器鼓轮每转过一分格，则活动分划板移动 1/100 mm。

测微目镜的读数方法与螺旋测微计相似，双线和叉丝交点位置的毫米数由固定分划板上读出，毫米以下的数由测微器鼓轮上读出，它的测量准确度为 0.01 mm，可以估读至0.001 mm。例如在图 1-12 中，读数是 3.441 mm，它是固定分划板上的标度读数 3 mm 与测微器鼓轮上的读数 0.441 mm 之和。

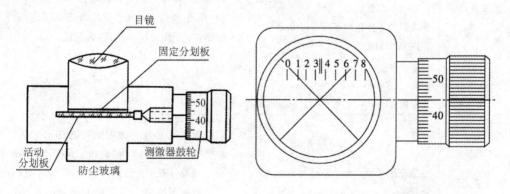

图 1-11　测微目镜的结构　　　　　图 1-12　测微目镜读数方法

使用测微目镜时，应先调节目镜，看清楚叉丝；然后转动测微器鼓轮，推动分划板，使叉丝的交点或双线与被测物像的一端重合，便可得到一个读数；再转动测微器鼓轮，使叉丝的交点或双线移到被测物像的另一端，又可得到一个读数。两个读数之差，即为被测物的尺寸。

注意：① 测量时应缓慢转动测微器鼓轮，而且测微器鼓轮应沿一个方向转动，中途不能反转；② 移动活动分划板时，要注意观察叉丝指示的位置，不能移出毫米标度线所示的范围（通常为0～8 mm）。

最后应指出，测量长度的量具量仪种类很多，在此不能一一述及，现将常见的测长量具量仪列于表1-1中，以供参考。

表1-1　部分测长量具量仪

名称	主要技术性能	特点和简要说明
阿贝比长仪	测量范围：0～200 mm 示值误差：$\left(0.9+\dfrac{L}{300-4H}\right)\mu m$ L 为被测长度，单位是 mm； H 为离工作台高度，单位是 mm	与精密石英刻尺比较长度
电容式测微仪	示值范围：$-2\sim+8\ \mu m$，$-20\sim+80\ \mu m$ 分度值：$0.2\ \mu m$，$2\ \mu m$ 示值误差：$1\ \mu m$	20 世纪 70 年代产品 将被测物尺寸变化转换成电容的变化，将电容接入电路，便可转换成电压信号。20 世纪 80 年代已有分辨率达 10^{-9} m 的产品
电感式测微仪	哈量型 示数范围：$-125\sim+125\ \mu m$，$-50\sim+50\ \mu m$，$-25\sim+25\ \mu m$，$-12.5\sim+12.5\ \mu m$，$-5\sim+5\ \mu m$ 分度值：$5\ \mu m$，$2\ \mu m$，$1\ \mu m$，$0\ ，0.5\ \mu m$，$0.2\ \mu m$ 示值误差：各挡均不大于±0.5格 TESA，GH 型 示数范围：$-10\sim+10\ \mu m$，$-3\sim+3\ \mu m$，$-1\sim+1\ \mu m$ 分度值：$0.5\ \mu m$，$0.1\ \mu m$，$0.05\ \mu m$	一对电感线圈组成电桥的两臂，位移使线圈中铁芯移动，因而线圈电感一个增大，一个减小，电桥失去平衡。相应地有电压输出，其大小在一定范围内与位移成正比
线位移光栅（长度光栅）	测量范围可达 1 m，还可接长 分辨率：$1\ \mu m$ 或 $0.1\ \mu m$，甚至更高 精度可达 $0.5\ \mu m/1\ m$，甚至更高	光栅实际上是一种刻线很密的尺。用一小块光栅作指示光栅，覆盖在主光栅上，中间留一小间隙，两光栅的刻线相交成一小角度，在近于光栅刻线的垂直方向上出现的条纹称为莫尔条纹。指示光栅移动一较小距离，莫尔条纹就在垂直方向上移动一较大距离，且通过光电计数可测出位移量

续表

名称	主要技术性能	特点和简要说明
感应同步器，磁尺，电栅（容栅）	分辨率可达 1 μm 或 10 μm	多在精密机床上应用
单频激光干涉仪	量程一般可达 20 m，分辨率可达 0.01 μm	激光作为光源，借助于光学干涉系统可将位移量转变成移过的干涉条纹数目，通过光电计数和电子计算机直接给出位移量。其测量精度高，但需要恒温、防震等较好的环境条件
双频激光干涉仪	量程可达 60 m，分辨率一般可达 0.01 μm	与单频激光干涉仪相比，抗干扰能力强，环境条件要求低，但成本高
线纹尺	标准线纹尺有线纹米尺和 200 mm 短尺两种，一般线纹尺的长度有 0.1，0.5、2.5、10、20、50 m 等。1～100 mm 线纹尺精度如下： 1 等：$\pm(0.1+0.4L)$μm 2 等：$\pm(0.2+0.8L)$μm 3 等：$\pm(3+7L)$μm L 为被测线纹的距离，单位是米	作为长度标准用或作为检定低一级量具的标准量具
量块	按其制造误差分为 00，0，k，1，2，3 六级。00 为最高级，3 为最低级	作为企业的常用标准器具

1.3　质量的测量及仪器

　　质量是 7 个基本物理量之一，也是 3 个力学基本量中的一个。在国际单位制中，质量的基本单位是千克(kg)。1 kg 就是保存在法国巴黎国际权度局的铂铱合金制成的国际千克原器所体现的质量。常用的质量单位还有克($1\ g=10^{-3}\ kg$)、毫克($1\ mg=10^{-6}\ kg$)、微克($1\ \mu g=10^{-9}\ kg$)等。

　　对物体的质量，有引力质量和惯性质量两种定义，实验证明它们在数值上几乎相等。天平是测量引力质量最常用的仪器。一个引力质量为 m 的物体，受到地球引力的作用而具有所谓的重量 W，且 $W=mg$，式中 g 为该地的重力加速度。在同一地点，g 是一常量。若 $W_1=W_2$，则 $m_1=m_2$。因此，物体质量的测量通常采用杠杆定律，以物体重量的测量通过比较而得到。人们运用这种方法研制出了各种各样的天平，如物理天平、分析天平、置换式天平、扭力天平、电子天平等。本书只介绍物理天平。

1.3.1　物理天平的结构及其主要参数

1. 结构

　　物理天平的结构如图 1-13 所示。

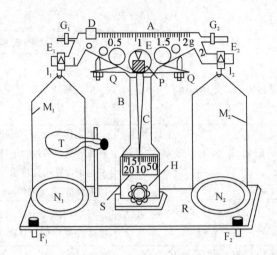

A—横梁；B—支柱；C—指针；D—游码；E_1，E_2，E—刀口；F_1，F_2—底脚螺丝；G_1，G_2—平衡螺母；
H—制动旋钮；l_1，l_2—挂钩；M_1，M_2—挂栏；N_1，N_2—砝码盘；P—重心调节螺丝；Q—制动架；
R—底盘；S—标尺；T—载物台

图 1-13　物理天平

天平的横梁 A 上有三个相互平行的棱柱形刀口 E_1、E_2 和 E。两侧的刀口（E_1 和 E_2）向上，分别用来悬挂挂钩 l_1，l_2。挂栏 M_1、M_2 分别用来悬挂天平的砝码盘 N_1 和 N_2。在挂钩上，与刀口 E_1 和 E_2 的接触部分是由坚硬材料制成的，并磨光为小的水平平面。桥梁正中的刀口 E 向下，放在由坚硬材料如石英、玛瑙等制成并研磨抛光的小平面上。该小平面水平地放在支柱 B 顶端。刀口 E 承担除支柱和底盘尺外的所有重量，包括横梁、砝码、砝码盘和被测物等。横梁中部装有一根与之垂直的指针 C，在支柱下部有一从右到左刻有 20 个分度的标尺 S，通过指针在标尺所指示的读数可以了解天平是否达到平衡。横梁上部有一标尺，其上有游码 D。G_1，G_2 为横梁平衡调节螺母。F_1 和 F_2 为底脚螺丝，用于调节底盘 R 的水平度。水平度由固定在 R 上的气泡水准器指示。在立柱内部装有制动器，支柱下端有一个制动旋钮 H，旋动它，可使横梁上升或下降。在横梁下降时，制动架 Q 就会把它托住，以防刀口无谓磨损。T 是载物台。通常在指针 C 上还装有一个可上下滑动的重心螺丝 P，用以调整天平的灵敏度。P 上升，灵敏度提高；P 下降，灵敏感度降低。

每架物理天平都根据最大称量配有一套相应的砝码组。一般天平所用的砝码的总质量等于或略大于天平的最大称量。砝码一般按 1：2：2：5 的比例组成。对于最大称量为 500 g 的物理天平，最小质量的砝码是 1 g。加减 1 g 以下的砝码靠移动游码 D 来实现。当游码 D 放在最左端零刻度时，相当于右盘没有加小于 1 g 的砝码，D 向右移一大格，与在右盘中加了 0.1 g 砝码等效。一大格分为 5 小格，游标向右每移动一小格，相当于在右盘中增加 0.02 g 砝码。

2. 主要参数

天平的主要参数有最大称量、灵敏度和感量。

最大称量指天平允许称量的最大值。通常，砝码中最大的一个砝码的质量和最大称量对应。被测量物体不允许大于最大称量，否则，天平性能会迅速降低，刀口损坏，甚至可能完全报废。灵敏度指天平两侧的负载相差一个单位质量(如 1 mg)时,指针偏转的格数。如果用 C 表示天平的灵敏度,Δm 表示负载差值,n 表示在该负载差作用下指针偏转的格数,则

$$C = \frac{n}{\Delta m}$$

灵敏度的单位是分度/毫克。

　　注意:天平的灵敏度与横梁的臂长成正比,与横梁重心到支点的距离及横梁重量之积成正比。因此,天平的横梁一般用轻质材料制成,而且挖出一部分使之形成桁架。若考虑横梁的弯曲变形,灵敏度还会随负载的增加而降低。

　　天平的感量定义为天平在空载平衡状态下,使指针在标尺 S 上偏转一个小格,在某一端所需加的质量。显然,感量就是天平空载时灵敏度的倒数。一般情况下,感量与天平砝码(游码)读数的最小值相等,即使有差异,也不会超过一个数量级。

1.3.2　天平的级别与砝码的精度

　　天平的级别定义为天平的感量与最大称量之比值。我国将天平分为 10 级,如表 1-2 所示。

表 1-2　中国天平的级别

精度级别	1	2	3	4	5	6	7	8	9	10
分度值/ 最大称量	1×10^{-7}	2×10^{-7}	5×10^{-7}	1×10^{-6}	2×10^{-6}	5×10^{-6}	1×10^{-5}	2×10^{-5}	5×10^{-5}	1×10^{-4}

　　表 1-3 列出了实验室常用的几种天平,以供参考。

表 1-3　实验室常用的天平

类别	型号	最大称量/kg	感量/10^{-6}kg	不等臂误差 /10^{-6}kg	示值变动性误差 /10^{-6}kg	游砝质量误差 /kg
物理天平	WL	500×10^{-3}	20	60	20	$+20\times10^{-6}$
		1000×10^{-3}	50	100	50	$+50\times10^{-6}$
	TW-02	200×10^{-3}	20	<60	<20	—
	TW-05	500×10^{-3}	50	<50	<50	—
	TW-01	1000×10^{-3}	100	<30	<100	—
精密天平	TG504	1000×10^{-3}	2	≤4	≤2	—
	TG604	1000×10^{-3}	5	≤10	≤5	—
分析天平	TG628	200×10^{-3}	1	3	1	—

　　从表 1-3 中给出的数据可以看出,WL 型属 9 级天平,TW 型属 10 级天平,TG504 型属 5 级天平,TG604 型和 TG628 型属 6 级天平。

　　砝码的质量是标准质量,为保证天平的称量精度,必须要求砝码质量达到一定的准确性。根据《砝码检定规程》(JJG99—2006)的规定,砝码最大允许误差的绝对值如表 1-4 所示,其中 E_1、E_2、F_1、F_2、M_1、M_{12}、M_2、M_{23}、M_3 为准确度等级。

表 1-4　砝码最大允许误差的绝对值(||MPE| ,以 mg 为单位)

标称值	E_1	E_2	F_1	F_2	M_1	M_{12}	M_2	M_{23}	M_3
5000 kg	—	—	25 000	80 000	250 000	500 000	800 000	1 600 000	2 500 000
2000 kg	—	—	10 000	30 000	100 000	200 000	300 000	600 000	1 000 000
1000 kg	—	1600	5000	16 000	50 000	100 000	160 000	300 000	500 000
500 kg	—	800	2500	8000	25 000	50 000	80 000	160 000	250 000
200 kg	—	300	1 000	3 000	10 000	20 000	30 000	60 000	100 000
100 kg	—	160	500	1600	5000	10 000	16 000	30 000	50 000
50 kg	25	80	250	800	2500	5000	8000	16 000	25 000
20 kg	10	30	100	300	1000	—	3 000	—	10 000
10 kg	5.0	16	50	160	500	—	1 600	—	5 000
5 kg	2.5	8.0	25	80	250	—	800	—	2 500
2 kg	1.0	3.0	10	30	100	—	300	—	1 000
1 kg	0.5	1.6	5.0	16	50	—	160	—	500
500 g	0.25	0.8	2.5	8.0	25	—	80	—	250
200 g	0.10	0.3	1.0	3.0	10	—	30	—	100
100 g	0.05	0.16	0.5	1.6	5.0	—	16	—	50
50 g	0.03	0.10	0.3	1.0	3.0	—	10	—	30
20 g	0.025	0.08	0.25	0.8	2.5	—	8.0	—	25
10 g	0.020	0.06	0.20	0.6	2.0	—	6.0	—	20
5 g	0.016	0.05	0.16	0.5	1.6	—	5.0	—	16
2 g	0.012	0.04	0.12	0.4	1.2	—	4.0	—	12
1 g	0.010	0.03	0.10	0.3	1.0	—	3.0	—	10
500 mg	0.008	0.025	0.08	0.25	0.8	—	2.5	—	—
200 mg	0.006	0.020	0.06	0.20	0.6	—	2.0	—	—
100 mg	0.005	0.016	0.05	0.16	0.5	—	1.6	—	—
50 mg	0.004	0.012	0.04	0.12	0.4	—	—	—	—
20 mg	0.003	0.010	0.03	0.10	0.3	—	—	—	—
10 mg	0.003	0.008	0.025	0.08	0.25	—	—	—	—
5 mg	0.003	0.006	0.020	0.06	0.20	—	—	—	—
2 mg	0.003	0.006	0.020	0.06	0.20	—	—	—	—
1 mg	0.003	0.006	0.020	0.06	0.20	—	—	—	—

1.3.3　物理天平的调节和使用

1. 物理天平的调节

（1）水平调节。使用天平前，首先进行底盘的水平调节，使底盘水平，支柱铅直。然后调节底脚螺丝 F_1，F_2，使水准仪中的气泡处于圆圈线的中间位置即可。

（2）零点调节。天平空载状态下，将游码拨至零刻度线处，旋转制动旋钮 H，启动天平，观察自由摆动的指针是否停在标尺 S 的中点或左右摆幅近似相等。如果不平衡，旋转制动旋钮，使天平制动，调节横梁平衡螺母 G_1 或 G_2，再启动天平，重复上述操作直至平衡为止。然后制动天平。

（3）灵敏度调节。若天平的灵敏度达不到要求，可调节重心调节螺丝 P 的高度，使其达到要求。

2. 物理天平的使用（称量）

1）一般称量法

在天平制动状态下，把待测物放在左盘中，用专用镊子取出砝码置于右盘。启动天平，观察天平倾斜情况，调节砝码，再观察天平倾斜情况，逐次进行下去，最后调节游码，直至平衡。当天平平衡时，待测物的质量等于右盘中砝码的质量加上游码所在位置的读数。改变砝码质量调节天平平衡时，应由大至小选用砝码，逐个试用。

2）复称法

复称法是将待测物分别置于左右砝码盘中各称量一次，设两次所得质量为 m_1 和 m_2，则待测物的质量 $m = \sqrt{m_1 m_2}$。

证明如下：设天平的两臂分别为 l_1 和 l_2，根据杠杆原理有

$$l_1 m = l_2 m_1$$
$$l_2 m = l_1 m_2$$

对 m 求解得到

$$m = \sqrt{m_1 m_2} \tag{1-7}$$

式（1-7）表明质量 m 与臂长无关，消除了天平的不等臂造成的系统误差。

由于 l_1 和 l_2 相差甚微，m_1 和 m_2 近似相等，所以式（1-7）可以改写为

$$m = \frac{1}{2}(m_1 + m_2) \tag{1-8}$$

即待测物的质量可以认为是复称法称得的两次质量的算术平均值。

3）置换法（定载法）

先将砝码中的最大砝码放在左盘，其余的砝码放在右盘（一般最大砝码质量与其余砝码质量总和相等），使天平平衡；然后把待测物体放在右盘，同时取出右盘中的部分砝码，使天平平衡，取下的砝码质量就是待测物的质量。

置换法有两个优点：一是称量的精度不受不等臂等缺点的影响；二是天平在负载相同情况下进行，可使天平灵敏度保持不变（灵敏度与负载有关）。置换法也是精密测量方法的一种。

置换法的缺点：天平常在满负载下工作将会缩短其使用寿命。

4)替代法(配称法)

先将待测物体放在右盘内,左盘上放一些碎小的配重物(如砂粒、碎屑等),使天平平衡;然后用砝码代替待测物再使天平平衡。这时的砝码总质量就是待测物体的质量。这种方法也可消除不等臂误差,属于精密测量法。

3. 注意事项

(1)为了避免刀口因受冲击而损坏并破坏空载平衡,在取放物体和砝码、调节平衡螺母和游码,以及不使用天平时,都必须制动天平,只有在判别天平是否平衡时才能启动天平。

(2)取放砝码和物体,以及启动与制动天平时,动作都要轻缓。在天平指针接近标尺的中点时才能制动天平。

(3)天平的各部分装置和砝码都要防锈、防蚀、防碰撞和防刻划。高温物体、液体和化学药品都不得直接置于砝码盘中。

(4)只准用镊子取放砝码。砝码除放在砝码盒内确定的位置或放在砝码盘中外,不得放在其他任何地方。

1.4　时间的测量及仪器

时间是 7 个基本物理量之一,也是 3 个力学基本量之一。在国际单位制中,以秒为基本单位计时。与长度的单位类似,秒的定义也几经更新,现在应用的定义是 1967 年第十三届国际计量大会确定的:"秒是铯(Cs^{133})原子基态的两个超精细能级跃迁所对应的辐射的 9 192 631 770 个周期所持续的时间"。

时间的测量包含两部分的内容:其一是测量某一现象开始的时刻;其二是测量两个时刻之间的时间间隔,即一个现象或过程开始与终止的两个时刻的间隔。前者主要在天文学、地球物理研究中有意义,后者在工程技术和物理学中经常遇到。测量时间的方法虽然很多,但其理论基础毫无例外都是利用周期性运动的等时性。随着新的更高均匀性等时周期运动的不断发现,时间测量的精度也在不断提高。现在用氢原子钟计时,已使秒的精度达到 10^{-14} s。而且,随着科学技术的发展,秒的测量精度必然还会提高。

计时仪表大体上可分为机械钟表、电子钟表和原子钟表三大类。其中,原子钟表的准确度最高,其次是电子类钟表。这里,我们仅对物理实验室常用的测量时间(或频率)的仪表作简单介绍。

1.4.1　停表

常用的停表有机械类和电子类两类停表,一般用来测量几分至几秒的时间间隔。

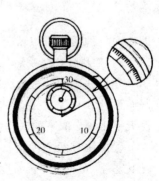

1. 机械停表

机械停表一般有两个圆形的刻度盘,对应的有两根表针,如图 1-14 所示,较长的一根表针是秒针,较短的一根表针是分针。表面上的数字分别表示秒和分的示值。最小分度值有 0.1 s 和 0.2 s 两种。

图 1-14　机械停表

机械停表的上端都有一个柄头，用来旋紧发条、控制停表的开始与停止计时，以及使指针回到零位。使用前先旋紧发条，但不宜太紧。测量时，用手握住停表，拇指按在柄头上，稍用力按下，随即放手，停表立即走动，开始计时；第二次将柄头按一下，指针即刻停止走动，计时停止；再按一次时，分针和秒针都回到零位。也有的停表具有专用的回零钮。此外，有些停表的柄头上还装有累计计时钮，用它可实现连续累计计时。

2. 电子停表

电子停表是一种较准确的计时器。电子停表的机芯全部采用电子元件，以石英晶体振荡器的振荡频率作为时间基准，以液晶作为显示器，用数字显示时间，最小显示量为 0.01 s。如图 1-15 所示，电子停表上端一般有两个或三个控制按钮，用于功能转换和测量操作。电子停表除具有基本停表的功能外，常常还具有累计计时、分段计时、计时计历功能，能显示月、日、星期或时、分、秒等，如图 1-16 所示。有的电子停表甚至还有语音定时报时、可使用太阳能等功能。

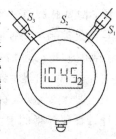

图 1-15　电子停表

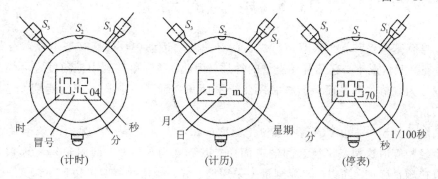

图 1-16　电子停表的功能

3. 注意事项

（1）机械停表上发条时不宜用力太大，不宜上得过紧。

（2）检查初始读数是否为零，若指针不为零，应记下此初始读数，该读数称为零读数或零差，所测得的读数需与零差进行修正。

（3）实验完毕后，应让机械停表继续走动，以使发条完全放松；电子停表应复零，以减少耗电。不得让停表处于强电磁场中，更不得在强电磁场中使用停表。

（4）停表应防锈、防腐蚀、防潮湿、防震动及防碰撞。

（5）如果停表不准，走动或快或慢，就会造成测量值偏大或偏小，给测量带来系统误差。为减小这种系统误差，要对停表进行校正。校正的方法是用标准表和待校表同测一段时间，求出校正误差：

$$C = \frac{\Delta t}{\Delta t'} \tag{1-9}$$

式中，Δt 和 $\Delta t'$ 分别为标准表和待校表的读数。使用被校表测量读数若为 t'，则对该表修正后的时间 t 应为

$$t = Ct' \tag{1-10}$$

1.4.2　多用计数器

停表的测量精度最高可达到 10^{-2} s，但远远不能满足生产、科学研究和教学的要求。因此，人们不断研制出精度愈来愈高的计数器。毫秒计便是具有较高准确度的计数器。它是具有记忆测量数据功能的智能化计时、计数、计频的精密仪器。

计数器的原理是：以石英晶体振荡器作为时基信号源，时基脉冲信号经过门电路输入脉冲计数器，控制信号经过控制电路控制计数器开始和终止计数的时刻，计数器计得的时基信号脉冲数乘以脉冲周期，得到被测时间间隔，再由显示器显示出来，如图 1-17 所示。如果开关门即计数器从开始计数到终止计数的时间间隔为 1 s，则计数器所计得的被测信号脉冲数就是被测信号的频率。

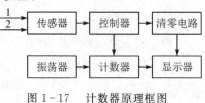

图 1-17　计数器原理框图

1.5　角　度　的　测　量

角度具有基本量和导出量双重特性。在有关转动运动中，它具有基本性，表现为基本量；在另外一些情况下，它又有导出量的性质。因此，国际单位制中把角度定为辅助量。

角度分为立体角和平面角。本书只介绍平面角，而且书中凡未特别指明是立体角的，均指平面角。

在国际单位制中，角度的基本单位是弧度(rad)。1 弧度是一个圆内两条半径所截取的弧长与半径相等时这两条半径之间的平面角。以弧度为单位时，圆周角是无理数，故实验上不能直接测量弧度。所以，实际测量中采用度、分、秒几种角度单位制。1 度是圆周角的 1/360，记为 $1°$；$1°$分为 60 分，1 分记为 $1'$；$1'$又分成 60 秒，1 秒记为 $1''$。但在进行理论计算时，必须以弧度为单位。

角度的常用测量方法有比较法、干涉法和转换法等。常用的测量仪器有量角器、测角仪、分光计等。分光计的测量精度可达 $1'$或更高，如 FGY-01 型分光计可达 $30''$的测量精度。分光计的构造和调整使用方法将在有关实验中介绍。

1.6　温度的测量及仪器

温度是 7 个基本物理量之一，在研究热现象时离不开它。通俗来讲，温度是表征物体冷热程度的物理量。如果一个较热的物体和一个较冷的物体接触，达到热平衡态后，前者变冷了，而后者变热了，我们就说前者的温度较高，后者的温度较低。显然，物体的冷热程度、温度的高低需定量表述。为此，需要确定统一的公认的标准。这种冷热程度、温度高低的数字表示法便称为温标。

1967 年国际计量大会将根据热功能转换原理建立的热力学温标作为国际基本量之一的温度标准。热力学温度用 T 表示，单位是开尔文，简称开，用 K 表示。其定义是：1K 等于纯水的三相点(指水、水蒸气和冰共存的平衡状态)的热力学温度的 1/273.16。也就是说，水的三相点的热力学温度为 273.16K。

另一个常用的温标是摄氏(Celsius)温标。摄氏温度用 t 表示，定义为

$$t = T - T_0 \tag{1-11}$$

式中，$T_0 = 273.16$ K。

摄氏温度的单位为摄氏度，表示为"℃"。摄氏温度 1 ℃ 的大小与热力学温度相同。因此，热力学温度也可以用摄氏温度表示。

有些地方还沿用华氏温标。华氏温度用 t_F 表示，定义为

$$t_F = 32 + \frac{9}{5}t \tag{1-12}$$

华氏温度的单位为华氏度，记为"℉"。

温度的测量常用各种各样的温度计来完成。同时，也常用转换的方法，通过各类温度传感器快速、自动地完成测量任务。

1.6.1　温度计的制作原理和定标

让不同温度的物体如测温物体与被测温物体接触，一段时间后，达到热平衡。此时，它们的温度相同。如果平衡态的温度和被测温物体原来的温度很接近，以至可视为相同，那么我们可以将平衡态时测温物体的温度看作被测温物体原来的温度。若测温物体的某种性质随温度有明显的、单值的变化，那么我们就可以通过对该性质在不同温度下的测量，再经过定标，制成温度计来完成对各种被测温物体温度的测量。这就是各种温度计的制作原理。例如，根据一定质量的液体的体积随温度的变化可制作液体温度计；根据一定质量的气体在定压下体积随温度的变化或在定容下压强随温度的变化可制作气体温度计；利用温差电动势随温度的变化可做成温差电偶；利用金属的电阻是温度的单值函数的关系可制成电阻温度计；利用热辐射能量谱分布的温度关系可做成辐射高温计；等等。

所谓定标，就是对新制成的温度计进行分度或校准。一种定标或校准的方法是使用被定标的温度计与标准温度计同时对一系列温度进行测量，用比较的办法分度或给出校正系数。常用做标准温度计的是气体温度计。另一种方法是采用高纯度物质的某些特定温度作为标准温度点，对温度计进行分度或校准。这种方法既方便又准确。常见物质的部分特定温度如表 1-5 所示。

表 1-5　常见物质的特定温度

基本定点	T/K	t/ ℃	t_F/ ℉
标准:水的三相点	273.16	0.01	32.02
氧的正常沸点	90.18	−182.97	−297.35
水的冰点	273.15	0.00	32.00
水的汽化点	373.15	100.00	212.00
锌的熔点	692.66	419.51	787.11
锑的熔点	903.65	630.50	1166.90
银的熔点	1233.95	960.80	1761.44
金的熔点	1336.15	1063.00	1945.00

1.6.2　常用温度计简介

1. 气体温度计

定压气体温度计：一定质量的气体装在压强保持不变的容器内，测量时观察气体体积的变化。

定容气体温度计：一定质量的气体装在恒定体积的容器内，利用压力变化测温。

气体温度计测量精度高，测温范围大，但操作较为复杂，使用不太方便。

2. 液体温度计

液体温度计又叫玻璃-液体温度计。在细而均匀的长直毛细管中装入一定质量的某种液体，测温时，将它与被测物接触，待达到热平衡态后，观测液体体积(一般观测高度)的变化。

液体温度计常用的测温物质有水银(汞)、酒精(乙醇)、甲苯、煤油等，其中以水银和酒精应用最广。

水银温度计的优点是水银不润湿玻璃，水银的膨胀系数变化很小，测量范围广(在 1 个标准大气压下，水银在$-38.87 \sim +356.58℃$范围内均为液态)，使用方便等。

实验室常用的水银温度计的测量范围通常为$-30\sim+300℃$，最小分度值为 $0.1℃$。小量程的精密水银温度计，最小分度值可达 $0.01℃$ 。

实验室也常用酒精温度计，量程常为$-4\sim105℃$ ，最小分度值为 $1℃$。

使用玻璃-液体温度计的注意事项如下：

(1) 根据被测温度的高低和测量精度的要求，选择合适的液体温度计。

(2) 被测物的容量必须大于温度计所供液体的 1000 倍以上。

(3) 温度计浸入被测物的深度不得小于该温度计所标明的深度或浸至起始刻度线处。

(4) 液体温度计的玻璃管易碎，应轻放，不得碰撞其他物品，以免损坏。若水银漏出，应注意防止水银中毒。

3. 温差电偶温度计

温差电偶温度计常简称为温差电偶或热电偶。

1) 温差电动势

如图 1-18 所示，如果把两种不同的金属连成闭合回路，并让两个接点处于不同温度 T 和 T_0 的热源中，则在电路中会有电流流过，这种电流称为温差电流，产生此电流的电动势称为温差电动势。这种效应是 1821 年贝塞克首先发现的，故称为贝塞克效应。这种电路称为温差电偶。温差电动势的经验公式可写成

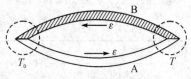

图 1-18　温差电动势

$$\varepsilon = a(T-T_0) + b(T-T_0)^2 + c(T-T_0)^3 + \cdots \qquad (1-13)$$

式中，系数 a, b, c 为常量，它们只与这两种金属的性质有关。

实验表明 $a \gg b \gg c$，故当温差 $T-T_0$ 不太大时，可只保留系数 a, b，则式(1-13)变为

$$\varepsilon = a(T-T_0) + b(T-T_0)^2 \qquad (1-14)$$

表 1-6 给出了几种温差电偶的 a, b 系数。

表 1-6　几种温差电偶的 a, b 系数

温差电偶	a / (V /K)	b / (V /K^2)
Cu - Fe	-13.403×10^{-6}	$+0.0275 \times 10^{-6}$
Cu - Ni	$+20.390 \times 10^{-6}$	-0.0453×10^{-6}
Pt - Fe	-19.272×10^{-6}	-0.0289×10^{-6}
Pt - Au	-5.991×10^{-6}	-0.036×10^{-6}

表 1-6 中的"＋"和"－"号与选取电动势的指向有关。表中选取电动势的指向是：如果在热端处，电流由第二种金属流入第一种金属，则规定电动势为正；反之为负。

2）温差电偶温度计

对式(1-14)作进一步的近似，忽略温度差的二次方项，可得到

$$\varepsilon = a (T - T_0) = a T - a T_0 \tag{1-15}$$

若使 T_0 保持不变，即一个接点取为一个固定的温度如纯水的冰点，则式(1-15)表明，温差电动势只随另一接点温度的变化而变化，并为线性函数。只要将该接点置于若干给定的标准温度下，测出温差电动势的对应值，确定 $\varepsilon(T)$ 的关系，就可以对该温差电偶进行分度，即标定，从而制成温差电偶温度计。用温差电偶温度计测温时，需将电偶的一端置于定标时的温度 T_0，另一端与被测温物体接触，达到热平衡后，测出温差电动势的值，由式(1-15)的关系可得到被测温物体的温度。

表 1-7 给出了几种常用温差电偶的温差电动势在特定温度下的取值。

表 1-7　温差电偶的温差电动势(冷端为 0 ℃)(单位：mV)

温度差/℃	铂-铂铑 (Pt 87％, Pt - Rh 13％)	镍铬-镍铝	铁-康铜	铜-康铜
−200	—	−5.75	—	−5.540
−100	—	−3.49	—	−3.349
0	0.000	0.00	0.0	0.000
100	0.645	4.10	5.2	4.277
200	0.464	8.13	10.5	9.288
300	2.395	12.21	15.8	14.864
400	3.400	16.40	26.6	20.873
500	4.459	20.65	43.4	—
800	7.921	33.31	—	—
1000	10.473	41.43	—	—
1500	17.360	—	—	—
1700	20.069	—	—	—

各种不同种类的温度计有不同的特点，因而有不同的适用领域。一般来说，气体温度

计准确度高，常用于科学研究和作为核准其他温度计的标准温度计；液体温度计由于测量范围较广，准确度适中，使用方便，故广泛用于科研、医疗、实验室和日常生活中；电阻温度计和温差电偶温度计具有精度高、输出为电信号、后者的测量范围更宽等特点，因此广泛用于生产领域，尤其适用于自动控制系统；辐射温度计的测量范围很宽，可远程测量，故常用于熔炼、天文测量等领域。

表 1-8 给出了较为常用的温度计，以供使用者参考。

表 1-8　常用温度计

名称	测量范围/℃	主要优缺点	用　途
气体温度计	−260～1600	精度高，测温范围大，性能稳定，但结构复杂，操作使用不方便	用作标准器
玻璃温度计	−200～600	结构简单，使用方便，价格便宜，读数直观，但只能指示，不能记录，易破碎	用于化工、轻工、医药、食品工业及科研和实验室
双金属温度计	−100～600	体积小，耐震，耐冲击，但精度不同	用于飞机、汽车、船舶等
压力式温度计	−120～600	强度高，耐震，可自动记录，但误差大，难修理	用于对铜及铜合金不腐蚀的液体、气体等
电阻温度计	−258～900	测量精度高，信号可远距离传送及自动记录，但需外电源，热惯性大	用于测量各种液体、气体或蒸气温度及极低温度
温差电偶温度计	−269～2800	测温范围宽、精度高，信号可传输、可记录，但下限灵敏度低，输出信号为非线性	适用于测量难熔金属及各种高温度
光学高温计	700～3200	结构简单，精度高，便于携带，但只能指示，不能记录及远传，易产生观测误差	适用于金属冶炼、热处理、玻璃熔炼及陶瓷焙烧
辐射温度计	100～3200	结构简单，信号可远传和自动记录，但刻度不均匀，反应速度慢	适用于测量移动、转动或不宜装热电偶场合的表面温度
光电高温计	100～3200	精度较高，稳定性好，输出信号可传送和自动记录，但结构复杂	适用于测量快速运动物体或瞬时变化的表面温度
比色高温计	800～3200	反应速度快，误差较小，能在有粉尘、烟雾等场合下测量，但结构复杂，受反射光的影响大	适用于冶金、水泥、玻璃等现场较差的部门测温用
半导体点温计	−50～300	灵敏度高，结构简单，体积小，热惯性小，但易损坏，怕腐蚀气体，不能在高电压、强磁场中使用	适用于测量瞬时变化温度及微小温度变化等

1.7　电流、电压和电阻的测量

电流、电压、电阻、电感和电容等电参量的测量是电磁测量科学与技术的主要内容，也是测量科学与技术的基本内容之一。由于电参量特别是电流和电压信号易于处理、显示和记录，以及电磁测量仪器具有测量范围宽、精度高、响应快等优点，所以常将许多非电学量通过各种传感器转化为电参量测量。电参量的测量广泛应用于国防军事、工农业生产、科学研究和教育事业等各个领域。

电磁测量的常用方法是直接法、比较法、模拟法、补偿法、放大法和转换法。本节只简要介绍电流、电压和电阻的测量及基本仪器。

电磁测量常需要带电操作，使用仪器众多，系统较复杂，所以在实验中稍有不慎，就易造成设备事故，甚至人身事故。因此，实验时必须严格遵守操作规程，把安全置于首位，绝不可掉以轻心，并务必切实做到以下几点：

（1）连线时，最后接电源线（或先只接一极）；拆去电路时，首先拆去电源线。实验电路中的电源与其余电路之间必须加接电源开关。

（2）所接电路须严格检查无误并在教师审查认可后，方可合上电源开关。改动或拆去电路时，必须切断电源后，方可进行有关操作。

（3）连接电路时，应参照电路图，先将仪器按回路有序布置，再一个回路一个回路地连接，以利于电路检查和方便操作观察。

（4）实验中，应首先将电表设置为最大量程，若指针偏转很小，再将量程逐步减小。特别是刚接通电源时，首先观察有无仪表指针反偏或碰针、打火、冒烟、出现焦臭味等异常现象。若有上述异常现象，应立即断开电源，分析原因，排除故障后再进行实验。

1.7.1　电流的测量

电流是 7 个基本物理量之一，在国际单位制中，电流的基本单位是安［培］，记为"A"。1948 年第九届国际计量大会通过的定义是：1 A 的恒定电流通过处于真空中相距 1 m、圆形横截面可忽略的两根无限长的平行直导线时，该两导线之间产生的作用在每米长度导线上的电磁力等于 2×10^{-7} N。电流的单位还有毫安和微安，记为"mA"（1 mA＝10^{-3} A）和"μA"（1 μA＝10^{-6} A）。

电流测量是电磁测量的基本测量之一，也是许多其他物理测量的基础。直接测量电流的仪器都是利用某种电流效应如电流的热效应、磁效应和电磁感应等做成的，其中最常用的是磁电式电流表，其次是电磁式电流表和电动式电流表。

1. 磁电式电流表

磁电式电流表在各种电气参量指示仪表中占有极其重要的地位，它是各种磁电式交直流电流表、电压表、多用表等的核心部件。当加上传感器时，磁电式电流表可用于多种非电量的测量；当采用特殊结构时，它可制成测量微弱电流的高灵敏度检流计。

1）磁电式电流表的结构

磁电式电流表的测量机构俗称表头，具有准确度高、刻度均匀的优点。它由固定部分及活动部分组成，如图 1 - 19 所示。固定部分是永久磁铁，它包括：永久磁铁 1、连接在永久磁铁两端的半圆筒形极掌 2 和两磁极间空腔中固定连接在支架上的圆柱形铁芯 3。圆柱形铁芯的作用：一方面缩小气隙、减小磁阻，以增强磁通密度即磁感应强度 B，另一方面是在极掌与圆柱形铁芯间的气隙中造出均匀的辐射状磁场。

　　活动部分是线圈，常简称为动圈。它包括：绕在铝框上的动圈 4，支承于宝石轴承上的转轴 8，弹簧游丝 5，指针 6 和调零器 7。动圈由很细的高强度漆包线绕制而成，允许通过的电流很小，常为几十至一百微安，最大也不过几十毫安。两个弹簧游丝安装时螺旋方向相反，这样既可产生反作用力矩，又可作为动圈的导流引线。铝框支承动圈并兼作阻尼器。

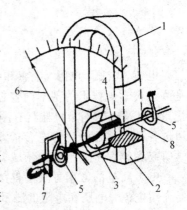

1—永久磁铁；2—极掌；3—铁芯；
4—动圈；5—弹簧游丝；6—指针；
7—调零器；8—转轴
图 1-19　磁电式电流表表头

　　2）磁电式电流表的工作原理

　　磁电式电流表的工作原理是载流线圈与永久磁铁的磁场的相互作用。若辐射状磁场的磁感应强度为 B（本书中物理矢量的符号未加黑的表示只考虑其数值大小）、线圈中的电流为 I、线圈匝数为 N、线圈面积为 S，则作用于线圈，使其绕轴旋转的磁力矩 M 为

$$M = NIBS \tag{1-16}$$

　　另一方面，线圈在转动过程中，其转轴带动弹簧游丝扭转。在弹性限度内，弹簧游丝作用于线圈的扭转力矩 M' 为

$$M' = C\alpha \tag{1-17}$$

式中，C 为弹簧游丝的扭转系数；α 为线圈旋转的角度。此力矩为恢复力矩，方向与 M 相反，当指针在某一位置静止时，两力矩大小相等，有

$$M = M' \tag{1-18}$$

将式（1-16）和式（1-17）代入式（1-18），得到

$$\alpha = \frac{BNS}{C} I \tag{1-19}$$

　　3）磁电式电流表的主要参数

　　（1）灵敏度。电流表的灵敏度定义为动圈中通过单位电流使指针偏转的格数，单位是格/安。由式（1-19）得到

$$S_i = \frac{\alpha}{I} = \frac{BNS}{C} \tag{1-20}$$

灵敏度的倒数 k 为

$$k = \frac{1}{S_i} = \frac{C}{BNS} \tag{1-21}$$

式中，k 称为电表常数（安/格）。

　　（2）内阻。电流表动圈的绕线电阻称为内阻，常用 R_g 表示。

　　（3）量程。电流表的指针满度偏转时所对应的通过电表的电流值叫做该表的量程，用 I_m 表示。若电流表指针的最大偏转角为 θ_m，由式（1-21）有

$$I_m = k\theta_m \tag{1-22}$$

一般情况下，$\theta_m \approx 90°$。

磁电式电流表表头的量程都很小，大多数为 50 μA 或 100μA。可采用并联分流电阻的办法，达到扩大电流表量程的目的。如图 1-20所示，该表头的内阻为 R_g，量程需扩大到原量程的 n 倍，则并联电阻 R_l 为

$$R_1 = \frac{1}{n-1} R_g \qquad (1-23)$$

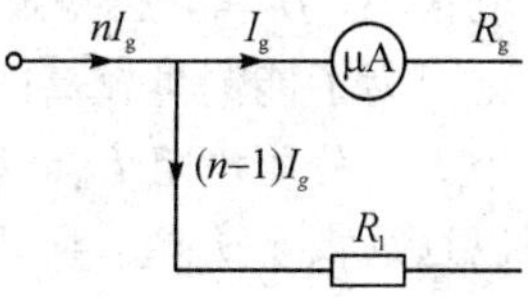

图 1-20　电流表的扩程

在实用中，为了方便，通常把电流表制成多量程的电流表。

4）磁电式电流表的准确度等级

电流表在制造过程中由于工艺和材料的不完善及某些不可避免的因素，如辐射状磁场的不均匀、刻度的误差、弹簧游丝弹力不均匀、轴承和轴尖的摩擦等，导致电流表在正常使用的情况下，也存在着误差。为了表述这种误差，人们引入准确度等级这个概念。如果用某表在满量程测量以及不考虑偶然误差的情况下，相对误差不大于 $a\%$，那么我们称 a 为该表的准确度等级。它反映了该表的准确程度。根据我国的国家标准，电表按准确度分为 7 级，即 0.1，0.2，0.5，1.0，1.5，2.5 和 5.0 七个等级。当用 1.0 级表满量程测量时，由表本身引起的最大相对误差应处于(0.5,1.0)区间中，最大绝对误差不大于"量程×$a\%$"。人们将"量程×$a\%$"称为该表的基本误差或仪器误差，并用 Δ_I 表示。

2. 电磁式电流表

电磁式电流表是利用动铁片与通有电流的固定线圈之间或与被线圈磁化了的静铁片之间的相互作用原理而制成的。

电磁式电流表具有结构简单、能直接测量交流电流、测量结构本身可测大电流（如数百安培）、过载能力强等优点。其缺点是：刻度前密后疏，且测量准确度不够高。

3. 电动式电流表

磁电式电流表测量结构中的永久磁铁用通有电流的固定线圈去代替，便构成了电动式电流表。固定线圈中的电流可以是直流，也可以是交流，因此，这种表可直接用于直流或交流的测量，还适用于非正弦交流电测量。此外，这种表的准确度等级可以很高。这种表的缺点是：易受外磁场影响，过载能力弱，刻度不均匀。

1.7.2　电压的测量

电压是电学中常用的物理量，在国际单位制中，电压的单位是伏特（V）。电压的测量是电磁测量极其重要的部分，也是许多非电学量电测法的基础。电压的测量方法很多，主要有三种：伏特表直接测量法、应用补偿原理的补偿比较法和静电法。在实验中常用的仪器有交直流电压表（伏特表）、电势差计、毫伏表、数字式电压表、数字式毫伏表及示波器等。其中，数字式电压表和数字式毫伏表首先将模拟量转化为数字信号，然后用电子计数器计数，最后在显示屏上以十进制数字形式显示出被测电压。

1. 伏特表直接测量法

将电流表的表头并联在电路中被测电压的两点 a、b 之间，如图 1-21 所示。设通过表头的电流 I_g 小于表头允许通过的最大电流，此时，表头内阻上的电压降 $I_g R_g$ 就是被测的电压 U_{ab}，显然，只需将表盘刻尺换成电压刻度就可以了。然而，由于表头的 I_g 很小，$I_g R_g$ 也

就很小,所以,这样做成的电压表量程很小,不能满足实际需要。

为了能测量较高的电压,需将电流表改装成电压表(伏特表),其方法是给表头串联一个大的分压电阻 R_{fg},如图 1-22 所示。此时,被测 a、b 两端的电压 $U_{ab}=I_g(R_g+R_{fg})$,可以远远大于 I_gR_g,而 I_g 不至于大于表头所允许的最大电流。如要求 $U_{ab}=nI_gR_g$,则与表头串联的电阻 R_{fg} 为

$$R_{fg}=(n-1)R_g \qquad\qquad (1-24)$$

与此类似,可以将小量程的电压表改装成大量程的电压表,其方法为将一个阻值为该表内阻 R_g 的 $n-1$ 倍的电阻与之串联,改装后的量程则扩大到原量程的 n 倍。

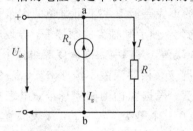

图 1-21　测电压接法　　　　　图 1-22　改装成电压表

2. 补偿比较法

用电压表测电池的电动势 E_x 时,有电流 I 通过电池内部,由于电池存在内阻 r,所以在电池内部不可避免地存在电压 Ir,故电压表的示值是电池的端电压,即 $U=E_x-Ir$,如图 1-23 所示。欲使 $U=E_x$,必须使 $I=0$ 或 $r=0$。而 $r=0$ 是不可能的,只有设法使 $I=0$,但此时电压表指针又不会偏转。因此,用电压表不能直接测量电源的电动势。

电位差计是将待测电动势与标准电动势进行比较测量的仪器。它的基本原理如图 1-24 所示。设 E_0 为一连续可调的标准电源电动势,而 E_x 为待测电动势。若调节 E_0,使流过检流计 G 中电流为零(即回路中电流 $I=0$),则 $E_0=E_x$。上述调节过程的实质是,不断地用已知的标准电动势 E_0 与 E_x 比较,直到检流计指示电路中电流为零,此时说明二者相等。电路呈这种状态,称为补偿状态,这种方法称为补偿比较法。用电位差计测电池电动势,不从电池中取用电流($I=0$),不改变电池的原有状态,其内阻不产生电压,所以得到的测量结果必然就是电池的电动势。

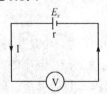

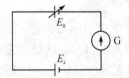

图 1-23　用电压表测未知电池端电压　　　　图 1-24　补偿比较法原理图

3. 静电法

所谓静电法,就是采用静电计来测电压,这种方法可以测高达数万伏特的电压,而且测量电路是开路的。

1.7.3　电阻的测量

电阻器是重要的电子电路元件,电阻也是重要的物理量之一。电阻的单位是欧姆(Ω),

电阻器按其阻值的大小分为中值电阻($10 \sim 106$ Ω)、低值电阻(小于 1 Ω, 常可低至 10^{-7} Ω)和高值电阻(不小于 10^7 Ω)。

1. 电阻器

电阻器可分为固定电阻器、可变电阻器和标准电阻器三类。电阻器的主要技术指标有阻值、准确性、额定功率和稳定性等。

1) 固定电阻器

表 1-9 给出了常用固定电阻器的结构和特点。

表 1-9　常用固定电阻器

名称		线绕电阻	薄膜电阻	实心电阻
品种及符号		被釉(RXY) 被漆(RX)	碳膜(RT) 金属膜(RJ) 硅碳膜(RU) 合成膜(RH) 氧化膜(RY)	炭质(RS) 金刚石(RG)
结构		镍铬或康铜线绕在瓷管上,外涂保护层,其阻值由电阻丝的粗细、长短和电阻率数值大小来决定	瓷棒外面覆一层薄膜(如碳膜、硅碳膜、合成膜或氧化膜),刻上槽纹,其阻值决定于薄膜的电阻系数、厚度及槽纹多少	由炭黑、石墨、黏土、石棉等按比例混合压成,其阻值由各种成分比例及几何形状来决定
特点	阻值	较小,一般在几万欧以下	较大,从几欧到几十兆欧	较大,从几十欧到几十兆欧
	额定功率	较大,可从几分之一瓦到几百瓦	较小,一般几瓦以下	更小,一般在 2 W 以下
	稳定性	较 高	较好	较差
	准确性	精度可达 $\pm 0.1\% \sim \pm 0.001\%$	精度可达 $\pm 10\%$	精度一般在 $\pm 5\% \sim \pm 20\%$ 范围

2) 可变电阻器

可变电阻器包括滑线变阻器(含电位器)和电阻箱。滑线变阻器与电位器如图 1-25 所示。它们常被用作分压器或限流器(如图 1-26 所示):作分压器时,应将滑动端 P 滑动至 B 端,让 $U_{BP} = 0$;作限流电阻时,也应首先将 P 滑动至 B 端,使 $R_{AP} = R_{AB}$, 回路电流取最小值,然后才逐渐滑动 P,分别使电压 U_{AP} 和电流达到要求。

(a) 滑线变阻器　　　　(b) 带开关电位器　　　(c) 电位器外形　　
(d) 电位器符号

图 1-25　滑线变阻器与电位器

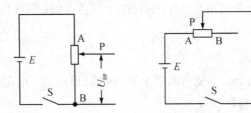

图 1－26　滑线变阻器的用途

电阻箱是一种数值可以调节的精密电阻组件，它由若干个数值准确的固定电阻元件（用高稳定锰铜合金丝绕制）组合而成，并连接在特殊的变换开关（如转臂、插塞等）装置上。常用的旋转式电阻箱的结构如图 1－27(a) 所示。电阻的调节可通过电阻箱面板上的旋钮转动臂实现。如图 1－27(b) 中的电阻值为 87 654.3 Ω，即总电阻等于各旋钮示数与相应倍率乘积之和。使用多挡（有多个电阻调整旋钮）电阻箱选挡位接线柱时，应注意避免电阻箱其余部分的接触电阻和导线电阻的影响，同时要注意每挡电阻容许通过的电流是不同的。ZX21 型电阻箱倍率与容许电流如表 1－10 所示。

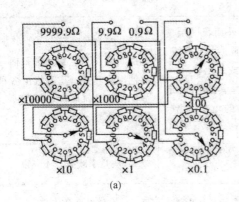

(a)

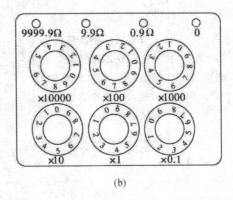

(b)

图 1－27　旋转式电阻箱

表 1－10　ZX21 型电阻箱倍率与容许电流

旋钮倍率	0.1	1	10	100	1000	10000
容许电流/A	0.5	0.5	0.15	0.05	0.015	0.005

3）标准电阻器

标准电阻器是电阻单位（Ω）的度量器，常用锰铜双线绕制成。阻值为 0.0001～0.01 Ω 的标准电阻器用锰铜带绕制，阻值在 0.01 Ω 以上的用锰铜线绕制。其结构如图 1－28 所示。

标准电阻器铭牌上给出的阻值是＋20℃的名义值。若在 t℃ 使用时，应按下式予以修正：

$$R_t = R_{20}[1 + \alpha(t - 20) + \beta(t - 20)^2] \qquad (1-25)$$

式中，R_{20} 为 20℃的标准值；α 和 β 分别为一次与二次项的温度系数。它们的数值在标准电阻器出厂时均由厂家给出。

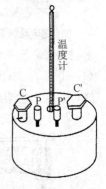

图1－28　标准电阻器

2. 电阻的测量

电阻的测量方法很多，而且各有不同的适用范围。对于中值电阻，常用的测量方法有欧姆表法、替换法、伏安法和惠斯通电桥法；测低值电阻的常用方法是开尔文电桥法；对于高值电阻，则通常采用静电计法、兆欧表法以及电容充放电法。

1）欧姆表法

用欧姆表可直接测量电阻。欧姆表通常由微安表改制，如图 1-29 所示。

将一个固定电阻 R_i、可变电阻 R_0 和干电池与表头串联起来。测电阻时，将被测电阻 R_x 再串联进去形成一个闭合回路。设表头电流量限为 I_g，内阻为 R_g，干电池的电动势为 E，则

$$I = \frac{E}{R_g + r + R_x} \qquad (1-26)$$

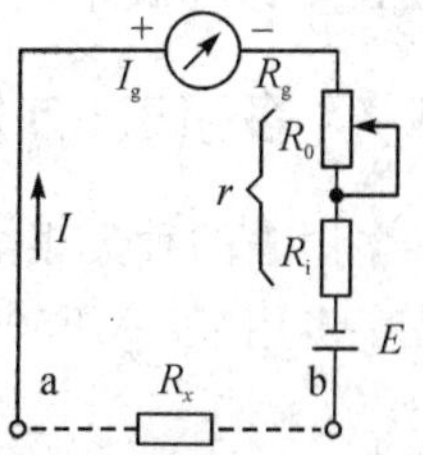

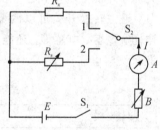

图 1-29　欧姆表法测电阻

式中，$r = R_0 + R_i$；E 和 R_g 是仪表常数。R_g 用于欧姆表"调零"。式（1-26）表明 R_x 与 I 有一一对应的关系，电阻 R_x 的阻值可由对应的电流 I 的示数刻度进行测量。使用欧姆表测电阻前，应将图中的 a、b 两端短接，改变 R_0 的阻值，进行"调零"。

2）替换法

替换法就是用标准电阻替换被测电阻，并调节标准电阻的阻值使替换前后电流表的示数相同，并且尽量接近满量程限值。测量原理电路如图 1-30 所示。

3）伏安法

伏安法详见"非线性电阻特性的研究"实验。

4）惠斯通电桥法（详见"用惠斯通电桥测电阻"实验）

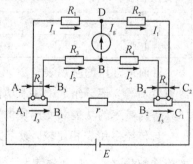

图 1-30　替换法测量

用惠斯通电桥法测电阻时，未考虑导线本身电阻和接触电阻对测量的影响。对中值电阻的测量，这种影响是可忽略的。对 1 Ω 以下电阻的测量，这种影响就不能忽略。例如，对 0.1 Ω 电阻的测量，这种影响导致的测量误差达 10%。对 10^{-3} Ω 以下电阻的测量，无法得出测量结果。为此，人们将惠斯通电桥经过改进而制成了开尔文（双臂）电桥，使电阻测量向下延伸到 10^{-6} Ω 的数量级。

5）开尔文电桥法

开尔文电桥原理电路如图 1-31 所示。待测电阻 R_x 与标准电阻 R_s 均采用四端接法。其中，A_1、C_1 端的附加电阻不影响电桥的平衡，B_1、B_2 端的接触电阻并入跨线电阻 r 中，在一定条件下也不影响电桥的平衡。余下的 A_2、B_3、B_4 和 C_2 的附加电阻都因与其相连的 R_1、R_2、R_3、R_4 均为大电阻而可忽略。可见双臂电桥采用增加一臂（R_3 和 R_4）的办法，消除了全部附加电阻的影响。

电桥平衡（$I_g = 0$）时，由基尔霍夫定律可得

$$R_x = \frac{R_1}{R_2} R_s + \frac{r R_4}{R_3 + R_4 + r}\left(\frac{R_1}{R_2} - \frac{R_3}{R_4}\right) \qquad (1-27)$$

图 1-31　开尔文电桥

特别是当 $R_1/R_2 = R_3/R_4$ 时,式(1-27)的第二项为零,则

$$R_x = \frac{R_1}{R_2}R_s \qquad (1-28)$$

在开尔文电桥中,R_1、R_2、R_3、R_4 采用同轴双十进电阻箱,无论怎样调节,都能满足 $R_1 = R_3$,$R_2 = R_4$。因此,R_x 可按式(1-28)计算,而不必考虑别的电阻的影响。但需注意,由于误差的存在,要十分精确地达到 $R_1/R_2 = R_3/R_4$ 是困难的,故采用短而粗的导线连接 R_x 和 R_s,以便减小 r。

1.7.4　多用表(万用表)

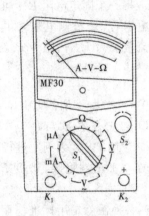

图 1-32　MF30 型多用表外形图

多用表的种类很多,常用的有 MF30 型、MF500 型和各种数字多用表。MF500 型多用表的主要技术性能由表 1-11 给出。

为方便起见,人们将安培表、伏特表和欧姆表合为一体,并增加一些其他功能,成为常说的多用表。MF30 型多用表的外形如图 1-32 所示。表盘上一般以"A-V-Ω"符号表示。它是从事电工、电信、电子仪器生产与维修的最常用的基本工具,通过转换开关可以测量直流电压、直流电流、交流电压、电阻、电容、电感等,还能检查一般元件的好坏,有的还可以测量交流电流。

表 1-11　MF500 型多用表的主要技术性能

测量分类	测量范围	灵敏度/(Ω/V)	准确度	基本误差
直流电压	0～2.5～10～50～250～500V	20000	2.5	±2.5%
	2500V	20000	4.0	±4%
交流电压	0～10～50～250～500V	20000	4.0	±4%
	2500V	20000	5.0	±5%
直流电流	0～500μA,1～10～100～500mA		2.5	±2.5%
电阻	0～2 kΩ～20 kΩ～200 kΩ～2 MΩ～20 MΩ		2.5	±2.5%
音频电平	−10～22 dB			

目前最常用的多用表是数字式多用表(Digital Multimeter),一般由放大器、A/D 转换器和显示器 3 部分组成。基本功能和面板几乎和 MF30 型多用表相似,有的功能稍多些,如具备测频率的功能和测温度的功能,较高级的还有量程自动切换功能。

与传统多用表相比较,数字式多用表具有如下特点:用液晶显示,便于读数;分辨力和准确度都较高,一只便携式 $3\frac{1}{2}$ 位 LCD 显示的通用数字式多用表,分辨力最高可达到量限的 1/2000,准确度可达 0.5 级,基本误差则可低至 0.5%rdg+1digit(数字显示的仪表精度,读数误差为 ±5%,并且由于四舍五入的原因,末尾还有一个字的误差);输入阻抗高;

抗电强度大等。因此，数字式多用表必将很快并彻底取代传统多用表，成为测量电学物理量的基本工具之一。

现在市场上销售的 DT890 型、DT920 型、DT930 型、UT50 型和 M890 型等各种数字式多用表的功能和性能都相差不大。表 1－12 给出了 UT51 型数字式多用表的主要技术指标。

表 1－12　UT51 型数字多用表的主要技术指标

测量分类	量　程	基本误差
直流电压	20 mV, 2 V, 20 V, 200 V 1000 V	$\pm(0.5\%\text{rdg}+1\text{digit})$ $\pm(0.8\%\text{rdg}+2\text{digit})$
交流电压	200 mV 2 V, 20 V, 200 V 750 V	$\pm(1.2\%\text{rdg}+3\text{digit})$ $\pm(0.8\%\text{rdg}+3\text{digit})$ $\pm(1.2\%\text{rdg}+3\text{digit})$
直流电流	20 μA 200 μA 2 mA, 20 mA 200 mA 2 A 10 A	$\pm(1.2\%\text{rdg}+5\text{digit})$ $\pm(0.8\%\text{rdg}+1\text{digit})$ $\pm(0.8\%\text{rdg}+1\text{digit})$ $\pm(1.5\%\text{rdg}+1\text{digit})$ $\pm(1.5\%\text{rdg}+1\text{digit})$ $\pm(2.0\%\text{rdg}+5\text{digit})$
交流电流	200 μA 2 mA, 20 mA 200 mA, 2 A 1A	$\pm(1.8\%\text{rdg}+3\text{digit})$ $\pm(1.0\%\text{rdg}+3\text{digit})$ $\pm(1.8\%\text{rdg}+3\text{digit})$ $\pm(3.0\%\text{rdg}+7\text{digit})$
电　阻	200 Ω 2 kΩ, 20 kΩ, 200 kΩ, 2 MΩ 20 MΩ 200 MΩ	$\pm(0.8\%\text{rdg}+3\text{digit})$ $\pm(0.8\%\text{rdg}+1\text{digit})$ $\pm(1.0\%\text{rdg}+2\text{digit})$ $\pm[5.0\%(\text{rdg}-10)+10\text{digit}]$

注：对于交直流电压，各量程输入阻抗均为 10 MΩ。

1.7.5　电表的使用和注意事项

在使用电表之前，首先应尽可能地弄清电表的各种性能。例如，是直流电表还是交流电表，耐压值是多少，应平放还是立放，表的准确度组别是多少等。一般来说，这些性能标志都在表盘的左下角或右下角给出，以方便用户查看。表 1－13 给出了常用电表表盘符号的意义。

表 1 - 13　常用电表表盘符号

符　号	说　　明	符　号	说　　明
	直　流	mA mV	毫安(10^{-3} A) 毫伏(10^{-3} V)
～	交　流	kV kΩ	千伏(10^3 V) 千欧(10^3 Ω)
～	直流和交流	MΩ	兆欧(10^6 Ω)
	磁电式仪表	☆	绝缘强度试验电压为 1 kV
0.5(或①)	电表级别,仪器精度 0.5%(或 1%)	☆	不进行绝缘强度试验
Ⅱ	防磁级,分Ⅰ、Ⅱ、Ⅲ、Ⅳ四级		公共端钮
2 kV	击穿电压		调零器
C	防潮湿级,分 A、B、C 级		接地用的端钮(螺钉或螺杆)
	水平型,使用时仪表须平放		静电系仪表
⊥、↑	直立型,使用时仪表须直立		振簧系仪表
60°	标度尺位置与水平面倾斜 60°		热电系仪表
μA	微安(10^{-6} A)		电磁系仪表

　　其次,要根据测量条件和要求选择电表,着重考虑选择表的准确度等级和量程。

　　再次,测量前要对电表进行必要的调整。例如,用欧姆表和多用表测电阻时,要进行机械调零和电调零,有时甚至要对所用电表进行校准。

　　最后,在读取电表示值时,眼睛要正对指针,让其正投影在表盘刻度上,以减小读数误差。读数时应读至该电表的仪器误差所在那一位;若无法知道仪器误差,则应读至最小刻度的估计位。

1.8　实验室常用电源与光源

　　电源和光源是实验室不可缺少的装置,两者都是提供能量的设备。前者提供电能,后者提供辐射能。

1.8.1　电源

电源分为交流电源和直流电源两种。

1. 交流电源

交流电源的有效值为 220 V 或 380 V，频率为 50 Hz，可直接使用市电。其他电压的交流电源可通过变压器由市电而得到。

2. 直流电源

实验室常用的直流电源有干电池、蓄电池、直流稳压电源和直流稳流电源。

干电池：电压的标称值为 1.5 V，提供的电流视电池的容量而定。例如，甲电池可提供约 300 mA 的电流，一号干电池一般提供数十毫安的电流，而五号干电池仅能提供十几毫安的电流，七号干电池能提供的电流就更小了。

蓄电池：一种可再充电电源，其特性指标有电压标称值、额定放电电流和容量。容量用安培·小时数作为单位。

直流稳压电源：一种采用电子电路将市电交流电转换为直流电的装置。它具有体积小、功率大、电压稳定、输出电压常在一定范围内可调、使用方便等优点。因此，这种电源在各种实验室都得到了广泛的应用。

直流稳压电源的指标分为两种：一种是特性指标，包括输入电压、输出电压、输出电流等；另一种是质量指标，用来衡量稳压电源的优劣，主要有稳压系数、输出电阻、温度系数、纹波电压和动态特性等。例如，WY3 型稳压电源有两路独立的输出，输出电压为 $0 \sim 30$ V，最大输出电流为 1 A，输出阻抗小于 0.5 Ω。它还设有短路保护装置。

稳流电源与稳压电源是对应的，它的输出电流稳定不变，而输出电压是可变的。它的指标也与稳压电源的指标相对应，如与稳压电源最大输出电流对应的是最大输出电压，与纹波电压对应的指标是纹波电流。

稳流电源用在稳频激光器电源和霍尔效应测磁场实验的励磁电源等需提供稳定电流的仪器中。

1.8.2　标准电池

标准电池不作为电能来使用，而是作为电动势标准来使用。常见的标准电池有干式标准电池和湿式标准电池两类。湿式标准电池又可分为饱和式和非饱和式两种。最常用的是饱和式标准电池，又称为国际标准电池。

BC_2 型标准电池是一种化学电池。其中的化学物质经严格提纯，化学成分非常稳定，用量也十分准确。阳极用汞做成，阴极材料是镉汞合金（Cd 12.5%，Hg 87.5%），硫酸镉（$CdSO_4$）饱和溶液作为电解液，硫酸汞（$HgSO_4$）作为去极剂，正负电极上沉积有硫酸镉晶体（$CdSO_4 \cdot \frac{4}{3} H_2O$），以保持硫酸镉溶液的饱和性。$BC_2$ 型标准电池的外形和结构如图 1-33所示。

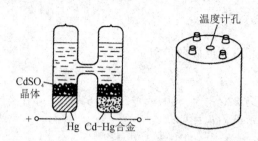

图 1-33 BC$_2$ 型标准电池

标准电池的电动势极为稳定，虽随温度变化，但温度系数小，并可作修正。我国于 1957 年总结出的修正公式为

$$E_t = E_{20} - [39.94(t-20) + 0.929(t-20)^2 + 0.0090(t-20)^3 + 0.000006(t-20)^4] \times 10^{-6}$$

式中，E_t 为 t ℃时标准电池的电动势；E_{20} 为 20 ℃时标准电池的电动势，一般由生产厂家给出，通常为 1.01855~1.01868 V。

标准电池的内阻对外壳的绝缘电阻不小于 1000 MΩ。

标准电池的使用条件为：温度在 0~40℃ 范围；相对湿度不大于 80%；一分钟内最大允许流过的电流不大于 1 μA。

注意：使用标准电池时分清极性，严禁电池短路；严禁用万用表、伏特表测量标准电池；不得振动和倒置电池；不得将电池暴露于阳光下。

1.8.3 光源

根据不同的需要，实验室常用的光源有单色光源、多(复)色光源和白光源。

1. 白炽灯

电流流过金属丝(通常为钨丝)时加热金属丝，使其在极低气压或惰性气体中达到白炽状态而发光，这类光源称为白炽灯，如普通灯泡、汽车灯、光学实验室专用灯泡等。普通灯泡作照明使用，汽车灯和一些专用灯泡常作为点光源和高强度光源使用。

白炽灯系热辐射光源，发射连续光谱，随温度的升高，辐射能随波长的分布向短波长方向移动。

卤素灯是在普通白炽灯泡中充入卤族元素，通常是溴或碘，以提高发光强度，延长灯泡的使用寿命。常用的卤素灯是碘钨灯和溴钨灯，它们一般具有功率大(数百瓦)、工作电压低(一般在 36 V 以下)、小巧坚固等优点。

2. 气体放电灯

气体放电灯是使用电流通过气体而发光的光源，其发光过程是靠电场补给能量的。实验室中最常用的气体放电灯是钠灯、汞灯、氢灯等。

1) 钠灯

钠灯在实验室中常用作单色光源。它是以金属钠(Na)蒸气在强电场中所发生的游离放电现象为基础的弧光放电灯，其外形结构和电路如图 1-34 所示。灯泡两端的电压约为 20 V，电流为 1.0~1.3 A。以 220 V 交流电作电源，需串入合适的扼流圈。

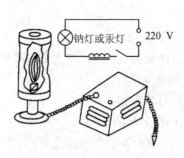

图 1-34　钠(汞)灯

在正常工作状态下，钠灯发出波长为 589.6 nm 和 589.0 nm 的两种黄色光波。在具体应用时，不必区分这两种波长，故以它们的平均波长 589.3 nm 作为钠黄光的波长。

2）汞灯(水银灯)

汞灯又称为水银灯，发光物质是金属汞，在实验室中通常用作多色光源，其工作原理与钠灯类似。

汞灯按它工作时汞蒸气气压的高低，分为低压、高压和超高压汞灯。汞蒸气气压在一个大气压以下的汞灯为低压汞灯，作紫色光源使用(辐射波长为 253.7 nm)。汞蒸气气压在几个大气压至 25 个大气压之间的汞灯称为高压汞灯。汞蒸气气压大于 25 个大气压的汞灯为超高压汞灯。一般来说，汞蒸气气压越高，发光效率就越高，因此光源亮度也越高。显然，不同的汞灯，额定电流是不同的，因此需用的扼流圈的规格也不同。

在正常工作状态下，汞灯发出较强的紫外线，在可见光范围内，有几条较强的分离谱线。几种光源的辐射波长如表 1-14 所示。

表 1-14　几种光源的辐射波长

光源	辐射波长/nm								
汞 灯	612.35	579.07	576.96	546.07	491.60	435.83	407.78	404.68	305.62
钠 灯	589.59	589.00							
氢 灯	656.28	486.13	434.05	410.17	397.01				
氖 灯	605.7								
He-Ne 激光器	632.8								
氩离子激光器	514.5	488.0							

高压汞灯从启动到正常工作需要一段预热、点燃时间，通常为 5～8 min。高压汞灯熄灭后不能立即启动，因为它在熄灭后，管内还保持着较高的汞蒸气气压，需使灯管冷却，汞蒸气凝结后才能再次点燃。冷却时间为 5～10 min。

3. 激光器

激光器是 1960 年以后研制发展起来的一类新型单色光源。激光器所发出的光是受激辐射光，故称为激光。它是一种亮度高、方向性好、时间相干性和空间相干性都极高的光波。激光器有着十分广泛的应用，出现了激光武器、激光雷达、激光导航、激光对抗、激光通信等新学科和新技术领域。在物理实验室中，激光器主要用作干涉仪、准直仪、比长仪等仪器的光源。

激光器按工作物质可分为以下几种：

（1）固体激光器——红宝石激光器、钕玻璃激光器、钇铝石榴石（YAG）激光器等。

（2）气体激光器——二氧化碳激光器、氦氖（He - Ne）激光器、氩离子激光器。

（3）液体激光器——各种染料激光器。

（4）半导体激光器——砷化镓激光器等。

激光器还可分为连续波（CW）激光器和脉冲激光器两大类。

物理实验室常用的是氦氖连续波激光器。激光管的两端是组成光学谐振腔的涂有多层介质膜的高反射镜片，中间是抽成真空后充氦气和氖气的放电管。一般放电管愈长，输出功率就愈大，电源电压也就愈高。单横模的氦氖激光器的输出功率为一两毫瓦至数十毫瓦。一个输出功率约为 2 mW 的 He - Ne 激光器的电源需五六千伏。电源中含有大容量电容器，用完关断电源后，必须短路两电极，使其放电，否则，易造成触电事故。

4. 注意事项

（1）各种光源的电源差异很大，其额定工作电压有的高达数千伏甚至上万伏，有的又只有 10 V 左右。所以，要严格按要求配置电源，一般不允许超过额定值的 10%。

（2）保持光源的清洁，严防水汽和化学物质的污染。

（3）使用光源的过程中，要尽量减小光污染，严防光灼伤。各种光源的外壳多用玻璃制成，严防碰撞打坏。

第 2 章　误差、不确定度和数据处理的基本知识

2.1　测量与误差

2.1.1　测量及误差

1. 测量

测量是将被测量与被选作单位的特定同类量进行比较，并确定被测量是该单位的倍数的过程。

测量有直接测量和间接测量。直接测量是指用测量仪器（或量具）直接读出测量值的过程。如，用米尺测量长度、用温度计测量温度、用电压表测量电压、用秒表测量时间等都属于直接测量。间接测量是指由若干个直接测量值按一定的物理公式计算得到被测量值的过程。如，测量铜柱密度 ρ 时，先用尺直接测量出铜柱的直径 d 和高度 h，再用天平称出它的质量 m，最后通过公式 $\rho = 4m/(\pi d^2 h)$ 计算出铜柱的密度 ρ。

测量是物理实验的基础。但物理实验不是单纯的测量，它包含理论、实验方法、仪器选择、测量、数据处理、结果分析等环节。物理实验的其中一个教学目的就是让学生掌握常用物理量的测量方法，且能进一步独立设计一些测量方法以完成某些简单的测量任务。

2. 误差

误差就是被测量的测量值与其真值之差。若被测量的测量值为 x，真值为 X，则

$$\Delta = x - X \tag{2-1}$$

式中 Δ 称为绝对误差。绝对误差与真值之比称为相对误差，即

$$E = \frac{\Delta}{X} \times 100\% \tag{2-2}$$

测量中，误差可以被控制到很小，但无法使误差为零，即任何测量结果都有误差，误差自始至终存在于一切测量过程中，这就是误差公理。

一个量的真值是客观存在的，它只有通过完美无缺的测量才能获得，但这是做不到的。真值只是一个理想的概念，在实际测量中，只能根据测量数据估算它的最佳估计值（近真值）。由于真值不能确定，所以误差也无法准确得到。实际应用中，可用公认值、理论值、高精度仪器校准的校准值、最佳估计值等约定为真值。

2.1.2　误差分类及其处理

误差按其产生的原因和性质主要分为系统误差、随机误差两大类。

1. 系统误差

相同条件下多次测量同一被测量，其误差的大小和正负号保持不变或按某个确定规律变化，这种误差称为系统误差。

系统误差按其产生原因分类，有仪器误差（仪器装置本身的固有缺陷或没有按规定条件使用而引起的误差）、理论误差（实验测量所依据理论的近似性或测量方法不完善引起的误差）、环境误差（实验环境条件不符合标准引起的误差）等。

系统误差具有确定性，按对其确定性的掌握程度，又可分为已定系统误差（误差的变化规律已确知）和未定系统误差（误差的变化规律未确定或无法确定）。

系统误差影响测量结果的准确度，因此消除或减小系统误差对提高测量准确度十分重要。一般用如下方法消除或减小系统误差：

（1）消除系统误差产生的根源。比如，实验时对仪器进行检验和校准，按规程正确使用仪器，采用正确的实验原理和测量方法，尽量减小和消除人为因素等。

（2）用修正方法修正测量结果。对已定系统误差，根据它的变化规律，找出修正值或修正公式以便对测量结果进行修正。

（3）改进测量方法。对有些未定系统误差可采用改进测量方法（如替代法、交换法、异号法、补偿法、半周期偶数测量法）来消除或减小。

余下未能消除的系统误差可以用非统计学方法进行估算。

2. 随机误差

相同条件下多次测量同一被测量，误差的大小和正负号以不可预知的随机方式变化，这种误差称为随机误差。

随机误差产生的原因是那些无法控制的不确定的随机因素。如观察者视觉、听觉的分辨能力及外界环境因素等。

随机误差的主要特性是服从统计规律的。

1）随机误差的正态分布

大量实验表明，大多数随机误差都服从或近似服从正态分布。图 2-1 所示为随机误差的正态分布曲线，横坐标为随机误差，纵坐标为某一随机误差出现的概率密度，从曲线可知，随机误差有如下的统计分布特性：

① 单峰性。绝对值小的误差出现的概率大，绝对值大的误差出现的概率小。

② 有界性。绝对值很大的正、负误差出现的概率趋于零。

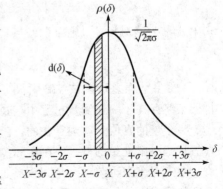

图 2-1　随机误差的正态分布曲线

③ 对称性。绝对值相等的正、负误差出现的概率相等。

④ 抵偿性。随机误差的算术平均值随测量次数增加而减小，最终趋近于零。凡具有抵

偿性的误差，原则上均可按随机误差处理。

2）标准误差 σ 的统计学意义

正态分布的数学表达式由德国数学家高斯于 1895 年给出（正态分布概率密度函数），即

$$\rho(\sigma) = \frac{1}{\sigma\sqrt{2\pi}} e^{-\frac{1}{2}\left(\frac{\delta}{\sigma}\right)^2} \quad (-\infty < x < +\infty) \tag{2-3}$$

式中，$\delta = x - X$ 为每次测量的随机误差；X 为无限多次测量的总体平均值，在消除了系统误差后，它就是被测量的真值；$\rho(\delta)$ 是随机误差 δ 出现的概率密度；σ 为标准误差，是表征测量值 x 离散程度的参数，其数学计算式是

$$\sigma = \lim_{n\to\infty} \sqrt{\frac{1}{n}\sum_{i}^{n}(x_i - X)^2} \tag{2-4}$$

式中，n 为测量次数。

标准误差 σ 有如下两个统计学意义：

① σ 反映了测量值的离散程度。

在一定测量条件下对同一物理量进行多次测量，测量值的标准误差 σ 越小，其离散度就越小，测量精密度越高。

② σ 具有概率意义。

测量次数 $n\to\infty$ 时，对被测量的任一次测量值以 68.3% 的概率落在 $[X-\sigma, X+\sigma]$ 区间内，以 95.4% 的概率落在 $[X-2\sigma, X+2\sigma]$ 区间内，以 99.7% 的概率落在 $[X-3\sigma, X+3\sigma]$ 区间内。即任意一次测量的随机误差出现在 $[-\sigma, +\sigma]$ 区间内的概率是 68.3%，出现在 $[-2\sigma, +2\sigma]$ 区间内的概率是 95.4%，出现在 $[-3\sigma, +3\sigma]$ 区间内的概率是 99.7%。把测量数据落在给定范围内的概率称为置信概率，或叫置信度、置信水平，相应的范围称为置信区间。

随机误差在 $[-3\sigma, +3\sigma]$ 区间的概率为 99.7% 说明，对于有限次测量，随机误差在 $[-3\sigma, +3\sigma]$ 区间的这种可能性是非常小的，如果随机误差的绝对值大于 3σ，就应考虑是否存在测量失误，该测量值是否为"坏值"，若是"坏值"，则应予以剔除。把 $\Delta = 3\sigma$ 称为随机误差的极限误差。

3）有限次测量的测量结果离散性

在消除了系统误差的情况下，无限多次测量的测量值是以一定的概率出现在真值附近的某一区间内，测量值的离散性用 σ 来表征。那么对有限次测量，测量值的离散性用由贝塞尔公式计算的标准偏差 S 来表征。

① 有限次测量中任意一次测量值的标准偏差。

在同一测量条件下，重复测量得到的一组测量值称为测量列。若重复测量次数为 n，得到包含 n 个值的测量列为 $x_1, x_2, \cdots, x_n$，则该测量列中任意一次测量值的标准偏差为

$$S = \sqrt{\frac{\sum_{i=1}^{n}(x_i - \overline{x})^2}{n-1}} \tag{2-5}$$

式(2-5)为贝塞尔(Bessel)公式，式中 $\overline{x}$ 是等精度测量列的算术平均值：

$$\overline{x} = \frac{1}{n}(x_1 + x_2 + x_3 + \cdots + x_n) = \frac{1}{n}\sum_{i=1}^{n} x_i \tag{2-6}$$

$\overline{x}$ 和 S 分别是被测量的真值和标准误差 σ 的最佳估计值。测量次数 n 越大，平均值越接近真值，测量结果越可靠。S 值大，表示测量值很分散，随机误差分布范围宽，测量的精密度低；S 值小，表示测量值很密集，随机误差分布范围窄，测量的精密度高。

② 有限次测量算术平均值的标准偏差。

有限次测量的算术平均值也有误差。表征算术平均值离散性的标准偏差 $S_{\overline{x}}$ 是任意一次测量值的标准偏差 S 的 $1/\sqrt{n}$ 倍，即

$$S_{\overline{x}} = \frac{S}{\sqrt{n}} = \sqrt{\frac{\sum\limits_{i=1}^{n}(x_i - \overline{x})^2}{n(n-1)}} \tag{2-7}$$

标准误差 σ、标准偏差 S_x 和 $S_{\overline{x}}$，它们都不是误差值的概念，而是表征测量值的离散性的概念，属于不确定度的范畴。

3. 测量的精密度、准确度和精确度

1) 精密度

精密度指各次测量值之间的差异程度，反映了由于存在随机误差而引起测量值的分散。精密度高，表示测量重复性好，测量值集中，随机误差小；反之，精密度低，表示测量重复性差，测量值分散，随机误差大。

2) 准确度

准确度指测量值与真值的接近程度，它反映了由于存在系统误差而引起测量值偏离真值的大小。准确度越高，测量值越接近真值，系统误差越小；反之，准确度越低，测量值偏离真值越大，系统误差越大。

3) 精确度

精确度是对测量结果中系统误差和随机误差大小的综合评价。精确度高表示在多次测量中，测量值比较集中，且靠近真值，即测量值中的系统误差和随机误差均较小。

如图 2-2 所示，(a)图表示精密度低，准确度高；(b)图表示精密度高，准确度低；(c)图表示精密度高，准确度高。

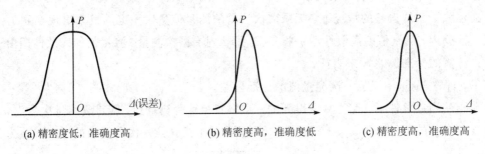

(a) 精密度低，准确度高　　　　(b) 精密度高，准确度低　　　　(c) 精密度高，准确度高

图 2-2　精密度、准确度

2. 2　测量不确定度和测量结果的表示

2. 2. 1　测量不确定度

由于测量存在误差，使得被测量的真值和误差的大小无法确定，我们只能求出真值的最佳估计值和误差的误差限范围。对已消除了已定系统误差的测量，可以用测量值的算术平均值作为真值的最佳估计值，用不确定度来表示误差的误差限范围。

设某被测量的测量结果用平均值 $\bar{x}$ 表示，误差限为 u，则

$$|\bar{x} - X| \leqslant u \quad 即 \quad \bar{x} - u \leqslant X \leqslant \bar{x} + u \qquad (2-8)$$

式(2-8)表明，真值虽然不能确切知道，但它将以一定的置信概率落在以 $\bar{x}$ 为中值的 $[\bar{x} - u, \bar{x} + u]$ 区间(称为真值的置信区间)内。u 越大，表示真值可能出现的范围越大，真值不确定程度越大；u 越小，表示真值可能出现的范围越小，真值不确定的程度越小。u 称为测量不确定度，它表示了由于测量误差的存在而对测量结果不确定的程度，是对被测量的真值所处量值范围的评定。

按评定方法不同，不确定度划分为两类不确定度分量：① 凡是可以用统计方法计算得出的归为不确定度 A 类分量 u_A；② 凡是可以用非统计方法得出的归为不确定度 B 类分量 u_B。

不确定度 A 类与 B 类分量仅仅是评定方法不同，它们同等重要，地位平等。有些情况下只需进行 A 类或 B 类评定，更多情况下要综合 A、B 两类评定的结果。

不确定度和误差是两个不同的概念。误差表示测量值与真值之间的差异，是一个确定的值。不确定度表征的是测量值的分散性，它指一个区间。另外由于真值是未知的，测量误差只是理想的概念，而不确定度则可以根据实验、资料、经验等信息进行定量确定。有误差才有不确定度的评定，它们之间既有联系又有本质区别。

严格的不确定度理论较复杂，我们在保证其科学性的前提下，对不确定度的评定做了适当简化。

2. 2. 2　测量不确定度的评定

常以标准偏差的大小作为测量不确定度进行评定，称为标准不确定度(后文提到的不确定度均指标准不确定度)。

1. 不确定度 A 类分量的评定

对直接测量，若测量次数足够多(测量次数 $n \geqslant 6$)时，用平均值 $\bar{x}$ 表示测量结果，用平均值的标准偏差来评定其不确定度 A 类分量，即

$$u_A(x) = S_{\bar{x}} = \frac{S_x}{\sqrt{n}} = \sqrt{\frac{\sum\limits_{i=1}^{n}(x_i - \bar{x})^2}{n(n-1)}} \qquad (2-9)$$

2. 不确定度 B 类分量的评定

为简单起见，本课程的物理实验中，在没有特别说明时，我们只取仪器的标准误差作为不确定度 B 类分量的评定计算式，即

$$u_B(x) = \sigma_仪 = \frac{\Delta_仪}{C} \tag{2-10}$$

式中，系数 C 是把仪器误差 $\Delta_仪$ 转换为相应标准误差 $\sigma_仪$ 时的变换系数。它的取值与仪器示值误差实际分布有关。在物理实验中，可近似按均匀分布处理，即变换系数取值为 $\sqrt{3}$。

由式(2-10)表示的符合均匀分布的标准误差的概率水平比正态分布时低一些，这里我们忽略了这种差异，仍按它有 68.3% 的概率水平去考虑。

计算不确定度 B 类分量时，如果查不到该仪器的误差限信息，可取 $\Delta_仪$ 等于分度值或 1/2 分度值，或某一估计值，但要注明。

3. 合成不确定度 u_C

一般地，不确定度 A 类分量和不确定度 B 类分量互相独立，故可用"平方和根"方法合成，即合成不确定度为

$$u_C(x) = \sqrt{u_A^2(x) + u_B^2(x)} = \sqrt{(S_{\overline{x}})^2 + \left(\frac{\Delta_仪}{\sqrt{3}}\right)^2} \quad (P = 68.3\%) \tag{2-11}$$

对于不确定度 A 类分量和不确定度 B 类分量分别有多个分量的情况，如果各分量彼此独立，则测量结果的合成不确定度 u_C，可用广义"平方和根"方法计算评定，即

$$u_C(x) = \sqrt{\sum_{i=1}^{k} u_{Ci}^2(x)} = \sqrt{\sum_{i=1}^{n} u_{Ai}^2(x) + \sum_{i=1}^{k-n} u_{Bi}^2(x)} \tag{2-12}$$

注意，用"平方和根"方法合成时，各不确定度分量必须有相同的置信概率。

4. 合成不确定度的传递公式

对于间接测量量 $y = f(x_1, x_2, \cdots, x_n)$，它的测量结果可通过将各直接测量结果的平均值代入函数关系式计算得到，即 $\overline{y} = f(\overline{x_1}, \overline{x_2}, \cdots, \overline{x_n})$。而测量不确定度在各直接测量量 $x_1, x_2, \cdots, x_n$ 互相独立且相应的不确定度分别为 $u_1, u_2, \cdots, u_n$ 时，可由以下合成不确定度的传递公式计算得到，即

$$u_C = \sqrt{\sum_{i=1}^{n} \left(\frac{\partial y}{\partial x_i}\right)^2 u_i^2} = \sqrt{\left(\frac{\partial y}{\partial x_1}\right)^2 u_1^2 + \left(\frac{\partial y}{\partial x_2}\right)^2 u_2^2 + \cdots + \left(\frac{\partial y}{\partial x_n}\right)^2 u_n^2} \tag{2-13}$$

或

$$\frac{u_C}{\overline{y}} = \sqrt{\left(\frac{\partial \ln y}{\partial x_1}\right)^2 u_1^2 + \left(\frac{\partial \ln y}{\partial x_2}\right)^2 u_2^2 + \cdots + \left(\frac{\partial \ln y}{\partial x_n}\right)^2 u_n^2} \tag{2-14}$$

式中的偏导数 $\left(\frac{\partial y}{\partial x_i}\right)$ 和 $\left(\frac{\partial \ln y}{\partial x_i}\right)$ 为不确定度传递系数。当间接测量的函数式为和、差形式时，采用式(2-13)计算较方便；为积、商形式时，采用式(2-14)计算较方便。

表 2-1 给出了一些常用函数的合成不确定度的传递公式。

表 2 – 1　常用函数的合成不确定度的传递公式

函数的表达式	合成不确定度的传递公式
$y = x_1 + x_2$ 或 $y = x_1 - x_2$	$u_C = \sqrt{u_{x_1}^2 + u_{x_2}^2}$
$y = x_1 \cdot x_2$ 或 $y = \dfrac{x_1}{x_2}$	$\dfrac{u_C}{\overline{y}} = \sqrt{\left(\dfrac{u_{x_1}}{\overline{x}_1}\right)^2 + \left(\dfrac{u_{x_2}}{\overline{x}_2}\right)^2}$
$y = \dfrac{x_1^k \cdot x_2^m}{x_3^n}$	$\dfrac{u_C}{\overline{y}} = \sqrt{k^2\left(\dfrac{u_{x_1}}{\overline{x}_1}\right)^2 + m^2\left(\dfrac{u_{x_2}}{\overline{x}_2}\right)^2 + n^2\left(\dfrac{u_{x_3}}{\overline{x}_3}\right)^2}$
$y = kx$	$u_C = ku_x$　　或　　$\dfrac{u_C}{\overline{y}} = \dfrac{u_x}{\overline{x}}$
$y = \sqrt[k]{x}$	$\dfrac{u_C}{\overline{y}} = \dfrac{1}{k}\dfrac{u_x}{\overline{x}}$
$y = \sin x$	$u_C = \vert\cos x\vert \cdot u_x$
$y = \ln x$	$u_C = \dfrac{u_x}{\overline{x}}$

2.2.3　扩展不确定度

上面对测量不确定度的评定是取置信概率为 68.3% 来评定的，即实验测量值 y 落在区间 $[\overline{y} - u_C(y)，\overline{y} + u_C(y)]$ 的概率为 68.3%。如果要以更高的置信概率来评定，常用合成不确定度的倍数来扩展置信区间，即由合成不确定度乘以因子 k_P 得出，写成式子为

$$U_P = k_P \cdot u_C(x) \tag{2-15}$$

式中，U_P 称为扩展不确定度，k_P 称为包含因子或覆盖因子。k_P 的取值，一般要根据被测量的分布和所要求的置信概率来确定。

不确定度评定时，对不同的要求，置信概率的取值可能不同，通常取 68.3% 或 95% 或 99% 等值，在工业和商业上一般约定的置信概率为 95% 或 99%。本书，我们取置信概率为 68.3% 来评定不确定度。

2.2.4　测量结果表示

不确定度的大小反映了测量结果的可靠程度，不确定度小的测量结果可信赖程度高，即测量质量好。反之，不确定度大的测量结果可信赖程度低，即测量质量差。所以在表示测量结果时，为了既能反映测量结果又能反映测量结果的可靠程度，对物理量 x 测量的最终结果应按如下形式表示：

$$\begin{cases} x = \overline{x} \pm u_C（单位）　　　（P = 68.3\%） \\ E_x = \dfrac{u_C}{\overline{x}} \times 100\% \end{cases} \tag{2-16}$$

既要同时表示测量结果的平均值 $\overline{x}$（真值的最佳估计值）、绝对不确定度 u_C、相对不确定度 E_x，并注明概率 $P = 68.3\%$，还要有单位。约定，u_C 取一位或两位（首位数为 1 时可取两位）有效数字（有效数字的概念后面会讲到）；实验结果平均值的最后一位与不确定度的最后一位对齐；相对不确定度 E_x 取一位或两位有效数字；在截取尾数时，不确定度只进不舍；测量平均值按有效数字的修约规则取舍。

式(2-16)的含义为被测量 x 的真值以 68.3% 的概率落在 $[\overline{x}-u_\text{C}, \overline{x}+u_\text{C}]$ 区间。

2.2.5　多次测量表示测量结果举例

由测量数据计算测量结果的步骤如下：

(1) 对测量数据中的已定系统误差加以修正；

(2) 计算各直接测量量的算术平均值，将其作为各直接测量量的最佳值；

(3) 计算各平均值的标准偏差，将其作为相应的不确定度的 A 类分量；

(4) 根据各直接测量量所用仪器的仪器误差估算相应的不确定度的 B 类分量；

(5) 计算各直接测量量的合成不确定度；

(6) 计算间接测量量的测量结果和相应的不确定度；

(7) 按式(2-16)表示测量结果。

【例 2-1】 测量铜(圆柱体)的密度。

用千分尺(分度值为 0.01 mm，允差 $\Delta_\text{千}=0.004$ mm)测量 6 次铜圆柱体直径；用游标尺(分度值为 0.02 mm，允差 $\Delta_\text{游}=0.02$ mm)测量 6 次铜圆柱体高度；用物理天平(感量为 0.1 g，允差 $\Delta_\text{天}=0.1$ g)测量 1 次铜圆柱体质量。

测量数据记录如下：

(1) 铜圆柱体质量：$m=(213.04\pm0.06)$g　($P=68.3\%$)。

(2) 铜圆柱体高度 h、直径 D 的测量数据如表 2-2 所示。

表 2-2　铜圆柱体高度和直径测量记录表(测量前检验量具：零点示值均为零)

次数 n	1	2	3	4	5	6
高度 h/mm	80.38	80.36	80.36	80.38	80.36	80.38
直径 D/mm	19.465	19.466	19.465	19.464	19.467	19.466

解　(1) 铜圆柱体高度 h 的平均值及不确定度：

$$\overline{h}=\frac{\sum h_i}{n}=\frac{80.38+\cdots+80.38}{6}=80.37\ (\text{mm})$$

$$u_\text{A}(\overline{h})=S_{\overline{h}}=\sqrt{\frac{\sum(h_i-\overline{h})^2}{n(n-1)}}$$

$$=\sqrt{\frac{(80.38-80.37)^2+\cdots+(80.38-80.37)^2}{6\times(6-1)}}=0.0045\ (\text{mm})$$

$$u_\text{B}(\overline{h})=\frac{\Delta_\text{仪}}{\sqrt{3}}=\frac{0.02}{\sqrt{3}}=0.012\ (\text{mm})$$

$$u_\text{C}(\overline{h})=\sqrt{u_\text{A}^2(\overline{h})+u_\text{B}^2(\overline{h})}=\sqrt{0.0045^2+0.012^2}=0.013\ (\text{mm})$$

所以

$$\begin{cases} h=(80.370\pm0.013)\text{mm}　(P=68.3\%) \\ E_h=\dfrac{u_\text{C}(\overline{h})}{\overline{h}}=\dfrac{0.013}{80.370}\times100\%=0.016\% \end{cases}$$

（2）铜圆柱体直径 D 的平均值及不确定度：

$$\overline{D} = \frac{\sum D_i}{n} = 19.4655 \ (\text{mm})$$

$$u_A(\overline{D}) = S_{\overline{D}} = \sqrt{\frac{\sum (D_i - \overline{D})^2}{n(n-1)}} = 0.00043 \ (\text{mm})$$

$$u_B(\overline{D}) = \frac{\Delta_{仪}}{\sqrt{3}} = \frac{0.004}{\sqrt{3}} = 0.0023 \ (\text{mm})$$

$$u_C(\overline{D}) = \sqrt{u_A^2(\overline{D}) + u_B^2(\overline{D})} = \sqrt{0.00043^2 + 0.0023^2} = 0.0024 \ (\text{mm})$$

所以

$$\begin{cases} D = (19.4655 \pm 0.0024)\text{mm} \quad (P = 68.3\%) \\ E_D = \dfrac{u_C(\overline{D})}{\overline{D}} = \dfrac{0.0024}{19.4655} \times 100\% = 0.0123\% \end{cases}$$

（3）铜圆柱体密度测量结果及其测量不确定度：

铜圆柱体密度的测量值为

$$\bar{\rho} = \frac{\overline{m}}{\overline{V}} = \frac{4\overline{m}}{\pi \overline{D}^2 \overline{h}} = \frac{4 \times 213.04}{3.1416 \times 19.4655^2 \times 80.370} = 8.9073 \ (\text{g/cm}^3)$$

铜圆柱体密度测量不确定度为

$$E_\rho = \frac{u_C(\rho)}{\bar{\rho}} = \sqrt{\left(\frac{u_C(m)}{\overline{m}}\right)^2 + \left(2 \cdot \frac{u_C(D)}{\overline{D}}\right)^2 + \left(\frac{u_C(h)}{\overline{h}}\right)^2}$$

$$= \sqrt{\left(\frac{0.06}{213.04}\right)^2 + (2 \times 0.0123\%)^2 + (0.016\%)^2} = 4.07 \times 10^{-4} = 0.041\%$$

$$u_C(\rho) = \bar{\rho} \cdot E_\rho = 8.9073 \times 0.041\% = 0.0037 \ (\text{g/cm}^3)$$

（4）实验的测量结果：

$$\begin{cases} m = (213.04 \pm 0.06)\text{g}, & E_m = 0.028\% \\ h = (80.370 \pm 0.013)\text{mm}, & E_h = 0.016\% \\ D = (19.4655 \pm 0.0024)\text{mm}, & E_D = 0.013\% \\ \rho = (8.907 \pm 0.004) \ \text{g/cm}^3, & E_\rho = 0.041\% \end{cases} \quad (P = 68.3\%)$$

【例 2 - 2】　已知圆柱的直径 $d \approx 5 \ \text{mm}$，高 $h \approx 20 \ \text{mm}$，要求该圆柱的体积 V 的相对不确定度不大于 0.1%，问 d 和 h 的允许不确定度值是多少？使用什么量具测量才合适？

解　由 $V = \pi d^2 h / 4$，按合成不确定度传递公式有

$$\frac{u_V}{V} = \sqrt{\left(2\frac{u_d}{d}\right)^2 + \left(\frac{u_h}{h}\right)^2} \leqslant 0.1\%$$

式中 u_V、u_d、u_h 分别是合成不确定度的 $u_C(V)$、$u_C(d)$ 和 $u_C(h)$ 的简写。

可见不确定度来自两部分，这里我们假设直径 d 和高度 h 这两个直接测量量的不确定度分量对间接测量量 V 的不确定度影响相等——**不确定度分量等作用假设（不确定度均分原则）**，即有

$$2\frac{u_d}{d} = \frac{u_h}{h}$$

于是

$$\frac{u_V}{V} = \sqrt{2\left(2\,\frac{u_d}{d}\right)^2} = \sqrt{2\left(\frac{u_h}{h}\right)^2} \leqslant 0.1\%$$

据此可解出

$$\frac{u_d}{d} \leqslant \frac{1}{2\sqrt{2}} \times 0.1\% = 0.036\% , \frac{u_h}{h} \leqslant \frac{1}{\sqrt{2}} \times 0.1\% = 0.071\%$$

可求得

$$u_d = 5 \times 0.000\ 36 = 0.0018\ (\text{mm})$$
$$u_h = 20 \times 0.000\ 71 = 0.0142\ (\text{mm})$$

故使用的仪器允差,要求

$$\Delta_d \leqslant \sqrt{3}\,u_d = \sqrt{3} \times 0.0018 = 0.0031\ (\text{mm})$$

$$\Delta_h \leqslant \sqrt{3}\,u_h = \sqrt{3} \times 0.0142 = 0.025\ (\text{mm})$$

　　由量具说明书可以查得量程 25 mm、分度值为 0.01 mm 的 0 级螺旋测微计的允差为 ±0.002 mm;量程为 120 mm、分度值为 0.02 mm 的游标尺的允差为 ±0.02 mm。因而测量圆柱直径可用量程为 25 mm 的 0 级螺旋测微计,测量高度可选用 0.02 mm 分度值的游标尺。

　　若加工制造体积不确定度不超过 0.1% 的圆柱,则 $\Delta_d = 0.0031$ mm 及 $\Delta_h = 0.025$ mm 也可以作为加工尺寸的最大允许误差。

　　不确定度分量等作用假设(不确定度均分原则)并不是固定不变的,可以根据实际情况来调整。

2.3　有效数字及其运算

2.3.1　有效数字的概念

1. 有效数字

　　测量结果的第一位非零数字起到最末一位可疑数字(误差所在位)止的全部数字,统称为测量结果的有效数字。如图 2-3 所示用米尺(最小刻度是 1 mm)测量钢棒的长度,可以读出钢棒的长度为 4.26 cm、4.27 cm 或 4.28 cm,前两位数"4.2"是直接从米尺上读出来的,是确切数字;而第三位数是测量者靠眼睛分辨估读出来的,可能因人各异,是有疑问的,称为可疑数字。该测量结果共有 3 位有效数字。

　　有效数字的位数反映所使用仪器的精度和测量结果能达到的准确度。如,1.3500 cm 和 1.35 cm 是测量某物体长度的两个数据,它们的有效数字的位数不同,前一个是 5 位有效数字,而后一个是 3 位有效数字位数。因此可判定测量前一个数据的量具比测量后一个数据的量具的准确度高。注意,测量结

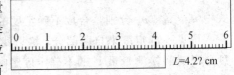

图 2-3　钢棒测量

果的小数点后的"0"不可随意取舍。

2. 测量结果有效数字位数的确定

（1）在测量结果表达式中，不确定度的有效位数取 1 或 2 位。一般取 1 位有效数字，特殊情况（如首位为 1）时可以取 2 位。多余的尾数只入不舍。相对不确定度的有效位数取 1 或 2 位。

（2）测量结果的有效数字位数由不确定度的位数决定，即测量结果的有效数字最后一位应与不确定度末位对齐。

【例 2 - 3】　测量值 $U = 6.040$ V，不确定度 $u(U) = 0.0042$ V，则 $U = ?$

解　$U = (6.040 \pm 0.005)$ V。

【例 2 - 4】　测量值 $g = 981.22$ cm/s^2，不确定度 $u(g) = 1.73$ cm/s^2，则 $g = ?$

解　$g = (981.2 \pm 1.8)$ cm/s^2。

（3）测量结果（平均值）多余的尾数按有效数字的修约规则取舍，即尾数"小于五则舍，大于五则入，等于五凑偶"。这种修约规则使尾数的舍与入的概率相同。

【例 2 - 5】　将下列六位数值取为四位有效数字。

解　① 3.141 59 → 3.142，② 2.717 29 → 2.717，③ 4.510 501 → 4.511，④ 4.511 500 → 4.512。

（4）同一个测量值，其精度不应随单位变换而改变。如果是十进制单位的变换，则有效数字的位数保持不变。显然，有效数字的位数与小数点的位置无关。

【例 2 - 6】　将 $\bar{l} = 13.00$ cm，$\bar{V} = 2.50$ cm^3 进行换算。

解　$\bar{l} = 13.00$ cm $= 130.0$ mm $= 1.300 \times 10^5$ μm $\neq 130\ 000$ μm。

$\bar{V} = 2.50$ cm^3 $= 0.00\ 000\ 250$ m^3 $= 2.50 \times 10^{-6}$ m^3 $\neq 2.5 \times 10^{-6}$ m^3。

（5）对非十进制单位变换，则以保持误差所在位作为有效数字的末位为原则。

【例 2 - 7】　将 $\bar{\varphi} = 93.5°$ 改用弧度为单位。

解　粗略判断其误差不小于 $0.1°$。若要改用弧度为单位，则先换算其误差约为 $\dfrac{\pi}{180} \times$

$0.1 \approx 0.002$ rad，然后将数值换算，换算结果应保留到误差所在位为止。所以 $\bar{\varphi} = \dfrac{\pi}{180°} \times$

$93.5° = 1.632$ rad。

3. 用科学法表示测量结果

测量结果数据过大或过小时，测量结果一般应采用科学法表示，即用有效数字乘以 10 的幂指数的形式来表示。一般小数点前只取一位数字，幂指数不是有效数字。

【例 2 - 8】　1.5 kg 可写成 1.5×10^3 g，不能写成 1500 g；(5234 ± 1) km 应写成 $(5.234 \pm 0.001) \times 10^6$ m；$(0.000\ 456 \pm 0.000\ 003)$ s 应写成 $(4.56 \pm 0.03) \times 10^{-4}$ s。

2.3.2　有效数字的运算规则

运算结果的有效数字位数一般要由不确定度的有效数字位数来决定。所以在运算时应先计算出运算结果的不确定度，然后根据这个不确定度决定运算结果的有效数字位数。而对于没有给出不确定度的有效数字位数，在运算时则按以下几种具体运算的规则来确定运算结果的有效数字位数。

(1) 加减法运算规则：以参与运算的各量中最后一位有效数字所在位数最高的量为准，运算结果与之取齐。

【例 2 - 9】 $A=5472.3$，$B=0.7536$，$C=1214$，$D=7.26$，求 $N=A+B+C-D$。

解 $N=5472.3+0.7536+1214-7.26=6680$。

(2) 乘除法运算规则：以参加运算的各量中有效数字位数最少的为准，运算结果的有效数字位数一般与有效数字最少的位数相同，但当运算结果第一位数是 1 或 2 时，其有效数字可多取一位。

【例 2 - 10】 $A=80.5$，$B=0.0014$，$C=3.083\,26$，$D=764.9$，$N=\dfrac{ABC}{D}=?$

解 $N=\dfrac{ABC}{D}=\dfrac{80.5\times0.0014\times3.083\,26}{764.9}=4.5\times10^{-4}$。

(3) 对数法运算规则：对数运算结果的有效数字为小数点后的全部数字，其位数与真数的有效数字位数相同。

【例 2 - 11】 $\lg 3.27=?$ $\lg 220.2=?$

解 $\lg 3.27=0.515$；$\lg 220.2=2.3428$。

(4) 指数法运算规则：指数运算结果的有效数字位数与指数的小数点后的位数相同（注意包括紧接小数点后的零）。

【例 2 - 12】 $10^{5.75}=?$ $10^{0.075}=?$

解 $10^{5.75}=5.6\times10^{5}$；$10^{0.075}=1.19$。

(5) 三角函数法运算规则：三角函数计算结果的有效数字位数与角度的有效数字位数相同。

【例 2 - 13】 $\sin 30°07'=?$

解 $\sin 30°07'=\sin 30.12°=0.5018$。

对其他函数运算我们给出一种简单直观的方法，即将自变量可疑位上下变动一个单位，观察函数运算结果在哪一位上变动，运算结果的可疑位就取在该位上。

【例 2 - 14】 $\sqrt[20]{3.25}=?$

解 因为 $\sqrt[20]{3.26}=1.060\,866\,9$，$\sqrt[20]{3.25}=1.060\,703\,9$，$\sqrt[20]{3.24}=1.060\,540\,5$。所以取 $\sqrt[20]{3.25}=1.0607$。

另外，对一个包含几种不同运算形式的运算式，应按上述的运算原则按部就班地进行运算。必须注意，运算中途得到的中间结果应比按有效数字运算规则规定的多保留一位，以防止由于多次取舍引入计算误差，但运算最终结果仍应舍去。

【例 2 - 15】 求 $3.144\times(3.615^2-2.684^2)\times12.39$。

解
$$3.144\times(3.615^2-2.684^2)\times12.39=3.144\times(13.06\overline{8}-7.203\overline{9})\times12.39$$
$$=3.144\times5.86\overline{4}\times12.39$$
$$=228.4$$

上述数字上有横线的不是有效数字，运算过程中保留它是为了减小计算误差，这样的数称为安全数字。

2.4　常用的数据处理方法

正确处理实验数据是培养学生实验能力的基本训练方式之一。根据不同的实验内容、不同的要求，可以采取不同的数据处理方法。下面介绍物理实验中比较常用的数据处理方法。

2.4.1　列表法

列表法是记录数据的基本方法。要使实验结果一目了然，避免数据混乱，避免丢失数据，便于查对数据，列表法是记录数据的最好方法。列表要求如下：

（1）表格设计要尽量简明、合理，重点考虑如何能完整地记录原始数据及揭示相关量之间的函数关系。

（2）各标题栏中应标明物理量的名称（或符号）和单位。

（3）填写的数据要正确反映测量数据的有效数字，且数据书写应整齐清楚。

（4）标明与表格有关的说明和参数。包括表格名称，主要测量仪器的规格（型号、量程及仪器误差等），有关环境参数（温度、湿度等）和其他需要引用的常量、物理量。

2.4.2　作图图解法

作图图解法指把测得的一系列相互对应的实验数据及其变化的情况，在坐标纸或软件上用图线直观地表示出来，然后由实验图线求出被测量值或经验公式。

1. 作图规则

（1）选用坐标纸。

应根据具体的实验选用合适的坐标纸。坐标纸一般有直角坐标纸、单对数坐标纸、双对数坐标纸、极坐标纸等。

（2）选择坐标纸大小和确定坐标轴分度。

合理选轴、正确分度是一张图做得好坏的关键。坐标纸大小的选择和坐标轴单位的标定，应根据测量数据有效数字位数及结果需要来确定。原则上，应使图纸上读出的有效数字位数与测量数据有效数字位数相同，测量数据中的准确数字在图中也是准确的，含有误差的末位数字在图中也是估计的。这要求坐标纸的最小分格表示的是测量数据的最后一位数的 1 倍、2 倍或 5 倍单位，但不要用 3、6、7 或 9 倍单位表示，否则不易在图中标点和读图，且容易出错。

（3）画出坐标轴。

通常坐标横轴代表自变量；纵轴代表因变量。两轴的坐标起点不一定要从 0 开始，分度也可以不同。要画出坐标轴的方向，标明所代表的物理量和单位，并在轴上每隔一定间距标明该物理量的数值（标度值）。

（4）标记数据点。

根据测量数据，用符号"×"标记数据点。要使数据点准确落在"×"标记的中心点上。若在一张图纸上要画出几条曲线，不同图线要用不同的符号标记数据点，如用"⊙""◇"

"□""△""＋"等符号，以示区别。不要使用"·"作为符号标记数据点。

（5）连线。

连线时要用直尺、曲线板等画图工具连线，决不能随手画，连线要细而清晰。

根据不同情况把各数据点连成光滑直线或光滑曲线。由于测量存在不确定度，所以连线时，图线并不一定通过所有的数据点，但要求应尽可能通过或靠近大多数数据点，并使数据点尽可能均匀对称地分布在曲线的两侧。对于个别偏离过远的数据点应当仔细分析后再决定取舍或重新测量。

（6）标注图名。

应在图的上方或下方标注图的名称，并在适当的空白处工整地标注必要的实验条件和说明，以及作者的署名和作图日期等。

2. 图解法求直线的斜率和截距

求直线斜率和截距的具体做法是，在描出的直线两端各取一坐标点 $A(x_1, y_1)$ 和 $B(x_2, y_2)$，则可用下面的式子分别求出直线的斜率 a 和截距 b：

$$a = \frac{y_2 - y_1}{x_2 - x_1}, \qquad b = \frac{x_2 y_1 - x_1 y_2}{x_2 - x_1} \qquad (2-17)$$

注意：A、B 两坐标点相隔需远一些，一般取在直线两端附近（不要取原来的测量数据点），且自变量最好取整数。

【例 2-16】 如图 2-4 所示，用作图图解法，求 R-t 的特性关系。

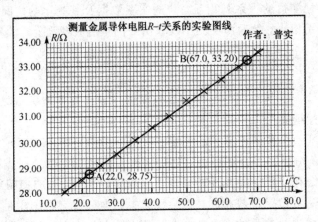

图 2-4　金属导体电阻与温度关系的 R-t 图

解　直线上两端另选 A、B 点，如图 2-4 所示，则

$$a = \frac{R_B - R_A}{t_B - t_A} = \frac{33.20 - 28.75}{67.0 - 22.0} = 0.0989 \ (\Omega/℃)$$

$$b = \frac{R_A t_B - R_B t_A}{t_B - t_A} = \frac{28.75 \times 67.0 - 33.20 \times 22.0}{67.0 - 22.0} = 26.6 \ (\Omega)$$

金属导体电阻与温度关系：

$$R = 0.0989t + 26.6 \ (\Omega)$$

3. 图线的线性化——曲线改直线

当物理量之间的函数关系较为复杂，为非线性时，可经过适当的变量变换，使非线性关系变成线性关系，使曲线图变成直线图，这种方法称为曲线改直。这样可提高图线绘制的精确度，使分析方法变得简单，从变换后得到的直线中容易求得有关参数。如，用单摆测重力加速度 g，摆长 l 和周期 T 之间的关系式为 $T^2 = \dfrac{4\pi^2}{g}l$，$T\text{-}l$ 为非线性关系，但 $T^2\text{-}l$ 则是线性函数关系，斜率为 $\dfrac{4\pi^2}{g}$，所以可由 $T^2\text{-}l$ 的拟合直线的斜率求出重力加速度 g 的测量值。

2.4.3　逐差法

逐差法也是一种常用的数据处理方法。物理实验常用它来求线性方程 $y = ax + b$ 的斜率 a 和截距 b，以间接测出有关的被测量。

设两个被测量之间的函数关系为线性关系，如 $y = ax + b$。在实验中取自变量 x 等间隔变化时做 $2n$ 次测量，得到 $2n$ 个实验数据，并把测得的 $2n$ 个数据从中间分为两组：

$$x_1, x_2, \cdots, x_n, \qquad x_{n+1}, x_{n+2}, \cdots, x_{2n}$$
$$y_1, y_2, \cdots, y_n, \qquad y_{n+1}, y_{n+2}, \cdots, y_{2n}$$

则两组对应项的差值的平均值计算式为

$$\begin{cases} \overline{\Delta x} = \dfrac{1}{n}\sum_{i=1}^{n}(x_{n+i} - x_i) = \dfrac{1}{n}\big[(x_{n+1} - x_1) + (x_{n+2} - x_2) + \cdots + (x_{2n} - x_n)\big] \\ \overline{\Delta y} = \dfrac{1}{n}\sum_{i=1}^{n}(y_{n+i} - y_i) = \dfrac{1}{n}\big[(y_{n+1} - y_1) + (y_{n+2} - y_2) + \cdots + (y_{2n} - y_n)\big] \end{cases} \tag{2-18}$$

由此可求出斜率 a 和截距 b 分别为

$$a = \frac{\overline{\Delta y}}{\overline{\Delta x}} = \frac{\sum_{i=1}^{n}(y_{n+i} - y_i)}{\sum_{i=1}^{n}(x_{n+i} - x_i)}, \quad b = \frac{1}{2n}\Big(\sum_{i=1}^{2n} y_i - a\sum_{i=1}^{2n} x_i\Big) \tag{2-19}$$

这种把全部的实验数据分为两组，取两组对应项差值后再求平均的方法，称为逐差法，它的优点是充分利用实验数据，具有对测量数据取平均的效果，比作图图解法精确，减小了误差。

逐差法还可应用于一元多项式形式的函数关系，只是要进行多次逐差计算。有兴趣的读者可查阅有关文献。注意：逐差法的应用条件是，两个被测量之间的函数关系为线性关系且自变量测量时要等间隔变化。

【例 2-17】 图 2-5 所示为测量某弹簧倔强系数 K 的实验。测量数据如表 2-3 所示，请用逐差法处理数据，表示测量结果。

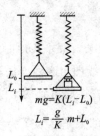

$$mg = K(L_i - L_0)$$

$$L_i = \frac{g}{K} m + L_0$$

图 2-5　弹簧倔强系数 K 实验

表 2-3　测量数据

序号	砝码质量 m_i/mg	增重位置 L'_i/mm	减重位置 L''_i/mm	平均位置 $L_i = \dfrac{(L'_i + L''_i)}{2}/\text{mm}$	逐差相减 $\Delta L = L_{i+4} - L_i/\text{mm}$
1	0	58.5	60.3	59.4	56.9
2	200	72.7	74.5	73.6	56.5
3	400	87.1	88.7	87.9	56.1
4	600	101.5	102.9	102.2	55.7
5	800	116.1	116.5	116.3	
6	1000	129.9	130.3	130.1	
7	1200	143.8	144.2	144.0	
8	1400	157.9	157.9	157.9	

解 （1）用逐差法先求出弹簧伸长量，然后再求出弹簧的倔强系数 K。

把测量数据从中间分为两组，即 (L_1, L_2, L_3, L_4) 和 (L_5, L_6, L_7, L_8)，然后两组对应项逐个求差值 $\Delta L_i = L_{4+i} - L_i$ 填于上表，每一差值对应于加上 800 mg 砝码重量的弹簧伸长量。

把 4 个伸长值 ΔL_i 求平均，有

$$\overline{\Delta L} = \frac{56.9 + 56.5 + 56.1 + 55.7}{4} = 56.3 \text{ (mm)}$$

所以，所测弹簧的倔强系数为

$$K = \frac{\Delta mg}{\overline{\Delta L}} = \frac{800 \times 9.81 \times 10^{-6}}{56.3 \times 10^{-3}} = 0.1394 \text{ (N/m)} \quad (g \text{ 取 } 9.81 \text{ m/s}^2)$$

（2）求 K 的测量不确定度。

砝码精度较高，忽略其不确定度，故 K 的不确定度主要取决于 $\overline{\Delta L}$ 的测量不确定度。

$\overline{\Delta L}$ 的不确定度的 A 类分量为

$$u_A(\overline{\Delta L}) = S_{\overline{\Delta L}}$$

$$= \sqrt{\frac{(56.9 - 56.3)^2 + (56.5 - 56.3)^2 + (56.1 - 56.3)^2 + (55.7 - 56.3)^2}{4 \times (4-1)}}$$

$$= 0.258 \text{ (mm)}$$

$\overline{\Delta L}$ 的不确定度的 B 类分量为

$$u_{\mathrm{B}}(\overline{\Delta L}) = \frac{\Delta_{\mathrm{仪}}}{\sqrt{3}} = \frac{0.1}{\sqrt{3}} = 0.058 \,(\mathrm{mm}) \quad (\Delta_{\mathrm{仪}} = 0.1 \,\mathrm{mm} \text{ 为所使用游标尺的最小分度值})$$

$\overline{\Delta L}$ 的合成不确定度为

$$u(\overline{\Delta L}) = \sqrt{u_{\mathrm{A}}^2 + u_{\mathrm{B}}^2} = \sqrt{0.258^2 + 0.058^2} \approx 0.264 \,(\mathrm{mm})$$

所以，$\overline{\Delta L}$ 测量结果为

$$\begin{cases} \Delta L = \overline{\Delta L} \pm u(\overline{\Delta L}) = (56.30 \pm 0.27) \,\mathrm{mm} \quad (P = 68.3\%) \\ E_{\Delta L} = \frac{u(\overline{\Delta L})}{\overline{\Delta L}} = \frac{0.27}{56.30} = 0.48\% \end{cases}$$

根据不确定度传递公式，有

$$\frac{u_K}{K} = \frac{u(\overline{\Delta L})}{\overline{\Delta L}} = 0.48\%$$

所以

$$u_K = K \cdot 0.48\% = 0.1394 \times 0.48\% = 0.0007 \,(\mathrm{N/m})$$

$$E_K = \frac{u_K}{K} = \frac{0.0007}{0.1394} \times 100\% = 0.5\%$$

(3) K 的测量结果表示为

$$\begin{cases} K = (0.1394 \pm 0.0007) \,\mathrm{N/m} \quad (P = 68.3\%) \\ E_K = 0.5\% \end{cases}$$

2.4.4 最小二乘法和一元线性回归法

最小二乘法是一种比作图图解法、逐差法都精确的实验数据处理方法，常用于由一组实验数据找出相关变量间最佳的关系图线（拟合曲线）和关系方程（回归方程）。本课程只介绍用最小二乘法由实验数据求出最佳拟合直线及其一元线性回归方程的方法。

用最小二乘法由实验数据求出最佳拟合直线及其一元线性回归方程的方法称为一元线性回归法（又称直线拟合），其依据的最小二乘法原理是：若能找到一条最佳的拟合直线，那么拟合直线上各点的值与相应的测量值之差的平方和，在所有的拟合直线中应该是最小的。

假设测量值是 $x_1, x_2, \cdots, x_n, y_1, y_2, \cdots, y_n$，其中 x_i 值的误差很小，可忽略，而主要误差都出现在 y_i 上，且测量值 (x_i, y_i) 符合线性关系，即

$$y = ax + b \tag{2-20}$$

则，按最小二乘法原理，所测各 y_i 值与最佳拟合直线上相应的点 $y_i = a + bx_i$ 之差的平方和应满足下式：

$$S = \sum_{i=1}^{n} [y_i - (ax_i + b)]^2 = \min \quad (i = 1, 2, \cdots, n) \tag{2-21}$$

式(2-21)中各 y_i 和 x_i 是测量值，都是已知量，而 a、b 是待求的。应用数学分析求极值的方法，令 S 分别对 a 和 b 的偏导数为零，即可解出满足上式的 a、b 值为

$$\begin{cases} a = \dfrac{\overline{xy} - \overline{x} \cdot \overline{y}}{\overline{x^2} - (\overline{x})^2} \\ b = \overline{y} - a\overline{x} \end{cases} \tag{2-22}$$

式中，a、b 被称为回归系数。

　　为了判断变量 x 和 y 之间线性关系的密切程度，拟合的结果是否合理，在求出回归系数 a、b 后，还需要计算一下相关系数 r。对于一元线性回归法，r 的定义为

$$r = \frac{\overline{xy} - \overline{x} \cdot \overline{y}}{\sqrt{(\overline{x^2} - (\overline{x})^2)(\overline{y^2} - (\overline{y})^2)}} \tag{2-23}$$

　　相关系数 r 用于评价 y 与 x 线性相关程度。$|r|$ 值越接近 1，y 和 x 的线性关系越好，$|r|$ 越接近 0，y 与 x 之间无线性关系，拟合无意义。所以，在一元线性回归法求得回归系数后，还应做相关系数检验。在满足条件 $|r| \approx 1$［物理实验中一般要求 $|r|$ 达到 0.999 以上（3 个 9 以上）］时，由式（2-22）求出的 a、b 所确定的方程 $y = ax + b$ 就是由实验数据 (x_i, y_i) 所拟合出的最佳直线方程。

　　对于指数函数、对数函数、幂函数的最小二乘法拟合，可以通过变量代换，变换成线性关系，再进行拟合。

　　线性回归系数和相关系数计算比较烦琐，但现在计算器上有线性回归计算功能，电脑常用的 Excel 中也有数据统计计算的功能，可以非常容易地进行线性回归计算。

第 3 章　基础物理实验

实验 3.1　数字示波器的原理与使用

【实验导引】

　　示波器是用于显示信号波形的仪器。示波器除了可直接观测电压随时间变化的波形外，也可测量频率和相位差等参数，还可定性观察信号的动态过程。示波器不仅能测量电学量，还可通过不同的传感器将各种非电量，如速度、压力、应力、振动、浓度等变换成电学量来间接地进行观察和测量。

　　数字示波器由于具有模拟示波器所不具备的屏幕截图、数据显示、数学运算、数据及波形存储等功能，并可外接网络、优盘、打印机、计算机，因此，在科研及教学中它已取代模拟示波器成为主流。

　　示波器作为电测行业最基本的综合性仪器，它所涉及的领域十分广泛，需要强大的、完善的工业体系作为支撑。迄今为止，只有少数几个具备完整工业体系的国家可以生产出来。目前，最好的示波器是美国是德（安捷伦）、泰克（Tektronix）和力科（LeCroy）等公司生产的。中国的企业起步较晚，改革开放以来，随着资本的不断积累，技术获得了较快的发展，已经出现了多家示波器生产商，代表性的有：普源、优利德、鼎阳、安泰信和精测等。目前在中低端市场，他们已经占据了较大的市场份额。相信在不久的将来，经过不懈的努力，中国的示波器品牌定能在高端市场和国外品牌相互竞争。

　　在本实验中，重点学习 GDS-3152 型数字示波器的使用，着重在理解示波器工作原理的基础上，学习正确使用示波器的方法。

【实验目的】

　　(1) 了解示波器的工作原理。
　　(2) 学习用示波器观察各种信号波形。
　　(3) 用示波器测量信号的电压、频率和相位差。

【实验仪器】

　　GDS-3152 型数字示波器，函数信号发生器。

【实验原理】

1. 数字示波器的工作原理

数字示波器的工作原理框图如图 3-1 所示，输入数字示波器的待测信号先经过一个电压放大与衰减电路，将待测信号放大（或衰减）到后续电路可以处理的范围内，接着由采样电路按一定的采样频率对连续变化的模拟波形进行采样，最后由模数转换器 A/D 将采样得到的模拟量转换成数字量，并将这些数字量存放在存储器中。这样，可随时通过 CPU 和逻辑控制电路把存放在存储器中的数字量以波形形式显示在显示屏上供使用者观察和测量。

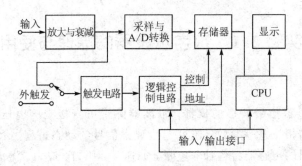

图 3-1　数字示波器的工作原理框图

　　为了能够实时、稳定地显示待测输入信号的波形，需使示波器自身的扫描信号与输入信号同步，让每次显示的扫描波形的起始点都在示波器屏幕的同一位置。示波器内部有一个触发电路，如果将经过放大与衰减后的待测输入信号作为触发源，则触发电路在检测到待测输入信号达到设定的触发条件（一定的电平和极性）后，会产生一个触发信号，当逻辑控制电路接收到这个触发信号后将启动一次数据采集、转换和存储器写入过程。显示波形时，数字示波器在 CPU 和逻辑控制电路的参与下将数据从存储器中读出并稳定地显示在显示屏上。

　　由于已将模拟信号转换成数字量存放在存储器中，利用数字示波器可对其进行各种数学运算（如两个信号相加、相减、相乘、快速傅立叶变换）以及自动测量等操作，也可以通过输入/输出接口与计算机或其他外部设备进行数据通信。

2. 李萨如图形

　　示波器默认显示的波形为"YT 模式"，如图 3-2(a)所示，即以同等时间间距将待测信号的电压值采样，并经一系列过程后在屏幕上依次显示波形，所显示波形的横轴是时间量。在很多场合下需要对两个波形的信号进行比较，如观察一个特定信号在经过某电路前后其波形及相位的变化或观察一个正弦波经不同倍频电路后波形及相位的变化，用"YT 模式"读数就很不方便，通常用示波器的"X Y 模式"显示波形。在此模式下，所用示波器默认将从 CH1 通道输入的信号作为 X 轴，将从 CH2 通道输入的信号作为 Y 轴，然后进行叠加。

　　我们将互相垂直方向上的两个频率成简单整数比的简谐振动所合成的规则的、稳定的闭合曲线，称为李萨如图形。不同的初始相位及不同的频率比均可合成不同形状的李萨如图形，如图 3-2、图 3-3 所示。

　　图 3-2(b)、(c)所示为分别以图 3-2(a)中波形 U_{x1}、U_{x2} 为 X 轴，U_y 为 Y 轴而得到的李萨如图形。由于 U_{x1} 和 U_{x2} 信号的频率相同，相位不同，所成李萨如图形的形状也不同，但是李萨如图形与水平线最多的交点数 n_x 和李萨如图形与竖直线最多的交点数 n_y 之比相同，均为 1:2，即存在

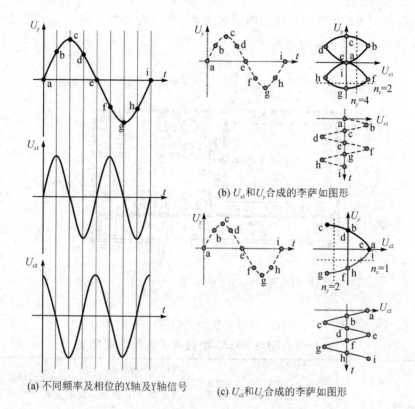

(a) 不同频率及相位的X轴及Y轴信号

(b) U_{x1} 和 U_y 合成的李萨如图形

(c) U_{x2} 和 U_y 合成的李萨如图形

图 3-2　不同初始相位、不同频率比的李萨如图形

$$n_x : n_y = f_y : f_x \tag{3-1}$$

图 3-3 所示为几种不同频率比的李萨如图形。

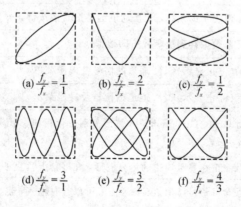

(a) $\dfrac{f_y}{f_x} = \dfrac{1}{1}$　　(b) $\dfrac{f_y}{f_x} = \dfrac{2}{1}$　　(c) $\dfrac{f_y}{f_x} = \dfrac{1}{2}$

(d) $\dfrac{f_y}{f_x} = \dfrac{3}{1}$　　(e) $\dfrac{f_y}{f_x} = \dfrac{3}{2}$　　(f) $\dfrac{f_y}{f_x} = \dfrac{4}{3}$

图 3-3　几种频率比的李萨如图形

【实验仪器简介】

1. GDS-3152 型数字示波器简介

图 3-4 所示为 GDS-3152 型数字示波器前面板操作说明图，待测信号可通过 CH1 和 CH2 两个输入通道输入示波器进行观察。表 3-1 为 GDS-3152 型数字示波器的功能简

表。在使用过程中如需了解某个按键的详细功能，可以先按"Help"键，再按这个按键，示波器屏幕上将显示该键功能的详细介绍。

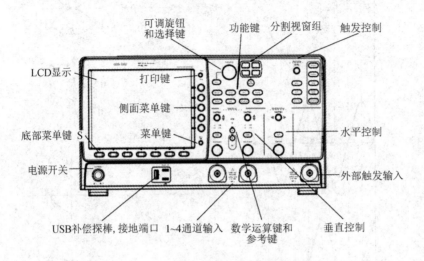

图 3-4　GDS-3152 型数字示波器前面板操作说明图

表 3-1　GDS-3152 型数字示波器功能简表

名　称	功　能
Autoset 键	自动检测有信号输入的通道，自动选择合适量程，自动选择合适周期，自动触发，将输入信号以 YT 模式显示出来
RUN/STOP 键	显示即时采样的波形/显示在按停止键之前采样的波形（即屏幕截图）
Single 键	单次触发键，示波器在符合触发条件下触发一次信号，并显示该信号
Help 键	该键调用帮助系统，先按动该键再按其他按键，可显示对应键功能
Print 键	将屏幕数据存到优盘或打印数据
CH1 键	显示（停止显示）CH1 通道的信号及操作菜单
CH2 键	显示（停止显示）CH2 通道的信号及操作菜单
MATH 键	可对 CH1、CH2 通道输入波形分别进行相加、相减、相乘以及 FFT（快速傅立叶变换）运算
POSITION 旋钮	将目前正在显示通道的信号波形，在屏幕上垂直上下位移
REF 键	显示参考信号波形。该参考信号可以临时输入，也可以是过去以 REF 格式存储的波形
Measure 键	显示"数据"菜单。可用"多功能旋钮"配合"功能菜单设置键"对波形的全部参数进行测量，并在屏幕上直接显示结果
Acquire 键	显示"采样"菜单。可选择不同的采样方式、采样次数以获得不同波形效果

续表

名　　称	功　　能
Cursor 键	显示"光标"菜单。可选择自动、手动、跟踪等模式，屏幕上能自动显示光标所在位置对应的数据，可通过"多功能旋钮"改变菜单高亮光标的位置
Display 键	显示"显示"菜单。可对显示类型、菜单保持时间、屏幕网格、亮度等进行设置
Utlity 键	显示"辅助"菜单。可对语言、接口、录制波形、打印等参数进行设置
Test 键	显示"APP."菜单，从底部菜单中选择 APP.
Save/Recall 键	显示"Edit File Label"菜单
LEVEL 旋钮	改变触发电平。如按动该旋钮，触发电平复位
Menu 键	在屏幕设置触发菜单，可对触发信号源、触发模式、触发方式等进行改变
Force-Trig 键	强制产生一个触发信号
Default Setup 键	恢复默认面板设置
Auto-Range 键	自动范围键

2. 函数信号发生器简介

图 3-5 所示为函数信号发生器前面板操作说明图，表 3-2 为函数信号发生器常用功能简表。

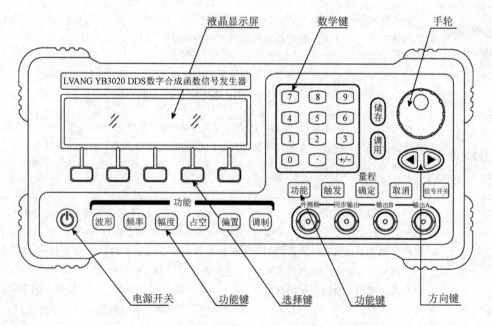

图 3-5　函数信号发生器前面板操作说明图

表 3-2　函数信号发生器常用功能简表

名　称	功　　能
输出 A	主通道输出口，输出阻抗为 50 Ω
输出 B	音频通道输出口，输出阻抗为 600 Ω
同步输出	输出 TTL 电平
测频输入	被测量频率的外部信号输入口
功能键	波形、频率、幅度、直流（偏置）、脉冲波（占空）比等常用功能的操作键
"调制"键	实现各种调制功能
"功能"键	调用仪器的一些辅助功能，如通道 B、频率计、串行通信等
"触发"键	在若干种调制模式下，按一次，进入触发状态，以后每按一次，输出一次调制波形
"确定"键	确认数字键盘输入的参数。当用数字键直接输入参数时，按"确定"键完成设置。其他时间按"确定"键可以进入"量程"调节状态，单位部分（例如"kHz"）会闪烁，然后顺时针或逆时针旋转旋钮，数值会以每次乘以 10 或除以 10 的倍率变化。当"量程"调节状态结束时，再次按"确定"键时，重新进入手轮步进调节方式
"取消"键	取消数字键盘输入的参数，或取消"触发"等操作
数字键	用于直接快速输入参数值。必须注意：输入新的数字后，必须按"确定"键才能确认采用该参数，参数恢复为单个数字闪烁；否则新输入的数字整体不断闪烁，表示还处于输入状态。按"取消"则退出输入状态
选择键	分布在液晶显示器的下方，共 5 个，在按"模式"键和"功能"键后有效。这 5 个选择键是多重定义的，分别对应液晶显示器第二行的字符
"左＜"、"右＞"两个方向键	位于旋钮下方，可左右移动参数数值中的闪烁数字（包括单位，如 kHz）的位置。当处于键盘输入状态时，"左"键可自右向左删除最新输入的数字
"波形"键	按"波形"键，液晶显示"波形：正弦"。若代表波形的字符始终在闪烁，表示可以用旋钮来选择波形。顺时针或逆时针旋转旋钮可快速改变输出波形。顺时针旋转旋钮时，波形依次为：正弦、方波、三角波、升斜波、降斜波、随机噪声、SINX/X、升指数、降指数、脉冲波
"频率"键	按"频率"键，液晶显示"频率＝1.0000000 kHz"。频率值的表述分为数值和单位两部分，数值如"1.0000000"，单位如"kHz"。数值部分的单个数位在闪烁，表示该数位可以用旋钮调节，顺时针旋转增加，逆时针旋转减少。数位的闪烁位置可改变，用"左"、"右"键可左右移动闪烁的位置，从而实现粗调或微调。单位部分，如"kHz"也可闪烁，但其意义不同，当用方向键移动到"kHz"使之闪烁时或直接按"量程"键使之闪烁，旋转旋钮将使数值每次乘以 10 或除以 10 的倍率变化，这样可以快速地改变参数值
"幅度"键	按"幅度"键，液晶显示"幅度＝100. mV"。幅度上限为 20 V，下限为 1 mV。操作和"频率"键相同

【实验内容与步骤】

1. 观察波形，并测量信号的峰峰值电压、频率

将被测信号经探头输入到与探头匹配并调整合适的通道 CH2 或 CH1，按自动键"AUTO"或调节垂直控制区域的旋钮"VOLTS/DIV"以及水平控制区域的旋钮"TIME/DIV"，使屏幕上的波形大小、长短合适。（如果波形不稳定，可以尝试调节触发控制区域的"LEVEL"旋钮。）

如图 3-6 所示，屏幕所显示波形的峰峰值电压等于波形高度乘以屏幕上单位高度对应的电压值，即

$$U_{PP} = h \times a \tag{3-2}$$

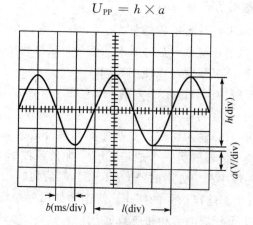

图 3-6　示波器测量信号电压和频率

公式（3-2）中 U_{PP} 定义为峰峰值电压，即波形最高点（波峰）至最低点（波谷）间对应的电压值。h 为波形高度，单位为大格（div）。a 为垂直偏转因数，其数值从屏幕左下角读出，单位为 V/div。

同理，波形的周期等于波形在屏幕上一周期对应宽度 l 乘以扫描速度 b（水平方向单位长度对应的时间），即

$$T = l \times b \tag{3-3}$$

式（3-3）中，l 的单位为 div；b 的单位为 ms/div，其数值从屏幕下方靠近中间位置读取。频率为

$$f = \frac{1}{T} \tag{3-4}$$

提示：数字示波器在测量较为规范的信号时提供了对部分数据的直接读取功能，实验中可将读取的数据作为参考。数字示波器的数据查询方法、步骤见图 3-7。

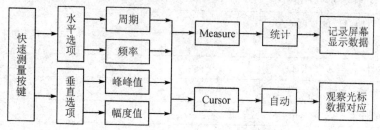

图 3-7　数字示波器的数据查询

光标法测量操作步骤如下：

（1）按光标"Cursor"键，打开水平光标（显示屏下方会出现光标符号，一条实线，一条虚线），使用可调旋钮"VARIABLE"移动显示为实线的那条光标（按光标符号正下方的按键，可以将虚线光标变为实线光标），将两光标分别移到信号一个周期的始末位置，即可测出周期。

（2）再按光标"Cursor"键，打开垂直光标，移动方法与水平光标相同，用可调旋钮"VARIABLE"将两光标分别移到信号的波峰、波谷位置，即可测出峰峰电压。

（3）最后按光标"Cursor"键，关闭光标。

2. 李萨如图形测量信号的频率

（1）按"Acquire 键"，从底部菜单中选择"XY"，从右侧菜单中选择"Triggered XY"。XY 模式分为两个视窗，顶部视窗显示全时域内的信号，底部视窗显示 XY 模式。按"OFF（YT）"键可关闭 XY 模式。XY 模式可以使用光标。

（2）转动垂直控制区域中 CH1（水平方向）和 CH2（垂直方向）通道对应的位移旋钮"POSITION"，使起始光点位于屏幕中心。

（3）将 100 Hz 的正弦信号输入到与探头匹配并调整合适的通道 CH1，将函数信号发生器的函数信号输出端接示波器的另一个通道 CH2。如发现波形某一方向的大小不合适，则调节示波器垂直控制区域中相应方向的"VOLTS/DIV"旋扭。

（4）调节函数信号发生器输出信号的频率，使李萨如图形稳定，观察不同频率比的李萨如图形，在表 3-4 中记录相应图形和相应数据。

【数据记录与处理】

（1）测量三种不同波形信号的幅度、周期和频率，见表 3-3。

表 3-3　测量三种波形信号的幅度、周期和频率

波 形		正 弦 波	矩 形 波	三 角 波
函数发生器的显示参数		1 kHz, 2V_{PP}	10 kHz, 2V_{PP}	100 kHz, 2V_{PP}
观测的波形				
间距测量法	Y 偏转因数 a/(V/div)			
	波形高度 h/div			
	峰峰值电压 $U_{PP} = a \cdot h$(V)			
	扫描速率 b/(μs/div)			
	一个周期对应的宽度 l/div			
	周期 $T = b \cdot l$(μs)			
	频率 $f = 1/T$(kHz)			
光标测量法	峰峰值电压 U_{PP}/V			
	周期 $T = \Delta t_{光标}$(μs)			
	频率 $f = 1/T$(kHz)			

（2）用李萨如图测量正弦波信号频率，见表 3-4。

表 3-4 用李萨如图测量正弦波信号频率

(CH1)f_x/Hz	100		
(CH2)f_y/Hz	100	200	300
李萨如图			
X 方向切点数 （或与水平线最多的交点数）n_x			
Y 方向切点数 （或与竖直线最多的交点数）n_y			
n_y/n_x			
f_x/f_y			

【思考题】

（1）当示波器显示屏上出现下面的不良波形时，请选择合适的操作方法，使波形显示正常。
① 波形超出荧屏：____；② 波形太小：____；③ 波形太密：____；④ 亮点，不显示波形：____。

（可选答案：A. 调大"偏转因数（VOLTS/DIV）"；B. 调小"偏转因数"；C. 调大"扫描速率（TIME/DIV）"；D. 调小"扫描速率"；E. 水平显示置"A"（常规）方式；F. 水平显示置"XY"方式。）

（2）观察李萨如图时，要改变图形的垂直大小，应调节_____通道的"偏转因数（VOLTS/DIV）"；要改变图形的水平大小，应调节_____通道的"偏转因数（VOLTS/DIV）"；要改变图形的垂直位置，应调节_____通道的"垂直位移（POSITION）"。（可选答案：CH1，CH2。）

（3）用示波器测得的 CH1(X) 信号的波形如图 3-8(a) 所示，CH1(X) 信号与 CH2(Y) 信号合成的李萨如图见图 3-8(b)，示波器显示屏上已显示了相关的参数，图中每一大格为 1 cm。请回答下列问题：

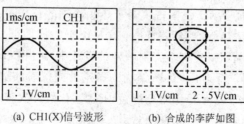

(a) CH1(X)信号波形 (b) 合成的李萨如图

图 3-8 信号与李萨如图

① CH1(X) 信号的 U_{PP} 为_____V；
② CH1(X) 信号的周期为_____ms；
③ CH2(Y) 信号的频率为_____Hz。

实验 3.2　　固体线膨胀系数的测量

【实验导引】

图 3-9 所示为中国制造的大型液化天然气船(LNG 船)，图 3-10 所示为液化天然气船所用的主要关键材料——殷瓦钢。大型液化天然气船是当前国际造船界公认的"船舶建造皇冠上的明珠"，目前世界上仅有韩国、日本、欧洲少数船厂能够建造。制造 LNG 船的关键材料——殷瓦钢，这种材料在磁性温度(即居里点)附近热膨胀系数显著减少，出现所谓反常热膨胀现象，从而可以在室温附近很宽的温度范围内，有很小的甚至接近零的膨胀系数。由于殷瓦钢具有热膨胀系数极低的特性，面对巨大的温差变化时，几乎不发生变形，因而在温度极低的环境下，仍然能保持良好的强度，并且比中碳钢具有更强的耐腐蚀性。目前全世界也只有两个国家能够生产殷瓦钢，一个是法国，另一个则是中国。

图 3-9　中国制造的大型液化天然气船

图 3-10　殷瓦钢

热胀冷缩是重要的热现象之一，在我国古代对它就有所研究和利用。战国时期蜀郡太守李冰，在清除滩险时，先用火烧石，再趁热浇冷水，使坚硬的岩石在热胀冷缩中炸裂，以便开凿，这种方法称为"火烧水淋法"。殷代中期，在铸造盛酒青铜器"四羊方尊"时，它的羊角头采用"块范法"铸成中空，这种方法不仅节省了青铜，更重要的是可以避免在冷缩过程中羊角头由于存在厚薄关系而引起缩孔和裂纹。3000 多年的"块范法"与 2200 多年前的"火烧水淋法"，都从不同侧面显示了我国古代对于热胀冷缩的认识。

绝大多数物质都具有"热胀冷缩"的特性，这是由于物体内部分子热运动加剧或减弱造成的。这个性质在道路、桥梁、建筑等工程结构的设计中，机械和仪表的制造中，材料的加工(如焊接)中都应考虑到。否则，将影响结构的稳定性或仪表的精度，考虑失当，甚至会造成工程结构的毁损、仪表的失灵以及加工焊接中的缺陷和失败等。在金属冶炼技术中，由于温度变化范围大，热应力问题最值得注意。在一维情况下，固体受热后长度的增加称为线膨胀。在相同条件下，不同材料的固体，其线膨胀的程度各不相同，我们引入线膨胀系数来表征物质的膨胀特性。线膨胀系数是物质的基本物理参数之一，是选用材料的一项重要指标，在研制新材料中，测量其线膨胀系数更是必不可少。

【实验目的】

（1）测量金属的线膨胀系数。

（2）学习 PID 调节的原理。

【实验仪器】

金属线膨胀实验仪，ZKY‑PID 温控实验仪，千分表。

【实验原理】

1. 线膨胀系数

线膨胀大小与温度变化的关系：固体的长度一般是温度的函数，随温度升高而增加，其长度 L 和温度 t 之间的关系为

$$L = L_0(1 + \alpha t + \beta t^2 + \cdots) \tag{3-5}$$

L_0 为温度 $t = 0\ ℃$ 时的长度，α、β 是和被测量物质有关的常数，都是很小的数值，而 β 以及其他各系数和 α 相比甚小，所以在一般情况下可以忽略。式(3-5)简化为

$$L = L_0(1 + \alpha t) \tag{3-6}$$

此处的 α 就是要测量的金属线膨胀系数，其数值与材料性质有关，单位为 $℃^{-1}$。

设物体在 $t_1\ ℃$ 时的长度为 L_1，温度升到 $t_2\ ℃$ 时增加了 ΔL。根据式(3-6)可以写出

$$L_1 = L_0(1 + \alpha t_1) \tag{3-7}$$

$$L_1 + \Delta L = L_0(1 + \alpha t_2) \tag{3-8}$$

由式(3-8)减式(3-7)得

$$\alpha = \frac{\Delta L}{L_0(t_2 - t_1)} \approx \frac{\Delta L}{L_0 \Delta t} \tag{3-9}$$

可将 α 理解为当温度升高 $1℃$ 时，固体增加的长度与原长度之比。多数金属的线膨胀系数在 $(0.8 \sim 2.5) \times 10^{-5}/℃$ 范围。

线膨胀系数是与温度有关的物理量。当 Δt 很小时，式(3-9)测得的 α 称为固体在温度为 t_1 时的微分线膨胀系数；当 Δt 是一个不太大的变化量时，我们近似认为 α 是不变的，由式(3-9)测得的 α 称为固体在 $t_2 - t_1$ 温度范围内的线膨胀系数。

由式(3-9)知，在 L_0 已知的情况下，固体线膨胀系数的测量实际归结为温度变化量 Δt 与相应的长度变化量 ΔL 的测量。由于 α 数值较小，在 Δt 不大的情况下，ΔL 也很小，因此准确地控制 t、测量 t 及 ΔL 是保证 α 测量成功的关键。

测量微小变化量方法：光杠杆法、读数显微镜法、千分表法等。

2. PID 调节原理

PID 调节是指按偏差的比例（Proportional）、积分（Integral）、微分（Differential）进行调节，是自动控制系统中应用最为广泛的一种调节规律。自动控制系统的原理可用图 3‑11 所示进行说明。

假如被控量与设定值之间有偏差($e(t)$＝设定值－被控量），调节器依据 $e(t)$ 及一定的调节规律输出调节信号 $u(t)$，执行单元按信号 $u(t)$ 输出操作量至被控对象，使被控量逼近直至最后等于设定值。调节器是自动控制系统的指挥机构。

在本实验的温控系统中，调节器采用 PID 调节，执行单元是由可控硅控制加热电流的加热器，操作量是加热功率，被控对象是水箱中的水，被控量是水的温度。

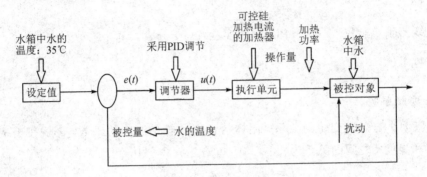

图 3 - 11　自动控制系统框图

PID 温度控制系统在调节过程中温度随时间的一般变化关系可用图 3 - 12 所示表示，控制效果可用稳定性、准确性和快速性三个指标进行评价。

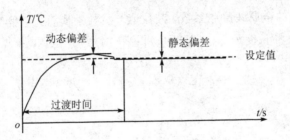

图 3 - 12　PID 调节系统过渡过程

系统重新设定（或受到扰动）后经过一定的过渡过程能够达到新的稳定状态，则为稳定的调节过程；若被控量反复振荡，甚至振幅越来越大，则为不稳定调节过程，不稳定调节过程是有害而不能采用的。准确性可用被控量的动态偏差和静态偏差来衡量，二者越小，准确性越高。快速性可用过渡时间表示，过渡时间越短越好。实际控制系统中，上述三方面指标常常是互相制约，互相矛盾的，应结合具体要求综合考虑。

由图 3 - 12 可见，系统在达到设定值后一般并不能立即稳定在设定值，而是超过设定值后经一定的过渡过程才重新稳定在设定值，这种现象称为超调。产生超调的原因可从系统热惯性，传感器滞后和调节器特性等方面予以说明。系统在升温过程中，加热器温度总是高于被控对象温度，在系统达到设定值后，即使减小或切断加热功率，加热器存储的热量在一定时间内仍然会使系统升温，降温有类似的反向过程，这称之为系统的热惯性。传感器滞后是指由于传感器本身热传导特性或传感器安装位置的原因，使传感器测量到的温度比系统实际的温度在时间上滞后，系统达到设定值后调节器无法立即做出反应，从而产生超调。对于实际的控制系统，必须依据系统特性合理设定 PID 参数，才能取得好的控制效果。

PID 调节规律可表示为：

$$u(t) = K_P \left[e(t) + \frac{1}{T_I} \int_0^t e(t)\,\mathrm{d}t + T_D\,\frac{\mathrm{d}e(t)}{\mathrm{d}t} \right] \qquad (3-10)$$

式中第一项为比例调节，K_P 为比例系数；第二项为积分调节，T_I 为积分时间常数；第三项为微分调节，T_D 为微分时间常数。

由式(3-10)可见，比例调节项输出与偏差成正比，它能迅速对偏差做出反应，并减小偏差，但它不能消除静态偏差。这是因为任何高于室温的稳态都需要一定的输入功率维持，而比例调节项只有偏差存在时才输出调节量。增加比例调节系数 K_P 可减小静态偏差，但在系统有热惯性和传感器滞后时，会加大超调。

积分调节项输出与偏差对时间的积分成正比，只要系统存在偏差，积分调节作用就不断积累，输出调节量以消除偏差。积分调节作用缓慢，在时间上总是滞后于偏差信号的变化。增加积分调节作用(减小 T_I)可加快消除静态偏差，但会加大系统超调，增加动态偏差，积分调节作用太强甚至会使系统出现不稳定状态。

微分调节项输出与偏差对时间的变化率成正比，它阻碍温度的变化，能减小超调，克服振荡。在系统受到扰动时，它能迅速做出反应，减少调整时间，提高系统的稳定性。

【实验仪器简介】

1. 金属线膨胀实验仪

金属线膨胀实验仪的仪器外型如图 3-13 所示。金属棒的一端用螺钉连接在固定端，另一端连接在滑动端。滑动端装有轴承，金属棒可在此方向自由伸长。通过流经金属棒内的水加热金属棒，金属棒的膨胀量用千分表测量。支架都用隔热材料制作。

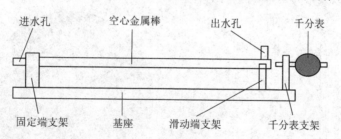

图 3-13　金属线膨胀实验仪

2. 开放式 PID 温控实验仪

温控实验仪包含水箱、水泵、加热器、控制及显示电路等部分。温控实验仪内置微处理器，带有液晶显示屏，具有操作菜单。PID 的参数已经是通过理论分析和大量的实验得到的一个最符合本仪器的参数，已经达到最佳控制，故不用调节。温控实验仪能显示温控过程的温度变化曲线，功率变化曲线及温度、功率的实时值；能存储温度及功率变化曲线；具有控制精度高等特点，仪器面板如图 3-14 所示。一次实验完成退出时，仪器自动将屏幕按设定的序号进行存储(共可存储 10 幅)，以供必要时进行分析和比较。

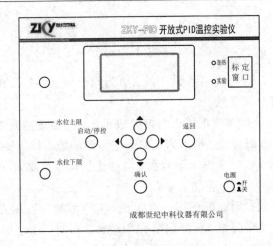

图 3-14　温控实验仪

3. 千分表

千分表是用于精密测量位移量的量具，它利用齿条-齿轮传动机构将线位移转变为角位移，由表针的角度改变量读出线位移量。图 3-15 是千分表示意图，当金属棒伸长 0.2 mm，即探针移动 0.2 mm 时，大表针正好转一圈。大表盘上均匀地刻有 200 个格，因此大表盘的每一小格表示 0.001 mm。当大表针转动一圈的同时，小表针跟着转动一小格，所以小表盘的一格代表线位移 0.2 mm。小表盘上均匀地刻有 5 个小格，千分表可测量的最大线位移为 1 mm。实际测量值等于小表盘读数加大表盘读数，读数应该读到最小分度值 0.001 mm 的下一位，所以若以毫米为单位，测量结果在小数点后应有四位数字。

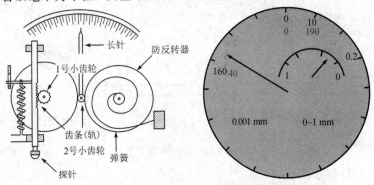

图 3-15　千分表示意图

【实验内容与步骤】

(1) 检查仪器前面的水位管，将水箱中的水加至水位下线与上限之间。

加水前，须确认放水孔开关处于关闭状态。从仪器顶部的注水孔注入水。

(2) 调整千分表。

为保证千分表与试件充分接触，可于实验开始前调整千分表与试件的触点。使其有一定的读数，如 150 μm。

（3）开机后，水泵应该开始运转，此时触摸仪器出水口的软管应有微微的颤动。显示屏显示操作菜单，可进行选择工作方式、输入序号及室温、设定温度操作。使用"◀　▶"键选择项目，如第一屏的"进行实验""查看数据"，第二屏的"序号""室温"等。"▲　▼"键设置参数，按确认键进入下一屏，按启控键系统开始升温，按停控键（与启控同一键）停止。按返回键显示屏返回上一屏。

进入测量界面后，屏幕上方的数据栏从左至右依次显示序号，设定温度 R，初始温度 T_0，当前温度 T，当前功率 P，调节时间 t 等参数。图形区中横坐标代表时间，纵坐标代表温度（功率），并可用"▲　▼"键改变温度坐标值。仪器每隔 15 秒采集 1 次温度及加热功率值，并将采得的数据标示在图上。温度达到设定值并保持两分钟，温度波动小于 0.1 度，仪器自动判定达到稳定，并在图形区右边显示过渡时间 t_s，动态偏差 σ，静态偏差 e。此时方可读数（千分表和当前温度 T）。

（4）测量线膨胀系数。

实验开始前检查金属棒是否固定良好，千分表安装位置是否合适。一旦开始升温及读数，避免再触动实验仪。

为保证实验安全，温控仪最高设置温度为 60℃。

若决定测量 n 个温度点，则每次升温范围为 $\Delta T = (58-室温)/n$。为减小系统误差，将第 1 次温度达到稳定时的温度及千分表读数分别作为 T_0、L_0。温度的设定值每次提高 ΔT，温度在新的设定值达到稳定后，记录当前温度 T 及千分表读数并填于表 3-5 中。

（5）查看数据。按"返回"键调整到"查看数据"，按"确认"键即可调阅存储的数据和曲线。

【注意事项】

（1）PID 温控实验仪安装时，根据机壳背板示意图正确连接电路。

（2）通电前，应保证水位指示在水位上限，若水位指示低于水位下限，严禁开启电源，必须先用漏斗加水。

（3）建议使用软水，否则请在每次实验完成后，将水完全排出，避免产生水垢。

（4）仪器内部的加热棒长期浸泡在水里，可能会锈蚀，建议每三年更换一次。

（5）为保证使用安全，三芯电源线须可靠接地。

【简单故障排除】

故障现象：开机后，触摸出水孔硅胶管无颤动，无循环水流出。

处理办法：将出水孔硅胶管拔开一半，开启电源，立即将硅胶管插上，以免仪器内的水从出水孔喷出，这时马上会看到水在循环，触摸硅胶管有微微颤动。（此操作务必避开插座等电器装置，须小心进行，以免引起电器短路）

【数据记录与处理】

根据 $\Delta L = \alpha L_0 \Delta t$，由表 3-5 数据用一元线性回归法或作图图解法求出 ΔL_i-ΔT_i 直线的斜率 K。已知固体样品为紫铜，在 25℃时的线膨胀系数 $\alpha = 1.66 \times 10^{-5}/℃$，其长度 $L_0 = 500$ mm，则可求出固体线膨胀系数 α

$$\alpha = \frac{K}{L_0}$$

表 3 - 5　　数据记录表

次数	1	2	3	4	5	6	7	8
设定温度/℃								
温度/℃								
千分表读数/mm								
$\Delta T_i = T_i - T_0$（℃）								
$\Delta L_i = L_i - L_0$（mm）								

实验 3.3　分光计的调整

【实验导引】

　　光线在传播过程中，遇到不同媒质的分界面（如平面镜和三棱镜的光学表面）时，就要发生反射和折射，光线将改变传播方向，结果在入射光与反射光或折射光之间就有一定的夹角。反射定律、折射定律等正是这些角度关系的定量表述。一些光学量，如折射率、光波波长等也可通过测量有关角度来确定。因而精确测量角度，在光学实验中显得尤为重要。

　　分光计是一种测量角度的光学仪器，它来可用间接测量折射率、光波波长、色散率等光学量。光学测量仪器一般比较精密，使用时必须严格按规则调整。这对初学者来说往往会有困难，但只要在实验过程中注意观察现象，并运用理论来分析和指导自己操作，是一定能够掌握的。分光计是一种典型的光学仪器，学会调节和使用它有助于操作更为复杂的光学仪器。

【实验目的】

　　(1) 了解分光计的结构和基本原理。

　　(2) 学习调整分光计的基本方法。

【实验仪器】

　　JJY1′型分光计,平面反射镜。

【实验仪器简介】

　　分光计的型号很多，但结构大体相同，它主要由自准望远镜、载物平台、平行光管、读数装置四部分组成，如图 3 - 16 所示，其上的各调节装置的名称和作用如表 3 - 6 所列。

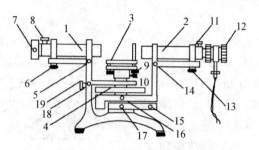

图 3-16　分光计的结构原理图

表 3-6　分光计各调节装置的名称和作用

代号	名　称	作　用
1	平行光管	产生平行光
2	望远镜	观测经光学元件作用后的光线
3	载物台	放置光学元件
4	读数装置	精确测量角度
5	1 的光轴水平调节螺钉	调节 1 的光轴的水平方向
6	1 的俯仰调节螺钉	调节 1 的俯仰角度
7	狭缝宽度调节螺钉	调节狭缝宽度,可在 0.02～200 mm 间变化
8	狭缝装置固定螺钉	松开时,前后拉动狭缝套管,调节平行光。调好后锁紧,用来固定狭缝
9	载物台调节螺钉(共 3 个)	调节载物台使台面水平
10	载物台固定螺钉	松开时,载物台可单独转动和升降;锁紧后,可使载物台与读数游标盘同步运动
11	叉丝套筒固定螺钉	松开时,叉丝套筒可伸缩和转动(望远镜调焦);锁紧后,固定叉丝套筒
12	目镜调节手轮	调节目镜焦距,使叉丝清晰
13	2 的光轴俯仰调节螺钉	调节 2 的俯仰角度
14	2 的水平调节螺钉	调节 2 的水平方向
15	2 的微调螺钉	当 17 锁紧后,调 15 可使 2 作微小偏转
16	刻度盘与望远镜固联螺钉	锁紧 16 后,2 与刻度盘同步转动
17	望远镜制动螺钉	锁紧 17 后,15 才起作用
18	游标盘微调螺钉	锁紧 19 后,调 18 可使游标盘作小幅度转动
19	游标盘制动螺钉	锁紧 19 后,18 才起作用

（1）自准望远镜。

望远镜可以绕仪器轴旋转，并可用望远镜制动螺钉 17 固定在某一位置上，其位置可由读数装置 4 读得。测量时，锁紧刻度盘与望远镜固联螺钉 16，使望远镜和游标盘连在一起转动。分光计采用的是阿贝式自准直望远镜，其结构如图 3-17 所示。分划板上紧贴一个直角三棱镜，在棱镜的直角面上有一个被光源照亮（光源通过直角三棱镜的斜边平面反射而照亮该面）的绿色小"十"字，其中心位置与分划板上叉丝的上交点对称。

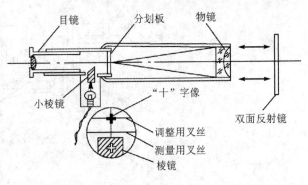

图 3-17　自准直望远镜结构原理图

（2）载物平台。

载物平台可绕仪器轴旋转，松开载物台固定螺钉 10，可使平台固定在所需要的高度。台下有 3 个调节螺钉 9，用以改变平台对铅直轴的倾斜度。

（3）平行光管。

平行光管是用来获得平行光束的，它在分光计上的位置是固定的，调节狭缝调节螺钉 7 可使狭缝宽度连续变化。松开狭缝固定螺钉 8 可使狭缝体前后移动，使狭缝体位于平行光管物镜的焦平面上，当狭缝被照亮时，光线便以平行光射出平行光管。

（4）读数装置。

读数装置由刻度盘和游标盘两部分组成。刻度盘的圆周上等分刻有 720 条刻线，每一格为 $30'$，游标盘上刻有 30 个小格。按照游标读数原理，当刻度盘和游标盘对齐时，每一对准线条为 $1'$。角游标读数的方法与游标尺的读数方法相似，如图 3-18 所示的位置应读为 $116°12'$。

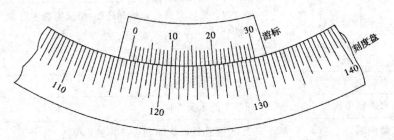

图 3-18　分光计的游标盘

为了消除刻度盘与分光计中心轴线之间的偏心差，在刻度圆盘同一直径的两端各装一个游标盘。测量时，两个游标盘都应读数，然后算出每个游标盘两次读数之差，再取平均值作为望远镜或载物台转过的角度。

【实验内容与步骤】

分光计调节的基本要求是：① 望远镜聚焦于无穷远，望远镜的光轴应与分光计的中心轴相垂直；② 平行光管能产生平行光，平行光管的光轴应与分光计的中心轴相垂直。

分光计的调节步骤如下：

（1）目测粗调。目测调整望远镜光轴、平行光管光轴、载物台平面，使三者大致垂直于分光计中心轴。目测是重要的一步，是进一步细调的基础，它可以缩短调整时间。

（2）望远镜的调焦。使望远镜能接收平行光，它分为目镜调焦和物镜调焦。

① 目镜调焦。开启照明灯，此时望远镜的目镜视场中叉丝较模糊（如图 3 - 19(a)所示）。旋转目镜调节手轮，调整目镜与分划板的相对位置，使叉丝与小"十"字变清晰为止（如图3 - 19(b)所示）。

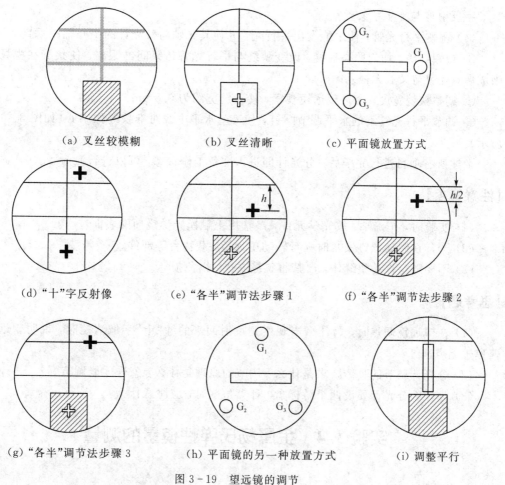

(a) 叉丝较模糊	(b) 叉丝清晰	(c) 平面镜放置方式
(d) "十"字反射像	(e) "各半"调节法步骤 1	(f) "各半"调节法步骤 2
(g) "各半"调节法步骤 3	(h) 平面镜的另一种放置方式	(i) 调整平行

图 3 - 19　望远镜的调节

② 物镜调焦。平面镜置于载物台上，放置时，使平面镜与载物台下螺钉 G_2、G_3 的连线垂直（如图 3 - 19(c)所示），使望远镜光轴大致垂直平面镜；调望远镜俯仰角，左右转动载物台，以便能看到"十"字反射像；调节分划板与物镜的相对位置，使小"十"字反射像十分清晰为止（如图 3 - 19(d)所示）。

用单眼观测，在眼睛左右移动时，微调目镜系统，使小"十"字反射像与叉丝无相对位移，从而消除视差。

（3）调节望远镜光轴和载物台平面使之分别与分光计中心轴相垂直。

① 旋转载物台，在望远镜外观察，如果平面镜前后两面反射的"十"字反射像皆在视场内，则仔细调望远镜俯仰角，使平面镜前后两面都能看到"十"字反射像。设其中一反射面的反射像与上"十"字叉丝的距离为 h（如图 3-19（e）所示），可用"各半"调节法消除 h。

② "各半"调节法：调节载物台下 G_1 和 G_2 两螺钉，使 h 各缩短 1/4，则 h 缩短为 $h/2$（如图 3-19（f）所示），再调望远镜俯仰角，使"十"字反射像与上"十"字叉丝重合（如图 3-19（g）所示）。

③ 旋转载物台，用"各半"调节法使另一反射面的"十"字反射像与上"十"字叉丝重合。

④ 将平面镜转动 90°后放在载物台上（如图 3-19（h）所示），调节载物台下螺钉 G_1，使"十"字反射像与上十字叉丝重合。

（4）调整平行光管，使之能发出平行光，并使其光轴与分光计的中心轴相垂直。

① 点燃灯源，均匀照亮狭缝，改变狭缝与平行光管透镜间的距离，使狭缝在视场中清晰成像，且像与叉丝无视差。

② 调整狭缝宽度，通过望远镜观察，使狭缝宽约为 0.5 mm。

③ 调节平行光管下的水平调节螺钉，使叉丝水平中线对准狭缝像中心（如图 3-19（i）所示）。

上述所有项目进行完毕后，分光计即进入准备工作状态，可以进行测量了。

【注意事项】

（1）实验时，正确拿、放光学元件，严禁用手触摸光学镜面的表面。

（2）严禁在制动螺钉锁紧时强行转动望远镜、载物台等部件。

（3）不要随意拧动狭缝体，严禁将狭缝并拢，以免损坏。

【思考题】

（1）在望远镜调焦时，为什么当观察到反射回来的绿"十"字像清楚时，说明望远镜已聚焦于无穷远处？

（2）分光计调节的具体要求是什么？调节的原理是什么？怎样才能调节好？

（3）为什么分光计要设两个游标盘？计算角度时，应注意什么？

实验 3.4　金属杨氏弹性模量的测量

【实验导引】

阿雷西博（Arecibo）射电望远镜（见图 3-20），是美国制造的"天眼"，位于波多黎各，于 1963 年建成。望远镜的反射面，直径为 366 米，纵深为 508 米，由接近 4 万块金属板拼接而成。在反射面的外面立有三个百米高的塔架，由其伸出 18 根钢索，在反射面的上方支撑起一座重达 500 多吨的平台，平台上安装着天线的反馈和接收装置。由于老化失修，在 2020 年 8 月份阿雷西博射电望远镜的一根承重钢索断裂，将反射面撕开一道 30 米的口子。还没有来得及维修或拆除已损坏部件，在 12 月 1 日，三个支撑塔突然全部断裂，数百吨的部件重重地砸向反射面，将这口"大锅"的锅底砸出一个大洞，阿雷西博射电望远镜彻底坍塌了。

金属杨氏弹性模量
的测量实验教学

　　500 米口径球面射电望远镜（FAST）（见图 3-21）建造于我国贵州，于 2011 年初动工，2016 年 9 月建成。总设计师南仁东院士，利用了贵州境内天然的喀斯特洼地地貌，建成了口径 500 米的射电望远镜，使其覆盖角度和灵敏度均为阿雷西博射电望远镜的 2 倍多。"中国天眼"——FAST 拥有 3 项自主创新：一是利用贵州天然喀斯特巨型洼地作为望远镜台址；二是自主发明了主动变形反射面；三是自主提出轻型索拖动馈源平台和并联机器人。

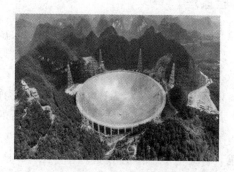

图 3-20　阿雷西博（Arecibo）　　　　　图 3-21　"中国天眼"FAST

　　FAST 的主动反射面系统由钢索网及安装在索网上的反射面组成。索网由近万根钢索组成，有 2400 个连接结点。反射面单元有 4600 个，它们形成了一个整体的反射面。反射面直径为 500 米，面积相当于 30 个足球场，看似一口"大锅"，却是世界上最大、最灵敏的单口径射电望远镜，可以接收到百亿光年外的电磁信号。反射面的安装与操控精度很高，要求在 600 多米尺度的结构中，馈源接收机（见图 3-22）在天空中跟踪反射面焦点的位置误差度不能超过 10 毫米。

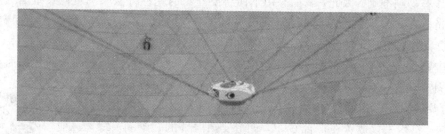

图 3-22　FAST 的馈源舱及六根控制吊索

　　以上两个地球上"天眼"，无论其馈源接收平台，还是反射面系统中的索网，都用到了钢索。钢索的性能是决定操控精度的关键因素之一。那么评价钢索是否合格的评判标准是什么呢？这就要涉及到本实验所研究的杨氏弹性模量。

杨氏弹性模量是描述固体材料抵抗形变能力的重要物理量,是研究固体材料性质的一个重要力学参数,也是力学计算中必须给出的一个物理量。目前实验室有两种方法测量杨氏模量:一是静态拉伸法,二是动态悬挂法。本实验只研究静态拉伸法的测量。

延伸阅读:南仁东的知识结构与能力素养。

【实验目的】

(1) 学习用静态拉伸法测量金属微小长度变化的原理及方法。

(2) 学会用逐差法处理数据。

【实验仪器】

杨氏弹性模量仪、光杠杆、镜尺组(包括望远镜和标尺)、钢卷尺、游标尺、螺旋测微计。

【实验原理】

在外力作用下,固体所发生的形态变化,称为形变,它可分为弹性形变和范性形变两类。外力撤除后物体能完全恢复原状的形变,称为弹性形变。如果加在物体上的外力过大,以致外力撤除后,物体不能完全恢复原状,而留下剩余形变,就称之为范性形变。在本实验中,只研究弹性形变。为此,应当控制外力的大小,以保证此外力撤除后物体能恢复原状。

最简单的形变是棒状的物体受外力后的伸长或缩短。设一物体长为 L,截面积为 S。沿长度方向施力 F 后,物体的伸长(或缩短)为 ΔL。比值 F/S 是单位面积上的作用力,称为胁强,它决定了物体的形变;比值 $\Delta L/L$ 是物体的相对伸长,称为胁变,它表示物体形变的大小。按照胡克定律,在物体的弹性限度内胁强与胁变成正比,比例系数是

$$E = \frac{F/S}{\Delta L/L} \tag{3-11}$$

该比例系数称为杨氏弹性模量。

实验证明,杨氏弹性模量与外力 F、物体的长度 L 和截面积 S 的大小无关,而只取决于棒的材料,它是表征固体性质的一个物理量。根据式(3-11),测出等号右边各量后,便可计算出杨氏弹性模量。其中 F、L 和 S 可用一般的方法测得,唯有伸长量 ΔL 值甚小,用一般工具不易测准确。因此,我们采用下面将要介绍的光杠杆法来测量伸长量 ΔL。

用光杠杆法测杨氏弹性模量仪器装置如图3-23所示。金属丝 L 的上端固定于架 A 上,下面装有一个环,环上挂着砝码钩(图中未画出),C 为中间有一小孔的圆柱体,金属丝可从孔中穿过。实验时应将圆柱体一端用螺旋卡头夹紧,使其能随金属丝的伸缩而移动。G 是一个固定平台,中间开有一孔,圆柱体 C 可在孔中自由移动。光杠杆 M (平面镜及其主杆)下面的两尖脚放在平台的沟槽内,主杆尖脚放在圆柱体 C 的上端。将水平仪放置在平台 G 上,调节支架底部的三个调节螺丝可使平台成水平。望远镜 R 和标尺 S 是测伸长量 ΔL 用的测量装置。

当砝码钩上增加(或减少)砝码后,金属丝将伸长(或缩小)ΔL,光杠杆 M 的主杆尖脚也随圆柱体 C 一道下降(或上升),使主杆尖脚转过一角度 α,同时平面镜的法线也转过相同的角度 α。用望远镜 R 和标尺 S 测得

金属杨氏弹性模量的测量操作

α，即可算出 ΔL（参阅本实验知识链接）。

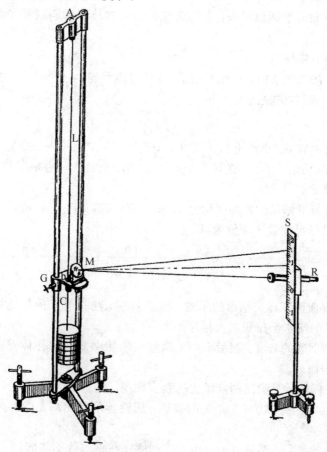

图 3 - 23　用光杠杆法测量杨氏弹性模量装置图

【实验内容与步骤】

1. 调节仪器

（1）调节支架底座的 3 个螺丝，使支架垂直地面（即平台水平），并使夹挂钢丝下端的夹头（小金属圆柱体）能在平台小孔中无摩擦地自由活动。

（2）将光杠杆放在平台上，两前足尖放在平台的沟槽中，调节后足尖，使其放在下夹头的上表面，不得与钢丝相碰，不得放在夹台和平台之间的夹缝中，以便后足尖能随下夹头一道升降，从而准确地反映出钢丝的伸缩。然后用眼睛观察使平面镜与平台大致垂直。

（3）调节望远镜标尺至光杠杆平面镜的距离，距离为 1～2 m。

（4）调节望远镜使之与平面镜大致等高。（先用钢卷尺测量一下平面镜距地面的高度，然后再用钢卷尺测量并调节望远镜的高低，并使其与平面镜大致等高）

（5）移动望远镜，使其垂直对准平面镜，并使望远镜上方两端的缺口准星与平面镜在一条直线上。

（6）"外视"观察寻找标尺像。

从望远镜上方对着平面镜看去，配合调节望远镜的位置倾斜度和平面镜的倾斜度，观察寻找标尺像。

（7）"内视"调节望远镜。

先调节目镜，使叉丝清晰；后调节物镜（转动右边手轮），使标尺像清晰且无视差。（要使叉丝水平线处于标尺"0"点附近 1 cm 之内）

2. 测量数据

（1）测量标尺读数 n。砝码托上每增加一个砝码，在望远镜中观察标尺的像，并逐次记下相应的标尺刻度（估读一位），直到 7 个砝码全部加完。然后用相反的次序将砝码取下，记录相应的标尺读数。

（2）取同一负荷下标尺读数的平均值 $\overline{n_0}$，$\overline{n_1}$，$\overline{n_2}$，$\overline{n_3}$，$\overline{n_4}$，$\overline{n_5}$，$\overline{n_6}$，$\overline{n_7}$，并用逐差法算出相差 4 个砝码时标尺读数平均值为

$$\overline{\Delta n} = \frac{(\overline{n_4} - \overline{n_0}) + (\overline{n_5} - \overline{n_1}) + (\overline{n_6} - \overline{n_2}) + (\overline{n_7} - \overline{n_3})}{4} \qquad (3-12)$$

（3）测量 D、L、b、d。

D 指光杠杆平面镜到标尺平面的距离。测量 D 时，将钢卷尺的始端放在平台的两前足尖所在的沟槽，另一端水平拉长对齐标尺平面。

L 指有效被测钢丝的长度。测量 L 时，钢卷尺的始端放在圆柱体 C 的上表面，另一端对齐上夹头的下表面。

b 指光杠杆主杆的后足尖到两前足尖的垂直距离。测量 b 时，将白纸平整地放在桌面，光杠杆放在白纸上，轻轻压出 3 个足尖的痕迹，用游标尺量出后足尖至两前足尖的垂直距离即为 b。

d 指被测钢丝的直径。测量 d 时，用螺旋测微计在钢丝的不同部位、不同方向共测量 5 次。注意记下螺旋测微计的零点读数 d_0。

以上测量时，为减少随机误差，要求考虑各种产生测量误差的因素。将 5 次测出的值，填入表中。

【数据记录与处理】

（1）按表 3 - 7、表 3 - 8 所示记录数据并处理。

表 3 - 7　增减砝码时标尺的读数记录及数据计算

加载砝码个数	F 增加时 n/mm	F 减少时 n'/mm	平均值 $\overline{n_i}$/mm	增重 4 个砝码时的读数差 Δn/mm 及其平均值	Δn 的绝对误差 $\Delta(\Delta n)$/mm 及其平均值
0	$n_0 =$	$n'_0 =$	$\overline{n_0} =$	$\Delta n_1 = (\overline{n_4} - \overline{n_0}) =$	$\Delta(\Delta n)_1 = (\Delta n_1 - \overline{\Delta n}) =$
1	$n_1 =$	$n'_1 =$	$\overline{n_1} =$		
2	$n_2 =$	$n'_2 =$	$\overline{n_2} =$	$\Delta n_2 = (\overline{n_5} - \overline{n_1}) =$	$\Delta(\Delta n)_2 = (\Delta n_2 - \overline{\Delta n}) =$
3	$n_3 =$	$n'_3 =$	$\overline{n_3} =$		

续表

加载砝码个数	F 增加时 n/mm	F 减少时 n'/mm	平均值 $\overline{n_i}$/mm	增重 4 个砝码时的读数差 Δn/mm 及其平均值	Δn 的绝对误差 $\Delta(\Delta n)$/mm 及其平均值
4	$n_4 =$	$n'_4 =$	$\overline{n_4} =$	$\Delta n_3 = (\overline{n_6} - \overline{n_2}) =$	$\Delta(\Delta n)_3 = (\Delta n_3 - \overline{\Delta n}) =$
5	$n_5 =$	$n'_5 =$	$\overline{n_5} =$		
6	$n_6 =$	$n'_6 =$	$\overline{n_6} =$	$\Delta n_4 = (\overline{n_7} - \overline{n_3}) =$	$\Delta(\Delta n)_4 = (\Delta n_4 - \overline{\Delta n}) =$
7	$n_7 =$	$n'_7 =$	$\overline{n_7} =$		
备注：第三列中减少砝码时，需从下往上记录标尺读数				$\overline{\Delta n} = \dfrac{(\Delta n_1 + \Delta n_2 + \Delta n_3 + \Delta n_4)}{4} =$	$\overline{\Delta(\Delta n)} = \dfrac{\Delta(\Delta n_1) + \Delta(\Delta n_2) + \Delta(\Delta n_3) + \Delta(\Delta n_4)}{4} =$

表 3 - 8　b、L、D、d 的数据记录

次数	b /mm	$\Delta b = \lvert b_i - \overline{b}\rvert$ /mm	L /mm	$\Delta L = \lvert L_i - \overline{L}\rvert$ /mm	D /mm	$\Delta D = \lvert D_i - \overline{D}\rvert$ /mm	d /mm	$\Delta d = \lvert d_i - \overline{d}\rvert$ /mm
1	$b_1 =$	$\Delta b_1 =$	$L_1 =$	$\Delta L_1 =$	$D_1 =$	$\Delta D_1 =$	$d_1 =$	$\Delta d_1 =$
2	$b_2 =$	$\Delta b_2 =$	$L_2 =$	$\Delta L_2 =$	$D_2 =$	$\Delta D_2 =$	$d_2 =$	$\Delta d_2 =$
3	$b_3 =$	$\Delta b_3 =$	$L_3 =$	$\Delta L_3 =$	$D_3 =$	$\Delta D_3 =$	$d_3 =$	$\Delta d_3 =$
4	$b_4 =$	$\Delta b_4 =$	$L_4 =$	$\Delta L_4 =$	$D_4 =$	$\Delta D_4 =$	$d_4 =$	$\Delta d_4 =$
5	$b_4 =$	$\Delta b_5 =$	$L_5 =$	$\Delta L_5 =$	$D_5 =$	$\Delta D_5 =$	$d_5 =$	$\Delta d_5 =$
平均	$\overline{b} =$	$\overline{\Delta b} =$	$\overline{L} =$	$\overline{\Delta L} =$	$\overline{D} =$	$\overline{\Delta D} =$	$\overline{d} =$	$\overline{\Delta d} =$

(2)钢丝杨氏弹性模量 E 的计算。

因为 $\Delta L = \dfrac{b}{2D}\Delta n$ ，则

$$\overline{E} = \frac{F/S}{\Delta L/L} = \frac{FL}{\Delta LS} = \frac{4FL}{\pi d^2 \Delta L} = \frac{8mg\,\overline{L}\,\overline{D}}{\pi\,\overline{d^2}\,\overline{b}\,\overline{\Delta n}} = \underline{\hspace{3cm}} = \underline{\hspace{2cm}} \ (N/m^2)$$

式中，m 为砝码的质量。本实验用逐差法处理数据，Δn 是相差 4 个砝码时标尺读数，故本式中取 $m = 4$ kg。

(3)杨氏模量 E 的测量不确定度的计算：

$$\overline{E} = \frac{8mg\,\overline{L}\,\overline{D}}{\pi\,\overline{d^2}\,\overline{b}\,\overline{\Delta n}} = \underline{\hspace{4cm}} \ (N/m^2)$$

$$E_E = \frac{u_E}{\overline{E}} = \sqrt{\left(\frac{u_{LC}}{L}\right)^2 + \left(\frac{u_{DC}}{D}\right)^2 + 4\left(\frac{u_{dC}}{d}\right)^2 + \left(\frac{u_{bC}}{b}\right)^2 + \left(\frac{u_{\Delta nC}}{\Delta n}\right)^2}$$

$$u_E = \overline{E}\sqrt{\left(\frac{u_{LC}}{L}\right)^2 + \left(\frac{u_{DC}}{D}\right)^2 + 4\left(\frac{u_{dC}}{d}\right)^2 + \left(\frac{u_{bC}}{b}\right)^2 + \left(\frac{u_{\Delta nC}}{\Delta n}\right)^2}$$

其中

$$u_{LC} = \sqrt{u_{LA}^2 + u_{LB}^2} = \sqrt{\frac{\sum_{i=1}^{5}(L_i - \overline{L})^2}{5 \times (5-1)} + \left(\frac{0.5}{\sqrt{3}}\right)^2} = \underline{\hspace{3cm}} = \underline{\hspace{2cm}} \ (mm)$$

$$u_{DC} = \sqrt{u_{DA}^2 + u_{DB}^2} = \sqrt{\frac{\sum\limits_{i=1}^{5}(D_i - \overline{D})^2}{5 \times (5-1)} + \left(\frac{0.5}{\sqrt{3}}\right)^2} = \underline{\hspace{2cm}} = \underline{\hspace{1.5cm}} \text{(mm)}$$

$$u_{dC} = \sqrt{u_{dA}^2 + u_{dB}^2} = \sqrt{\frac{\sum\limits_{i=1}^{5}(d_i - \overline{d})^2}{5 \times (5-1)} + \left(\frac{0.004}{\sqrt{3}}\right)^2} = \underline{\hspace{2cm}} = \underline{\hspace{1.5cm}} \text{(mm)}$$

$$u_{\Delta nC} = \sqrt{u_{\Delta nA}^2 + u_{\Delta nB}^2} = \sqrt{\frac{\sum\limits_{i=1}^{4}(\Delta(\Delta n)_i - \overline{\Delta(\Delta n)})^2}{4 \times (4-1)} + \left(\sqrt{2} \times \frac{0.5}{\sqrt{3}}\right)^2} = \underline{\hspace{1cm}}$$

$$= \underline{\hspace{1.5cm}} \text{(mm)}$$

$$u_{bC} = \sqrt{u_{bA}^2 + u_{bB}^2} = \sqrt{\frac{\sum\limits_{i=1}^{5}(b_i - \overline{b})^2}{5 \times (5-1)} + \left(\frac{0.02}{\sqrt{3}}\right)^2} = \underline{\hspace{2cm}} = \underline{\hspace{1.5cm}} \text{(mm)}$$

所以

$$E_E = \underline{\hspace{5cm}} = \underline{\hspace{2cm}} \%$$
$$u_E = \underline{\hspace{5cm}} = \underline{\hspace{2cm}} \text{(mm)}$$

上面式子中，测量工具的误差限（$\Delta_{仪}$）分别取：$\Delta_{千} = 0.004$ mm，$\Delta_{米} = 0.5$ mm，$\Delta_{卡} = 0.02$ mm，参见【例 2-1】。

（4）测量结果表示：

测量结果为

$$\begin{cases} E = \overline{E} \pm u_E = \underline{\hspace{4cm}} \text{(N/m}^2) \quad (P=68.3\%) \\ E_E = \dfrac{u_E}{\overline{E}} = \underline{\hspace{4cm}} \% \end{cases}$$

知识链接

光杠杆测微小长度的原理

用光杠杆测微小长度的装置如图 3-24 所示，它的原理图见图 3-25。假定开始时平面镜 M 的法线 On_0 在水平位置，则标尺 S 上的标度线 n_0 发出的光通过平面镜 M 反射，进入望远镜，在望远镜中形成 n_0 的像而被观察到。当金属丝伸长后，光杠杆的主杆尖脚 b 随金属下落 ΔL，带动 M 转一角度 α 而至 M′，法线 On_0 也转同一角度 α 至 On_2。根据光的反射定律，从 n_0 发出的光将反射至 n_2，且 $\angle n_0 On_1 = \angle n_1 On_2 = \alpha$。由光线的可逆性知，从 n_2 发出的光经平面镜反射后可进入望远镜而被观察到。

从图 3-25 可知

$$\tan\alpha = \frac{\Delta L}{b} \tag{3-13}$$

$$\tan 2\alpha = \frac{\Delta n}{D} \qquad (On_0 = D) \tag{3-14}$$

由于 α 很小，所以可取

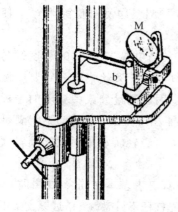

图 3 - 24　光杠杆装置图

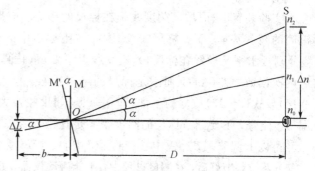

图 3 - 25　光杠杆原理图

$$\alpha = \frac{\Delta L}{b}, \ 2\alpha = \frac{\Delta n}{D} \tag{3-15}$$

消去 α，得到

$$\Delta L = \frac{b}{2D} \Delta n \tag{3-16}$$

ΔL 原是难测的微小长度，但当 D 远大于 b 时，经光杠杆转换后的量 Δn 却是较大的量，可以从标尺上直接读得。光杠杆装置的放大倍数为 $2D/b$。在实验中，通常 b 为 4～8 mm，D 为 1～2 m。

【实验指导】

(1)"外视法"观察并寻找标尺像。

"外视法"调节是本实验仪器调节的关键步骤。因为望远镜本身的视场很小，一开始就从望远镜中观察，很可能看不到平面镜反射回来的标尺像，而从望远镜上方的瞄准器对着平面镜看去，视场较大，比较容易观察到标尺像（如果从望远镜外面看不到标尺像，则从望远镜中观察更不可能找到标尺像），因此，一般要先用"外视法"调节。如果从望远镜上方看不到标尺像，则可以在望远镜的左右旁边寻找。例如在望远镜的左边能看到标尺像，这时可将望远镜的支架向左移动到眼睛能看到标尺像的位置。反之，支架向右移动。望远镜经过这样左右移动调节后，若还看不到标尺像，可能是竖直方向上的问题，这时可轻轻转动一下平面镜角度后，再找标尺像。用"外视法"观察到标尺像后，再用"内视法"从望远镜中边观察边调节物镜的焦距，一般就容易看到标尺像了。

(2)关于"消除视差"。

在本实验的望远镜调节中，当标尺像没有调到望远镜的分划板面上时，从望远镜中观察，眼睛上下稍微移动，就会发现标尺像的刻度线与望远镜中分划板的水平叉丝线之间有相对移动，因而在不同的位置读数时就会有点差异，这就是"视差"。如有视差，稍微调节目镜的焦距即可消除。在读数显微镜、测微目镜中同样也有视差问题。望远镜视场中没有叉丝或叉丝不清晰，也需要调节目镜的焦距。

(3)望远镜、平面镜、标尺"0"刻度线的相对位置。

如果望远镜中心（也就是望远镜里分划板"十"字叉丝中心）与平面镜中心，两者偏离较大，在望远镜中只能看见平面镜的边框，甚至根本看不到平面镜，平面镜反射的标尺像也就不可能看到。此时可调节望远镜的左右位置及上下倾斜度(调望远镜的倾斜螺丝)，使两个中心基本一致。

本实验装置的标尺"0"刻度线须在标尺的中心。应事先检查并调节，使"0"刻度线与望远镜筒的高度基本一致。标尺"0"刻度线与望远镜中的分划板水平叉丝线不一定要严格对齐，分划板水平叉丝线在标尺"0"刻度线上下 2 cm 内即可。因为测量公式中要求的是标尺前后两次读数之差(Δn)，而不是标尺的绝对读数。但也不能相距太大，否则，不能满足式(3-14)或式(3-15)成立的条件(即 $\alpha \to 0$)。如果相距太大，可轻轻转动平面镜的倾斜度进行调节。注意，不要调节标尺的高度来满足这个要求。

经过以上调节，望远镜中心、平面镜中心、标尺零刻度线三者基本在同一水平面内。

(4) 系统调节好后，在测量过程中，不能碰动仪器。如，光杠杆不可碰触；望远镜支架不可移动；读数时手不要握住望远镜筒等，以免引起位置的变化，使前面的测量数据前功尽弃。

(5) 加减砝码时要轻拿轻放，避免晃动，待装置稳定后再读数。逐差法需要偶数组数据，从 0 kg 到 7 kg 共有 8 组数据。

(6) 用逐差法处理数据时注意有关量的对应关系，本实验中注意两个变量 F 和 Δn 的对应关系。

【问题讨论】

(1) 两根材料相同，但粗细、长度不同的金属丝，它们的杨氏模量是否相同？

(2) 光杠杆法有什么优点？怎样提高光杠杆法测量的灵敏度？

(3) 分析实验中产生误差的原因及减小误差的方法。

【思考题】

(1) 如何用光杠杆的原理测量微小伸长量 ΔL？写出测量微小伸长量 ΔL 的表达式，并说明其中各量的物理意义及放大倍数的意义。

(2) 杨氏模量的意义是什么？写出其测量公式，说明其中各参数用何种仪器测量。

(3) 逐差法处理数据的优点是什么？什么情况下的偶数个数据才能用逐差法[①]处理？

---

① 实验数据的一种处理方法——逐差法。

由误差理论知道，算术平均值最接近真值，因此，在实验中应尽量多次测量。但在本实验中，如果简单地取各次测量的平均值，并不能达到好的效果。例如在光杠杆法中，如果每次增加的重量为 1 kg，连续增重 7 次，则可读得 8 个标尺读数，它们分别为 n_0、n_1、n_2、n_3、n_4、n_5、n_6、n_7，其相应的差值是 $\Delta n_1 = n_1 - n_0$，$\Delta n_2 = n_2 - n_1$，…，$\Delta n_7 = n_7 - n_6$，根据平均值的定义

$$\overline{\Delta n} = \frac{(n_1 - n_0) + (n_2 - n_1) + \cdots + (n_7 - n_6)}{7} = \frac{n_7 - n_0}{7}$$

中间值全部抵消，只有始末两次测量值起作用，与增重 7 kg 的单次测量值等同。

为了使其保持多次测量的优越性，只要在数据处理方法上作一些变化即可。通常可把数据分成两组，一组为 n_0、n_1、n_2、n_3，另外一组为 n_4、n_5、n_6、n_7，其相应差值是 $\Delta n_1 = (n_4 - n_0)$，$\Delta n_2 = (n_5 - n_1)$，$\Delta n_3 = (n_6 - n_2)$，$\Delta n_4 = (n_7 - n_3)$，则平均值为

$$\overline{\Delta n} = \frac{\Delta n_1 + \Delta n_2 + \Delta n_3 + \Delta n_4}{4} = \frac{(n_4 - n_0) + (n_5 - n_1) + (n_6 - n_2) + (n_7 - n_3)}{4}$$

这种方法称为逐差法。注意 Δn 是增重 4 kg 的平均差值。

【课后习题】

（1）以 $\overline{n_i}$ 为纵坐标，以 F_i 为横坐标，作 $\overline{n_i}-F_i$ 图，用作图图解法处理数据并求杨氏模量 E。

（2）本实验中为什么用不同的测量仪器测量多种长度量？哪些量的测量误差对结果影响大？

（3）如何提高光杠杆测量微小伸长量的灵敏度？

实验 3.5　旋 光 实 验

【实验导引】

旋光实验

北京时间 2015 年 10 月 5 日下午 5 点 30 分，诺贝尔委员会宣布，中国药学家屠呦呦，与爱尔兰科学家威廉·坎贝尔、日本科学家大村智共同分享 2015 年诺贝尔生理学或医学奖。

屠呦呦是第一位获得诺贝尔科学奖项的中国本土科学家，她最突出的贡献就是带领科研组创制了具有国际影响的新型抗疟药——青蒿素和双氢青蒿素。青蒿素可以从青蒿中提取，也可以化学合成。图 3-26 所示为青蒿图片。

早年间，疟疾是世界性的传染病，每年感染数亿人，并导致几百万人死亡。但是，据世界卫生组织统计，在 2000—2013 年间，全球疟疾死亡率下降了 47%，大约有四百多万人免于死亡。其中，青蒿素类药物发挥了重要作用。这是因为青蒿素及其衍生物青蒿琥酯、蒿甲醚能迅速消灭人体内疟原虫，对脑疟等恶性疟疾都有很好的治疗效果。

我们知道，药品的剂量对药品的疗效有重要影响。那么青蒿素哌喹片中哌喹含量如何方便快速地测量呢？因为青蒿素类药物都具有旋光性，均为右旋体药物，整体上表现为右旋光性，所以我们可以利用其旋光性，快速测量其浓度或者含量。

图 3-26　青蒿

【实验目的】

（1）观察线偏振光通过旋光物质后的旋光现象。

（2）了解旋光仪的结构原理，学习测量旋光性溶液的旋光率和浓度的方法。

【实验仪器】

WXG 型旋光仪、不同浓度的旋光性溶液等。

【实验原理】

线偏振光通过某些晶体或某些物质的溶液以后，偏振光的振动面将旋转一定的角度，这种现象称为旋光现象。如图 3-27 所示，角 φ 称为旋转角或旋光度。它与偏振光通过的溶液的长度 L 和旋光性溶液浓度 C 成正比，即

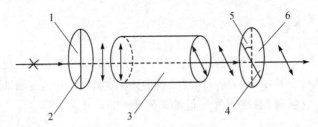

1—起偏器；2—起偏器透射轴；3—旋光物质；4—检偏器透射轴；5—旋转角（旋光度 φ）；6—检偏器

图 3-27　偏振光振动面的旋转

$$\varphi = \alpha LC \qquad\qquad (3-17)$$

式中，α 称为该物质的旋光率。如果 L 的单位用 m，C 用 kg/L，那么 α 的单位是 $(°) \cdot L/(m \cdot kg)$。

同一旋光物质对不同波长的光具有不同的旋光率，通常采用钠黄光（波长为 589.3 nm）来测量旋光率。旋光率还与旋光物质的温度有关，温度每升高 1℃ ，旋光度约减少 0.3％，因此，对于所测的旋光率，还必须说明测量时的温度。实验过程中温度变化不要超过±2℃。

若已知待测旋光性溶液浓度 C 和溶液柱的长度 L，测出旋光度 φ，就可以由式（3-17）算出旋光率 α。也可以在 L 不变的条件下，依次改变浓度 C，测出相应的旋光度，然后画出 φ 与 C 的关系曲线（称为旋光曲线）。该曲线是一条直线，直线的斜率为 $\alpha \cdot L$，由此可求出旋光率 α。反之，在已知某种溶液的旋光曲线时，只要测量出溶液的旋光度，就可以从旋光曲线上查出对应的溶液浓度。

【实验仪器简介】

WXG 型旋光仪可用来测量旋光性溶液的旋光度，其结构如图 3-28 所示。为了准确地测量旋光度 φ，仪器的读数装置采用双游标读数，以消除度盘的偏心差。度盘等分 360 格，每格为 1°，游标在弧长 19°上等分 20 格，它等于度盘 19 格，用游标可读到 0.05°。度盘和检偏镜固定联结成一体，利用度盘转动手轮做粗（小轮）、细（大轮）调节。游标窗前装有读数放大镜，供读数使用。

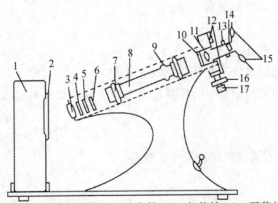

1—钠光灯；2—毛玻璃片；3—会聚透镜；4—滤色镜；5—起偏镜；6—石英片；7—测试管端螺母；
8—测试管；9—测试管凸起部分；10—检偏镜；11—望远镜物镜；12—度盘和游标；
13—望远镜调焦手轮；14—望远镜目镜；15—游标读数放大镜；16—度盘转动细调手轮；
17—度盘转动粗调手轮

图 3-28　WXG 型旋光仪的结构

仪器还在视场中采用了半荫法比较两束光的强度,其原理是在起偏镜后面加一块石英晶体片,石英片和起偏镜的中部在视场中重叠将视场分为三部分,如图 3-29 所示。在石英片旁边装上一定厚度的玻璃片,以补偿由于石英片的吸收而发生的光强变化。石英片的光轴平行于自身表面并与起偏镜透射轴成一小的角度 θ,称为影荫角。由光源发出的光经过起偏镜后变成线偏振光,其中一部分再经过石英片。由于石英是各向异性晶体,光线通过它将发生双折射。可以证明,厚度适当的石英片会使穿过它的线偏振光的振动面转过 2θ 角。这样进入测试管的光是两束振动面间的夹角为 2θ 的线偏振光。下面讨论这两束光通过检偏镜的情况。

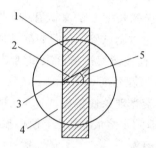

1—石英片;2—石英片光轴;3—起偏镜透射轴;4—起偏镜;
5—起偏镜透射轴与石英片光轴的夹角
图 3-29 石英片和起偏镜中部重叠将视场分为三部分

如图 3-30 所示,OP 表示通过起偏镜后的光矢量,OP' 则表示通过起偏镜与石英片的线偏振光的光矢量,OA 表示检偏镜的透射轴,OP 和 OP' 与 OA 的夹角分别为 β 和 β',OP 和 OP' 在 OA 轴上的分量分别为 OP_A 和 OP'_A。转动检偏镜时 OP_A 和 OP'_A 的大小将发生变化,于是从目镜中所看到的三分视场的明暗也将发生变化(见图 3-30 的下半部分)。图中画出了四种不同的情况:

(1) $\beta' > \beta$,$OP_A > OP'_A$(见图 3-30 (a))。从目镜观察到三分视场中与石英片(半波片)对应的中部为暗区,与起偏镜直接对应的两侧为亮区,三分视场很清晰。当 $\beta' = \pi/2$ 时,亮区与暗区的反差最大。

(2) $\beta' = \beta$,$OP_A = OP'_A$(见图 3-30 (b))。三分视场消失,整个视场为较暗的黄色。

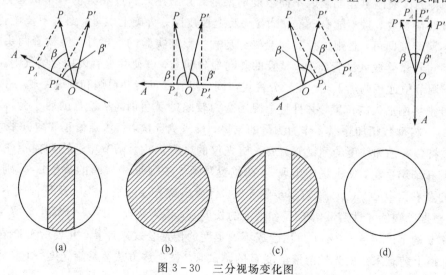

图 3-30 三分视场变化图

(3) $\beta > \beta'$，$OP'_A > OP_A$（见图 3 - 30 (c)）。视场又分为三部分，与石英片对应的中部为亮区，与起偏镜直接对应的两侧为暗区。当 $\beta = \pi/2$ 时，亮区与暗区的反差最大。

(4) $\beta' = \beta$，$OP_A = OP'_A$（见图 3 - 30 (d)）。三分视场消失。由于此时 OP 和 OP' 在 OA 轴上的分量比图 3 - 30 (b)所示情形时大，因此整个视场为较亮的黄色。

由于在亮度较弱的情况下，人眼辨别亮度微小变化的能力较强，所以取图 3 - 30(b)所示情形的视场作为实验所用视场，即参考视场，并将此时检偏镜透射轴所在的位置取作刻度盘的零点。

实验时，将旋光性溶液注入已知长度 L 的测试管中，把测试管放入旋光仪的试管筒内。这时 OP 和 OP' 两束线偏振光均通过测试管，它们的振动面都转过相同的角度 φ，并保持两振动面间的夹角为 2θ 不变。转动检偏镜使视场再次回到图 3 - 30(b)所示情形的状态，则检偏镜所转过的角度就是被测溶液的旋光度 φ。

迎着射来的光线看去，如果旋光现象使偏振面向右（顺时针方向）旋转，这种溶液称右旋溶液，如葡萄糖、麦芽糖、蔗糖的水溶液。反之，使偏振面向左（逆时针方向）旋转，这种溶液称左旋溶液，例如果糖的水溶液。

【实验内容与步骤】

1. 调整旋光仪

(1) 接通旋光仪电源，约 5 min 后待钠光灯发光正常，开始实验。

(2) 校验零点位置。在没有放测试管时，调节望远镜调焦手轮，使三分视场清晰。调节度盘转动粗调和细调手轮，当三分视场刚消失并且整个视场变为较暗的黄色时，看度盘和游标是否在零线上，如不在零线上，应在测量中减去或加上偏差值。

(3) 将装有蒸馏水的测试管放入旋光仪的试管筒内，调节望远镜调焦手轮和度盘转动粗调和细调手轮，观察是否有旋光现象产生。

2. 测量旋光性溶液的旋光率和浓度

(1) 将测试液体事先配制成不同浓度的溶液，分别注入长度相等的各个试管内。注入时溶液要装满试管，且不能有气泡。试管头装上橡皮圈，再旋上螺母。螺母不要旋得太紧，试管头不漏溶液即可，否则护片玻璃会受到应力，影响实验的准确性。将试管两头残余溶液擦干后再将试管放入试管筒内，试管的凸起部分朝上，以便存放管内残存的气泡。

(2) 调节望远镜调焦手轮，使三分视场清晰。调节度盘转动粗调和细调手轮，在视场中找到三分视场刚消失的位置，并且整个视场变为较暗的黄色时，从度盘的两个游标上读数 $\Phi_{0左}$，$\Phi_{0右}$。将读数相加除以 2 作为测量的结果。反复测 5 次，将零点修正并取其平均值。

(3) 将装有已知浓度的测试管，放入旋光仪的试管筒内，调节望远镜调焦手轮和度盘转动粗调和细调手轮，使视场中出现"半荫位置"（整个视场变为较暗的黄色），分别记下度盘游标的左右读数 $\Phi_{i左}$，$\Phi_{i右}$。重复步骤 5 次。计算出旋光度的平均值 $\bar{\varphi}$ 及其合成不确定度 $u_C(\varphi)$，根据已知旋光性溶液浓度 C 和溶液的长度 L，代入式（3 - 17），计算出旋光率 α。至于旋光率 α 的不确定度 $u_C(\alpha)$，可用合成不确定度的传递公式来计算，并表示实验结果。

(4) 换上装有未知旋光性溶液浓度 C 的测试管，按上述方法测量旋光度 φ（重复测量 5

次），计算出旋光度的平均值 $\overline{\varphi}$。根据已知旋光率 α 及溶液的长度 L，即可算出未知旋光性溶液浓度 C 的平均值。

3. 用作图图解法处理数据

测出不同浓度下的旋光度 φ 后，用逐差法处理数据，绘出 φ-C 图线。根据作图图解法，由图线的斜率求出该物质的旋光率 α。在图线旁边应标明实验时溶液的温度和所用的光波波长。

4. 测出旋光度，确定浓度

从 φ-C 图线上确定待测旋光性溶液的浓度。

【注意事项】

（1）试管应轻拿轻放，防止打碎。

（2）所有镜片，包括试管两头的护片玻璃都不能用手直接擦拭，应用柔软的绒布或镜头纸擦拭。

（3）试管的凸起处沿镜筒朝上。

【数据记录与处理】

（1）数据记录表格如表 3-9 所示。记录各测量值 Φ_i，其测量步骤均按实验内容 2 的第（3）、（4）步进行。

表 3-9　原始数据记录表格

（实验温度 $t=$　　℃；溶液的长度 $L=$　　cm；波长 $\lambda=$　　nm）

Φ_0			Φ_x			Φ_1			Φ_2			Φ_3			Φ_4		
左	右	平均	左	右	平均	左	右	平均	左	右	平均	左	右	平均	左	右	平均
$\overline{\Phi_0}=$			$\overline{\Phi_x}=$			$\overline{\Phi_1}=$			$\overline{\Phi_2}=$			$\overline{\Phi_3}=$			$\overline{\Phi_4}=$		
			$C_x=$	%		$C_1=$	%		$C_2=$	%		$C_3=$	%		$C_4=$	%	

（2）计算各浓度旋光溶液的旋光度、旋光度平均值及旋光度的不确定度，并填入表 3-10。

表 3-10　各浓度旋光溶液旋光度、旋光度平均值及旋光度的不确定度

浓度	旋光度第一次测量值	旋光度第二次测量值	旋光度第三次测量值	旋光度第四次测量值	旋光度第五次测量值	旋光度平均值	旋光度不确定度
0							
10%							

浓度	旋光度第一次测量值	旋光度第二次测量值	旋光度第三次测量值	旋光度第四次测量值	旋光度第五次测量值	旋光度平均值	旋光度不确定度
20%							
30%							
40%							
x							

（3）求旋光性溶液的旋光率及其不确定度。

（4）求未知旋光性溶液的浓度。

知识链接

旋光实验中各物理量的表达式

旋光率 α 的相对不确定度：

$$E_{\alpha i} = \frac{u_C(\alpha_i)}{\overline{\alpha}_i} \times 100\% = \sqrt{\left(\frac{u_{\varphi_i}}{\overline{\varphi}_i}\right)^2 + \left(\frac{u_L}{L_i}\right)^2 + \left(\frac{u_C}{C_i}\right)^2}$$

其中，u_{φ_i}、u_L、u_C 分别为溶液的旋光度的不确定度、长度的不确定度、浓度的不确定度，它们的表达式分别为

$$u_{\varphi_i} = \sqrt{\frac{1}{n(n-1)}\sum_{j=1}^{n}(\varphi_{ij} - \overline{\varphi}_i)^2 + \left(\frac{0.05}{\sqrt{3}}\right)^2}, \quad u_L = \frac{0.02 \text{ mm}}{\sqrt{3}}, \quad u_C = \frac{0.01\%}{\sqrt{3}}$$

旋光率的合成不确定度：$u_C(\alpha_i) = E_{\alpha i} \cdot \overline{\alpha}_i$。其中，各浓度旋光性溶液的旋光率 $\overline{\alpha}_i = \frac{\overline{\varphi}_i}{LC_i}$。

测量结果：$\alpha = \overline{\alpha} \pm u_C(\alpha_i)$，其中旋光性溶液的旋光率的平均值 $\overline{\alpha} = \frac{1}{4}\sum_{i=1}^{4}\overline{\alpha}_i$。

【思考题】

（1）测量中，为什么选择视场为较暗的黄色作为实验所用视场？选择较亮的黄色视场能否测量？

（2）采用不同波长的光进行实验，测量结果有何不同？为什么？

实验 3.6　扭摆法测量物体的转动惯量

【实验导引】

　　正如质量是物体平动时惯性大小的量度一样，转动惯量是刚体转动时惯性大小的量度，是表明刚体特性的一个物理量。刚体转动惯量除了与物体的质量有关外，还与转轴的位置和质量分布（即形状、大小和密度分布）有关。凡是涉及到转动力学的问题都离不开转动惯量，它在科学实验、工程技术、航天、电力、机械、仪表等领域也是一个重要参量。比

如，电磁系仪表，因线圈的转动惯量不同，可分别用于测量微小电流(检流计)和电量(冲击电流计)。在发动机叶片、飞轮、陀螺以及人造卫星的外形设计上，精确地测量转动惯量，都是十分必要的。在国防工业中，转动惯量也是普遍存在的，如反坦克导弹、火箭弹、鱼雷等武器的研制中，转动惯量的精准测量是保障武器正常使用的前提。

转动惯量是航天探测器重要的质量特性参数，是进行姿态控制系统设计的关键输入条件。图 3-31 所示是我国自主研制的嫦娥五号月球探测器，也是中国首颗地月采样往返探测器。它的任务是"探月工程"的第六次任务，也是中国航天迄今为止最复杂、难度最大的任务之一，有着非常重要的意义。

图 3-31　嫦娥五号月球探测器

嫦娥五号月球探测器取样返回所涉及探测器的复杂性和先进性在已有和正在研制中的深空探测器里是空前的。在嫦娥五号探测器各个阶段飞行中，可靠和有效的高精度姿态控制是它正常工作的前提，而在轨转动惯量的精确测量，是控制航天器姿态和转轨的必要条件。图 3-32 所示是航天器几种典型的飞行状态。

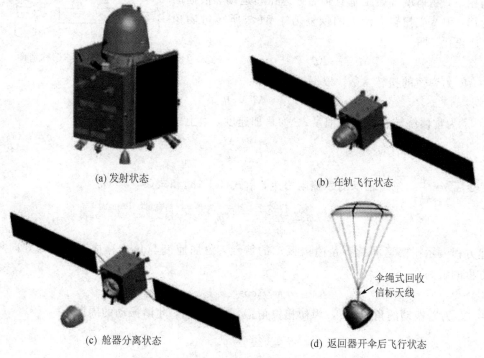

(a) 发射状态　　　　　　　　　　　　(b) 在轨飞行状态

(c) 舱器分离状态　　　　　　　　　　(d) 返回器开伞后飞行状态

图 3-32　航天器几种典型的飞行状态

如果刚体形状简单，且质量分布均匀，可以直接计算出它绕特定转轴的转动惯量。对于形状复杂，质量分布不均匀的刚体，计算将极为复杂，通常采用适宜方法来测量，例如机械部件、电动机转子和枪炮的弹丸等的转动惯量。

转动惯量的测量，一般都是使刚体以一定形式运动，通过表征这种运动特征的物理量与转动惯量的关系，进行间接测量。本实验使物体作扭转摆动，由摆动周期及其他参数的测量计算出物体的转动惯量。

【实验目的】

（1）用扭摆法测量几种不同形状物体的转动惯量和弹簧的扭转常数，并将其与理论值进行比较。

（2）验证转动惯量平行轴定理。

【实验仪器】

转动惯量测试仪、扭摆、电子天平、游标尺、高度尺、米尺及几种待测转动惯量的物体。

【实验原理】

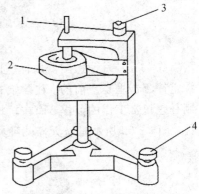

图 3-33　扭摆构造图

扭摆的构造如图 3-33 所示，在垂直轴 1 上装有一根薄片状的螺旋弹簧 2，用以产生恢复力矩。在轴的上方可以装上各种待测物体。垂直轴与支座间装有轴承，以减小摩擦力。3 为水平仪，4 为高度调节螺丝，用来调整系统平衡。将物体在水平面内转一角度 θ 后，在弹簧的恢复力矩作用下，物体就开始绕垂直轴做往返扭转运动。根据胡克定律，弹簧受扭转而产生的恢复力矩 M 与所转过的角度 θ 成正比，即

$$M = -K\theta \qquad\qquad (3-18)$$

式中，K 为弹簧的扭转常数。根据转动定律：

$$M = I\beta$$

式中，I 为物体绕转轴的转动惯量；β 为角加速度，由上式得

$$\beta = \frac{M}{I} \qquad\qquad (3-19)$$

令 $\omega^2 = \dfrac{K}{I}$，忽略轴承的摩擦阻力矩，由式（3-18）和式（3-19）得

$$\beta = \frac{\mathrm{d}^2\theta}{\mathrm{d}t^2} = -\frac{K}{I}\theta = -\omega^2\theta$$

上述方程表示扭摆运动具有角简谐振动的特性，角加速度与角位移成正比，且方向相反。此方程的解为

$$\theta = A\cos(\omega t + \varphi) \qquad\qquad (3-20)$$

式中，A 为谐振动的角振幅；φ 为初相位角；ω 为角速度。此谐振动的周期为

$$T = \frac{2\pi}{\omega} = 2\pi\sqrt{\frac{I}{K}} \qquad\qquad (3-21)$$

由式(3-21)可知，只要实验测得物体扭摆的摆动周期，并在 I 和 K 中任何一个量已知时，即可计算出另一个量。

本实验先用一个几何形状规则的物体(塑料圆柱体)计算 K 值，它的转动惯量 I 可以根据它的质量和几何尺寸用理论公式直接计算得到，再由式(3-21)算出本仪器弹簧的 K 值。若要测量其他形状物体的转动惯量，只需将待测物体放在仪器顶部的各种夹具上，测量其摆动周期，由公式(3-21)即可算出该物体绕转动轴的转动惯量。

若质量为 m 的物体通过质心轴转动时的转动惯量为 I_0，当转轴平行移动距离为 X 时，则此物体对新转轴的转动惯量变为 $I_0 + mX^2$，这称为转动惯量的平行轴定理。

【实验仪器简介】

转动惯量测试仪由主机和光电门两部分组成。

主机采用单片机作控制系统，用于测量物体转动和摆动的周期以及旋转体的转速，能自动记录、存储多组实验数据并能够精确地计算多组实验数据的平均值。

光电门主要由红外发射管和红外接收管组成，将光信号转换为脉冲电信号，送入主机工作。因人眼无法直接观察仪器工作是否正常，可用遮光物体往返遮挡光电探头发射光束通路，检查计时器是否开始计数和到达预定周期数时，是否停止计数从而判断仪器工作是否正常。为防止过强光线对光电探头的影响，光电探头不能置放在强光下，实验时采用窗帘遮光，确保计时准确。

QS-R 型转动惯量测试仪面板如图 3-34 所示。开机后摆动指标灯亮,功能显示窗显示" P1",数据显示窗显示"0000",因本仪器的内部单片机设置了自动复位功能，所以不会出现死机现象。测试仪面板上有方式设定的"转动"和"摆动"键、功能选择键(左边的一组箭头↑↓键)、数据设定键(右边的一组箭头↑↓键)以及"清零""执行"键。工作时"计时"指示灯点亮。开机默认状态为" 摆动",默认周期数为 10,测量次数为 3,执行数据皆为 0。

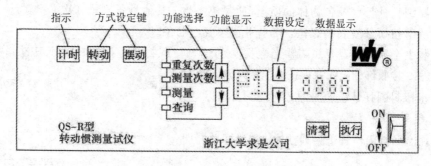

图 3-34 QS-R 型转动惯量测试仪面板图

QS-R 型转化惯量测试仪的测量步骤如下：

(1) 方式选择。

按"转动""摆动"键，可以选择摆动、转动两种方式(开机默认为摆动)。

(2) 置数。

按左边一排的箭头键，对"重复次数"(周期数)和"测量次数"进行选择。选"重复次数"(其左边的指示灯亮)时显示"n=10"，按右边"↑"键，周期数依次加 1，按"↓"键，周期数依次减小，周期数只能在 1～20 范围内任意设定。选"测量次数"时，显示"n＝3"，按"↑"键，测量次数依次加 1，按"↓"键，测量次数依次减 1。各参数一旦预置完毕，除再次置数外，其他操作均不改变预置的参数。

（3）执行。

将测量次数和重复次数选定后，按左边的"↓"键，选定"测量"，然后将刚体水平旋转约 90°后让其自由摆动，再按"执行"键，此时仪器的两表头分别显示" P1 ""0000"。当被测物体上的挡光杆第一次通过光电门时开始计时，同时状态指示的"计时"灯点亮。随着刚体的摆动，仪器开始连续计时，直到周期数(重复次数)等于设定值时，停止计时，"计时"指示灯随之熄灭，此时仪器显示第一次测量的总时间。重复上述步骤，可进行多次测量。本机设定重复测量的最多次数为 5 次，即 $P1$、$P2$、$P3$、$P4$、$P5$。执行键还具有修改功能，按执行键可重新测量数据。

（4）查询。

按"查询"键，可知每次测量的周期($C1 \sim C5$)以及多次测量的周期平均值 CA ，如没有数据，则每次的总时间数显示为"0000"，周期数不显示。

【实验内容与步骤】

实验内容包括：

（1）熟悉扭摆的构造、使用方法以及转动惯量测试仪的使用方法。

（2）测量扭摆的仪器常数(弹簧的扭转常数) K 。

（3）测量塑料圆柱、金属圆筒、木球与金属细长杆的转动惯量，并与理论值比较，求百分误差。

（4）改变滑块在金属细长杆上的位置，验证转动惯量平行轴定理。

实验操作步骤如下：

（1）测出塑料圆柱体的外径，金属圆筒的内径、外径，木球直径，滑块的内径、外径、高度，金属细长杆长度及各物体的质量(质量测一次，其他量各测量 3 次)。

（2）调整扭摆基座底脚螺丝，使水平仪中气泡居中。

（3）装上金属载物盘，并调整光电探头的位置使载物盘上挡光杆处于其缺口中央，且能遮住发射、接收红外光线的小孔，测量摆动周期 T_0 。

（4）将塑料圆柱体垂直放在载物盘上，测量摆动周期 T_1 。

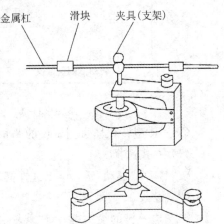

（5）用金属圆筒代替塑料圆柱体，测量摆动周期 T_2 。

（6）取下载物金属盘，装上木球，测量摆动周期 T_3 (在计算木球的转动惯量时，应扣除支架的转动惯量)。

（7）取下木球，装上金属细杆(金属细杆中心必须与转轴重合)，测量摆动周期 T_4 (在计算金属细杆的转动惯量时，应扣除支架的转动惯量)。

（8）将滑块对称推入细杆两边的凹槽内(见图 3-35)，滑块质心离转轴的距离分别为 5.00，

图 3-35　验证转动惯量平行轴定理示意图

10.00，15.00，20.00，25.00 cm 时，测量摆动周期 T，验证转动惯量平行轴定理（在计算转动惯量时，应扣除支架的转动惯量）。

【注意事项】

（1）由于弹簧的扭转常数 K 值不是固定常数，它与摆动角度略有关系，摆角在 $90°$ 左右基本相同，在小角度时变大。为了降低实验时由于摆动角度变化过大带来的系统误差，在测量各种物体的摆动周期时，摆角不宜过小，摆幅也不宜变化过大。

（2）光电探头宜放置在挡光杆的平衡位置处，挡光杆不能和它接触，以免增大摩擦力。

（3）在使用前，应先调节好实验仪，使其处于水平位置。

（4）在安装待测物体时，其支架必须全部套入扭摆主轴，并将制动螺丝旋紧，否则扭摆不能正常工作。

（5）在称量金属细长杆与木球的质量时，必须将支架取下，否则会带来极大误差。

【数据记录与处理】

数据记录见表 3 - 11、表 3 - 12。

表 3 - 11　测量物体转动惯量数据记录表

物体名称	质量 /kg	几何尺寸/m		周期/s	转动惯量理论值/ 10^{-2} kg・m^2	转动惯量实验值/ 10^{-2} kg・m^2	百分差
金属载物盘	—	—		T_0	—	$I_0 = \dfrac{I'_1 \overline{T_0^2}}{\overline{T_1}^2 - \overline{T_0^2}}$	—
				$\overline{T_0}$			
塑料圆柱		D_1		T_1	$I'_1 = \dfrac{1}{8} m \overline{D_1^2}$	$I_1 = \dfrac{K \overline{T_1}^2}{4\pi^2} - I_0$	
		$\overline{D_1}$		$\overline{T_1}$			
金属圆筒		$D_外$		T_2	$I'_2 = \dfrac{1}{8} m (\overline{D_外^2} + \overline{D_内^2})$	$I_2 = \dfrac{K \overline{T_2}^2}{4\pi^2} - I_0$	
		$\overline{D_外}$					
		$D_内$		$\overline{T_2}$			
		$\overline{D_内}$					

物体名称	质量 /kg	几何尺寸/m		周期/s	转动惯量理论值/ 10^{-2} kg·m²	转动惯量实验值/ 10^{-2} kg·m²	百分差
木球		$D_{直}$		T_3	$I'_3 = \dfrac{1}{10} m \overline{D}_{直}^2$	$I_3 = \dfrac{K\overline{T}_3^2}{4\pi^2} - I_{球支}$	
		$\overline{D}_{直}$		$\overline{T}_3$			
金属细杆		L		T_4	$I'_4 = \dfrac{1}{12} m \overline{L}^2$	$I_4 = \dfrac{K\overline{T}_4^2}{4\pi^2} - I_{杆支}$	
		$\overline{L}$		$\overline{T}_4$			

弹簧的扭转常数 K 为

$$K = 4\pi^2 \frac{I'_1}{\overline{T}_1^2 - \overline{T}_0^2}$$

表 3-12　验证平行轴定理实验数据及结果记录表

滑块	$m_1 = $　　g	$\overline{D}_{内1} = $　　mm	$\overline{D}_{外1} = $　　mm	$\overline{h}_1 = $　　mm	
	$m_2 = $　　g	$\overline{D}_{内2} = $　　mm	$\overline{D}_{外2} = $　　mm	$\overline{h}_2 = $　　mm	
	$\overline{m} = $　　g	$\overline{D}_{内} = $　　mm	$\overline{D}_{外} = $　　mm	$\overline{h} = $　　mm	
$X / 10^{-2}$ m	5.00	10.00	15.00	20.00	25.00
摆动周期 T /s					
$\overline{T}$ /s					
实验值 I / 10^{-2} kg·m²					
理论值 I' / 10^{-2} kg·m²					
百分差					

表 3-12 中，两滑块绕自身质心轴的转动惯量 I'_5 为

$$I'_5 = \frac{1}{8}\overline{m}(\overline{D}_{内}^2 + \overline{D}_{外}^2) + \frac{1}{6}\overline{m}\overline{h}^2$$

【思考题】

(1) 能否用摆动法测量螺旋桨绕中心轴转动时的转动惯量？如能测量，应当如何测量？

(2) 能否用摆动法测量一立方体绕其中一边旋转时的转动惯量？如能测量，应如何测量？

(3) 试分析本次实验中 I 的实验值与理论值不一致的原因及其修正方法。

实验 3.7　霍尔效应实验

【实验导引】

图 3-36 所示为霍尔推力器，图 3-37 所示为其内部结构图。2020 年 1 月，中国首款霍尔推力器成功完成点火试验，持续点火时间长达 8 小时，点火次数高达 30 次，实现了我国霍尔推力器从毫牛级向牛级的跨越。霍尔推力器是一种先进的电推力发动机，可为执行长时间任务的太空飞船和在轨卫星提供推力。其原理是霍尔效应，即依靠强磁场和电场，抛出离子流，在闭合的磁场中形成电势差，射出电子流，以此持续不断提供推力。安装霍尔推动器的飞船和卫星不需要使用固体和液体燃料，主要依靠氙气为动力产生推力，可以大大节省化学燃料。目前全球仅四个地区掌握霍尔推力器技术，分别是美国、俄罗斯、中国和欧洲，中国处于领先地位。

图 3-36　霍尔推力器

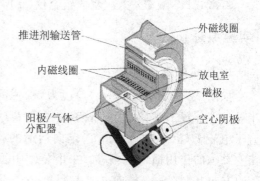

图 3-37　霍尔推力器内部结构图

霍尔在霍普金斯大学读研时，对麦克斯韦在《电磁学》书中写的"在导线中，电流的本身完全不受接近的磁铁或其他电流的影响"表示怀疑，他以此为课题，进行研究，反复实验，在 1879 年发现了霍尔效应，并在 1880 年发现了反常霍尔效应。随着半导体物理学的迅猛发展，利用霍尔效应可以制成各种霍尔器件，并广泛地应用于电量和非电量(如位移、速度等)测量、工业自动化技术、检测技术及信息处理等方面。应用霍尔效应测量霍尔系数和电导率已经成为研究半导体材料的主要方法之一。1980 年，德国科学家冯·克利青(Klaus von Klitzing)发现了整数量子霍尔效应，获得了 1985 年诺贝尔物理奖。1982 年，美籍华人物理学家崔琦(Daniel Chee Tsui)和施特默(Horst L. Stormer)等发现了分数量子霍尔效应，并由另一位美国物理学家劳弗林(Robert B. Laughlin)给出理论解释，他们三人荣获了

1998 年诺贝尔物理奖。量子反常霍尔效应被认为有可能是量子霍尔效应家族的最后一个重要成员，加之其在应用方面的重要性，因此，从理论研究和实验上实现量子反常霍尔效应，成为凝聚态物理学家追求的目标。在近年霍尔效应的研究成果中，中国科研团队也做出了突出贡献。2006 年，由中国科学家张首晟教授领导的理论组成功地预言了二维拓扑绝缘体中的量子自旋霍尔效应，并于 2007 年被实验证实。然而反常霍尔效应的量子化需要材料的性质同时满足三项非常苛刻的条件，在实际的材料中实现任何一点都具有相当大的难度，而要同时满足三点对实验物理学家来讲是一个巨大的挑战，美国、德国、日本等科学家由于无法在材料中同时满足这三点而未取得最后的成功。2013 年薛其坤院士领衔的团队在实验上首次发现量子反常霍尔效应，在实验上实现零磁场中的量子霍尔效应，有可能利用其无耗散的边缘态发展新一代的低能耗晶体管和电子学器件，从而解决电脑发热问题和摩尔定律的瓶颈问题，推动信息技术的进步。

【实验目的】

(1) 了解霍尔效应原理。

(2) 了解霍尔电压 U_H 与霍尔元件工作电流 I_S 之间的关系，U_H 与励磁电流 I_M 之间的关系。

(3) 学习用"对称交换测量法"消除副效应产生的系统误差。

(4) 学习利用霍尔效应测量磁感应强度 $\boldsymbol{B}$ 的原理和方法。

【实验仪器】

ZKY - HS 型霍尔效应实验组合仪、ZKY - LS 型螺线管磁场实验仪。

【实验原理】

1. 霍尔效应

如图 3 - 38 所示，将一块厚度为 d、通有电流 I_S 的半导体薄片置于磁场之中，磁感应强度 $\boldsymbol{B}$（沿 z 轴）垂直于电流 I_S（沿 x 轴）的方向。定向运动的载流子受到洛伦兹力的作用而发生偏移，在半导体中垂直于 $\boldsymbol{B}$ 和 I_S 的方向上出现一个横向电位差 U_H，这个现象称为霍尔效应，U_H 称为霍尔电压，且有

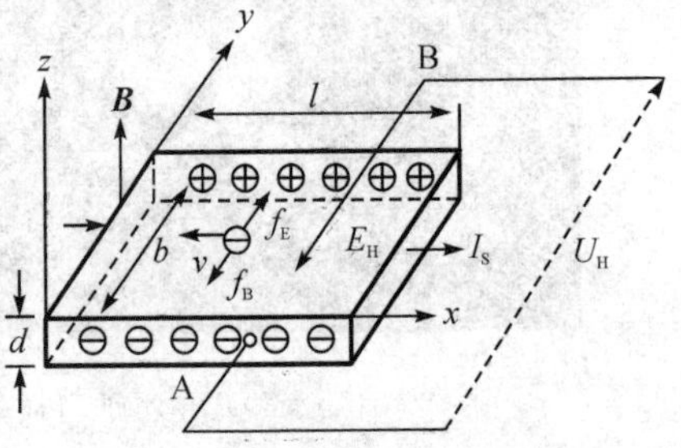

图 3 - 38　霍尔效应原理图

$$U_H = R_H \cdot \frac{I_S B}{d} = K_H I_S B \qquad (3 - 22)$$

式中，R_H 是霍尔系数、K_H 为霍尔元件的灵敏度。

产生霍尔电压的机理可以用洛伦兹力来解释：在图 3 - 38 中，磁感应强度 $\boldsymbol{B}$ 的方向沿 z 方向，薄片通入工作电流 I_S 的方向沿 x 方向，无论霍尔元件的多数载流子是正电荷还是负电荷，洛伦兹力 $f_B = q(\boldsymbol{v} \times \boldsymbol{B})$ 的方向均沿逆 y 方向，定向运动的载流子受到洛伦兹力的作用而发生偏移，在霍尔电极 A、B 两侧开始积聚异号电荷而产生霍尔电压 U_H，并形成相应的霍尔电场 $\boldsymbol{E}_H$。电场的方向取决于霍尔片材料的导电类型。

N 型半导体的多数载流子为电子；P 型半导体的多数载流子为空穴（带正电荷）。对 N

型半导体材料，霍尔电场沿逆 y 方向；对 P 型半导体材料，霍尔电场沿 y 方向。即当 $I_S(x)>0$、$B(z)>0$ 时有

$$\begin{cases} E_H(y)<0 \text{、} U_{H\,AB}<0 \text{（N 型）} \\ E_H(y)>0 \text{、} U_{H\,AB}>0 \text{（P 型）} \end{cases}$$

由于霍尔电场 $\boldsymbol{E}_H$ 的出现，定向运动的载流子除了受洛仑兹力作用外，还受到另一个方向相反的横向霍尔电场的作用力 f_E，而 $f_E = qE_H = qU_H/b$，此力阻止电荷继续积累。

当 $f_E = f_B$ 时，则 $qU_H/b = qvB$，载流子积累达到动态平衡，AB 间的霍尔电压为

$$U_H = vbB \tag{3-23}$$

假设霍尔片的长度为 l、宽度为 b、厚度为 d，因为输入霍尔片的工作电流 I_S 与载流子电荷 q、载流子浓度 n、平均迁移速度 v 及霍尔片的截面积 bd 之间的关系为 $I_S = nqvbd$，将 $v = I_S/(nqbd)$ 代入式(3-23)，则

$$U_H = \frac{I_S B}{nqd} = R_H \cdot \frac{I_S B}{d} = K_H I_S B \tag{3-24}$$

式中，$R_H = \dfrac{1}{nq}$ 称为霍尔系数，$K_H = \dfrac{1}{nqd} = \dfrac{R_H}{d}$ 称为霍尔元件的灵敏度。

若工作电流 I_S、霍尔元件灵敏度 K_H 已知，测出霍尔电压 U_H，则磁感应强度 $\boldsymbol{B}$ 的大小为

$$B = \frac{U_H}{K_H I_S} \tag{3-25}$$

这是霍尔效应测磁场的原理。

若已知载流子类型（N 型半导体多数载流子为电子，P 型半导体多数载流子为空穴），则由 U_H 的正负可测出磁场方向；反之，若已知磁场方向，则可判断载流子类型。

由于霍尔元件的灵敏度 K_H 与载流子浓度 n 成反比，而金属的载流子浓度远大于半导体的载流子浓度，n 越大，灵敏度越低，霍尔效应不明显，所以霍尔元件不用金属导体制成。目前常用的霍尔元件材料有 N 型锗(Ge)、硅(Si)、锑化铟(InSb)、砷化铟(InAs)等半导体材料。

由 R_H 可求载流子浓度 n。对于 $R_H = 1/(nq) = K_H d$ 式子是假定所有载流子都具有相同的漂移速度得到的。严格来说，考虑载流子的漂移速率服从统计分布规律，需引入 $3\pi/8$ 的修正因子。因影响不大，本实验中忽略此因素。

材料的厚度与霍尔电压成反比，元件越薄，灵敏度越大，霍尔效应越明显。因此薄膜霍尔器件的输出电压比片状霍尔器件的高得多。若薄膜霍尔元件厚度约为 $1\ \mu m$，其灵敏度更高。

2. 霍尔元件的副效应及其消除方法

测量霍尔电压时伴随产生四个副效应，会影响到测量的精确度。

（1）不等位效应：由于制造工艺技术的限制，霍尔元件的 A、B 电极不可能恰好接在同一等位面上，因此，当电流 I_S 流过霍尔元件时，即使不加磁场，两电极间也会产生一电位差，称不等位电位差 U_0。U_0 的正负只与工作电流 I_S 的方向有关，而与 $\boldsymbol{B}$ 的方向无关。严格地说，U_0 的大小在磁场不同时也略有不同。

（2）埃廷豪森效应(Etinghausen Effect)：由于霍尔元件内部的载流子速度服从统计分布，有快有慢，它们在磁场中受的洛仑兹力不同，则轨道偏转也不相同。动能大的载流子趋

向霍尔元件的一极，而动能小的载流子趋向另一极，随着载流子的动能转化为热能，使两电极的温度不同，电两极间形成一个横向温度梯度，产生温差电压 U_E。U_E 的正负与 I_S、$\boldsymbol{B}$ 的方向有关。

（3）能斯特效应（Nernst Effect）：由于两个电流电极与霍尔元件的接触电阻不等，当有电流通过时，在两电流电极上有温度差存在，出现热扩散电流，在磁场的作用下，建立一个横向电场 $\boldsymbol{E}_N$，因而产生附加电压 U_N。U_N 的正负仅取决于 $\boldsymbol{B}$ 的方向。

（4）里纪-勒杜克效应（Righi-Leduc Effect）：由于热扩散电流的载流子的迁移率不同，类似于埃廷豪森效应中载流子速度不同一样，在两电极间也将形成一个横向的温度梯度而产生相应的温度电压 U_{RL}，U_{RL} 的正、负只与 $\boldsymbol{B}$ 的方向有关，而与工作电流 I_S 的方向无关。

上述这些附加电压与工作电流 I_S 和磁感应强度 $\boldsymbol{B}$ 的方向有关，测量时改变 I_S 和 $\boldsymbol{B}$ 的方向基本上可以消除这些附加电压的影响。具体方法如下：

当 $+B$，$+I_S$ 时测量，有

$$U_1 = U_H + U_0 + U_E + U_N + U_{RL} \tag{3-26a}$$

当 $+B$，$-I_S$ 时测量，有

$$U_2 = -U_H - U_0 - U_E + U_N + U_{RL} \tag{3-26b}$$

当 $-B$，$-I_S$ 时测量，有

$$U_3 = U_H - U_0 + U_E - U_N - U_{RL} \tag{3-26c}$$

当 $-B$，$+I_S$ 时测量，有

$$U_4 = -U_H + U_0 - U_E - U_N - U_{RL} \tag{3-26d}$$

做 $U_1 - U_2 + U_3 - U_4$ 运算，并取平均值，有 $U_H + U_E = (U_1 - U_2 + U_3 - U_4)/4$。

这样采用"B、I_S 换向对称测量法"处理后，除埃廷豪森效应外，其他几个主要的附加电压全部被消除。一般 $U_E \ll U_H$，故可以将 U_E 忽略不计，于是

$$U_H = \frac{1}{4}(U_1 - U_2 + U_3 - U_4) \tag{3-27}$$

由于霍尔效应的建立所需时间很短（约 $10^{12} \sim 10^{14}$ s），因此霍尔元件均可使用直流电或交流电为工作电源。只是使用交流电时，所得的霍尔电压也是交变的，此时，式（3-22）中的 I_S 和 U_H 应理解为有效值。由于温度差的建立需要较长时间（约几秒钟），采用交流电，可以减小测量误差。

【实验仪器简介】

实验中使用 ZKY-HS 型霍尔效应实验组合仪和 ZKY-LS 型螺线管磁场测量组合仪。组合实验仪将实验所需的霍尔元件、其他装置和测量仪表组合在一起，形成一体化结构。测试仪的右面部分有励磁电流源 I_M，其数值由电位器调节，可实现 $0 \sim 1$ A 连续可调，I_M 的值（总是正值）由右面的数字表显示；其负载由内、外开关来选择，在"内"部位时，I_M 直接流过仪器内部的负载电阻；在"外"部位时，I_M 经接线柱（此时两个接线柱间应连接导线），再经倒向开关流过励磁线圈。

实验中，为了防止线圈长时间通电产生温升而引起误差，建议只在读取霍尔电压时才短时间通电。实验中需要改变 $\boldsymbol{B}$ 的方向，可利用倒向开关来实现，在"正向"位置时，I_M 为

正值，B 也是正值；在"反向"位置时，I_M 变为负值（注意，此时数字表仍显示正值），B 也为负值。

　　测试仪的左面部分有供霍尔元件的工作电流源 I_S，其数值也由电位器调节，可实现 $0\sim10$ mA 连续可调，I_S 值（总是正值）由左面的数字表显示。其负载同样可由内、外开关来选择。为了避免霍尔片长时间通电产生温升而引起误差，建议只在读取霍尔电压时，才将开关扳到"外"的位置，短时间通以工作电流。

　　测试仪中间的数字表显示霍尔电压 U_H，其值可正可负，由 I_S 和 B 的"正向""反向"4 种不同组合而定。

霍尔效应实验操作

【实验内容与步骤】

　　(1) 用 ZKY - HS 型霍尔效应实验组合仪进行实验。

　　① 设定 $I_M=400$ mA，测出 I_S 分别取 2.00，4.00，6.00，8.00 mA 时的 U_H，画出 U_H-I_S曲线。曲线数据表见表 3 - 13。

表 3 - 13　U_H-I_S 曲线数据表

| I_S/ mA | U_1/mv | U_2/mv | U_3/mv | U_4/mv | U_H/mv |
	$+I_S$，$+B$	$-I_S$，$+B$	$-I_S$，$-B$	$+I_S$，$-B$	
2.00					
4.00					
6.00					
8.00					

　　② 设定 $I_S=4.00$ mA，$K_H=$　　　，测出 B-I_M 曲线，曲线数据表见表 3 - 14。

表 3 - 14　B-I_M 曲线数据表

| I_M/mA | U_1/mv | U_2/mv | U_3/mv | U_4/mv | U_H/mv | B/T |
	$+I_S$，$+B$	$-I_S$，$+B$	$-I_S$，$-B$	$+I_S$，$-B$		
200						
400						
600						
800						

　　(2) 用 ZKY - LS 型螺线管磁场实验仪进行实验。

　　① 将霍尔片置于螺线管轴向的中点（B 为最强），保持 $I_M=400$ mA 不变，测出 I_S 分别取 2.00，3.00，4.00，5.00 mA 时的 U_H，画出 U_H-I_S 曲线。

　　螺线管长度 276 mm，每个骨架挡板厚度 12 mm，两个骨架挡板总厚度厚度 24 mm，故中心位置 $x=150$ mm。曲线数据表见表 3 - 15。

表 3－15　U_H－I_S 曲线数据记录表

I_S/mA	U_1/mv +I_S,+B	U_2/mv −I_S,+B	U_3/mv −I_S,−B	U_4/mv +I_S,−B	U_H/mv
2.00					
3.00					
4.00					
5.00					

②将霍尔片置于螺线管轴向的中点,保持 $I_S=4.00$ mA 不变,I_M 分别取 200,400,600,800 mA 时的 U_H,画出 U_H－I_M 曲线。曲线数据表见表 3－16。

表 3－16　U_H－I_M 曲线数据记录表

I_M/mA	U_1/mv +I_S,+B	U_2/mv −I_S,+B	U_3/mv −I_S,−B	U_4/mv +I_S,−B	U_H/mv
200					
400					
600					
800					

③保持 $I_S=4.00$ mA,$I_M=400$ mA,将霍尔元件从螺线管的一端沿轴向逐点移到另一端,测出各点的 U_H(管内取点的间距为 20 mm,管口附近取点的间距为 5 mm),并计算对应的 B,画出 B－x 曲线。曲线数据表见表 3－17。

表 3－17　B－X 曲线数据记录表

x/mm	U_1/mv +I_S,+B	U_2/mv −I_S,+B	U_3/mv −I_S,−B	U_4/mv +I_S,−B	U_H/mv	B/T
−10.0						
−5.0						
0.0						
5.0						
10.0						
20.0						
30.0						
40.0						
60.0						
80.0						
100.0						

续表

x/mm	U_1/mv	U_2/mv	U_3/mv	U_4/mv	U_H/mv	B/T
	$+I_S$, $+B$	$-I_S$, $+B$	$-I_S$, $-B$	$+I_S$, $-B$		
120.0						
140.0						
160.0						
180.0						
200.0						
220.0						
240.0						
260.0						
270.0						
290.0						
295.0						
300.0						
305.0						
310.0						

【注意事项】

（1）霍尔元件质脆，引线细，调节二维样品架观察霍尔元件时要小心谨慎。

（2）实验仪与测试仪之间 I_M、I_S、U_H 的连接绝对不能接错，否则会烧毁霍尔元件。

（3）霍尔元件的工作电流 I_S 绝对不能超过额定电流 10 mA，否则会烧毁霍尔元件。

（4）测量 I_M、I_S 不同方向的四组 U_1、U_2、U_3、U_4 时，要想好应扳动哪个开关再操作，否则会乱扳乱记。

（5）电表若只显示最左侧的数码管"1"，则被测量超出电表量程，应更换大量程。

（6）电磁铁通电时间不应过长，以防电磁铁线圈过热影响测量结果。

【思考题】

（1）为何不宜用金属制作霍尔元件？

（2）若磁场的法线不是恰好与霍尔元件的法线一致，对测量结果会有何影响？如何判断磁感应强度 B 的方向与霍尔元件的法线方向一致？

（3）能否用霍尔元件测量交变磁场？若可以，将直流励磁电源换成低压交流电源，为了测量电磁铁缝隙间的交流磁场，实验装置和线路应做哪些改进？

实验 3.8 碰撞打靶实验

【实验导引】

碰撞打靶实验

    2020 年 7 月 23 日，我国在海南岛东北海岸中国文昌航天发射场，用长征五号遥四运载火箭成功发射了"天问一号"探测器，如图 3-39 所示，开始了首次火星探测任务，迈出了我国行星探测的第一步。"天问一号"探测器在地火转移轨道飞行约 7 个月后，也就是 2020 年农历除夕前后，它将进行近火制动——俗称"刹车"，开启环绕火星之旅。"天问一号"探测器要一次性实现"环绕、着陆、巡视"三大任务，这在世界航天史上还没有过先例，面临的挑战也是前所未有的。之前有很多国家实施过火星探测任务，成功率只有一半左右。

    2021 年 2 月 5 日"天问一号"探测器传回了首幅火星图像，开启了环绕火星之旅。2021 年 5 月 15 日，"天问一号"着陆巡视器成功着陆于火星乌托邦平原南部预选着陆区。5 月 22 日，"祝融号"火星车开始执行我国首次火星任务中最后一个阶段的任务——巡视探测。"天问一号"探测器的成功着陆使我国成为世界上仅有的几个登入火星的国家！

    2021 年 2 月 4 日深夜，我国公布了一项重大成果：我国在境内成功进行了一次陆基中段反导拦截技术试验！这一试验是防御性的，不针对任何国家。但是该试验成功的意义是不言而喻的，这表示着我国的陆基中段反导技术已具有实际拦截能力和战斗力，我国的国防能力有了很大的提升，国境空域安全又进一步得到保障！陆基中段反导拦截技术难度非常大，因为不仅要识别跟踪导弹还要判断其轨迹和速度，才能知己知彼，高效摧毁（见图 3-40）。中段时导弹已飞出大气层，所以在中段的速度非常快，拦截导弹通过快速调整横向与径向姿态，通过动能撞击对对方目标进行彻底摧毁。目前只有中美两国掌握这项技术！

    火箭的发射，火星探测器的下降、着陆等过程，导弹的飞行、拦截过程都离不开力学规律，如抛体运动、动量守恒、能量守恒等这些基础规律。

图 3-39 "天问一号"及运载火箭

图 3-40 陆基中段反导拦截系统示意图

    本实验首先在理想条件下，利用动量守恒、能量守恒等规律，求出被撞击球打到靶心

时撞击球的高度 h_0，然后再考虑实际条件中的能量损失，利用提高高度弥补能量损失的方法，使被撞击球最终击中靶心。

【实验目的】

（1）本实验研究两个球体的碰撞及碰撞前后的单摆运动和平抛运动。

（2）能应用已学到的力学定律去解决打靶的实际问题。

（3）从理论分析与实践结果的差别上，研究实验过程中能量损失的来源，还可自行设计实验来分析各种损失的相对大小，从而更深入地理解力学原理，并提高分析问题、解决问题的能力。

【实验仪器】

碰撞打靶实验仪，电子天平（公用），游标尺。

【实验原理】

碰撞打靶示意图如图 3-41 所示。

用挂在两杆上的两细绳绑着钢质"撞击球"，该"撞击球"被吸在升降架的磁铁下。"被撞击球"放在升降台上。升降台和升降架可自由调节高度。可在滑槽内横向移动的移动尺和固定的横尺用以测量撞击球的高度 h、被撞击球的高度 y 和靶心与被撞击球之间的横向距离 x。（假设两小球的直径相同）

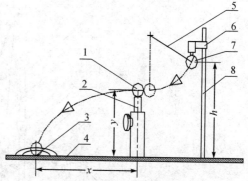

1—被撞击球；2—升降台；3—靶心；4—底盘；
5—线绳；6—升降架；7—撞击球；8—移动尺

图 3-41　碰撞打靶实验仪

（1）假设撞击球的质量为 M，被撞击球的质量为 m，撞击球下摆至最低点过程，机械能守恒，即

$$Mg(h_0 - y) = \frac{1}{2}Mv^2 \qquad (3-28)$$

（2）撞击球与被撞击球发生完全弹性碰撞，动量守恒，机械能守恒，即

$$Mv = Mv' + mv_1 \qquad (3-29)$$

$$\frac{1}{2}Mv^2 = \frac{1}{2}Mv'^2 + \frac{1}{2}mv_1^2 \qquad (3-30)$$

由式（3-29）、式（3-30）解得

$$v_1 = \frac{2Mv}{M+m} \qquad (3-31)$$

（3）被撞击球以初始速率 v_1 做平抛运动，则

$$x = v_1 t \qquad (3-32)$$

$$y - \frac{d}{2} = \frac{1}{2}gt^2 \qquad (3-33)$$

由式(3-28)、式(3-31)、式(3-32)、式(3-33)解得

$$h_0 = \frac{(M+m)^2}{16M^2} \cdot \frac{x^2}{\left(y-\dfrac{d}{2}\right)} + y \tag{3-34}$$

(4) 被撞击球实际击中靶纸的位置 $x' < x$，则能量损失为 ΔE。

(5) 被撞击球击中靶心，撞击球高度应调至高度 h，得

$$Mgh - Mgh_0 = \Delta E = \frac{g(M+m)^2}{16M} \cdot \frac{(x^2 - x'^2)}{\left(y-\dfrac{d}{2}\right)} \tag{3-35}$$

$$\Delta h = \frac{(M+m)^2}{16M^2} \cdot \frac{(x^2 - x'^2)}{\left(y-\dfrac{d}{2}\right)} \tag{3-36}$$

当 $M = m$ 时，$\Delta h = \dfrac{x^2 - x'^2}{4\left(y-\dfrac{d}{2}\right)}$，$h = h_0 + \Delta h = h_0 + \dfrac{x^2 - x'^2}{4\left(y-\dfrac{d}{2}\right)}$。

【实验仪器简介】

碰撞打靶实验仪结构示意图如图 3-42 所示。

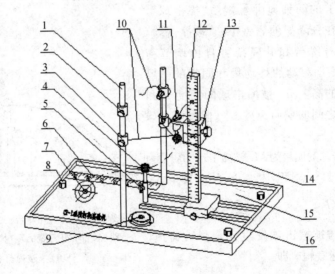

1—系绳立柱，共 2 根；2—绳栓部件，调节绳索有效工作长度；3—绳栓部件，定位绳索系点高度；4—被撞击球体，铁球、铝球、两种同体积不同材质的球体；5—升降台，放置并调节被撞击球体的高度；6—水平直尺，用于测量被撞击球做平抛运动到工作台面的水平（X 方向）距离；7—放置靶心点，实验者可用纸等画图作靶心，以检验碰撞结果；8—底脚旋钮，调节仪器水平，共 3 个；9—气泡水准仪，检验工作台面水平；10—绳，2 根系绳使碰撞钢球在一定垂直平面内作圆周运动；11—磁铁把手，向上拉释放系绳钢球，向下时，钢球可吸于下方铜柱端；12—垂直标尺，测量系绳钢球高度位置；13—升降架，调节系绳钢球高度；14—系绳钢球，钢球上两绳索各系于立柱的绳栓部件；15—仪器底座；16—移动尺，调节系绳的张力，安装升降架。

图 3-42　碰撞打靶实验仪结构示意图

【实验内容与步骤】

观察磁铁断开时，单摆小球只受重力及空气阻力时的运动情况，观察两小球碰撞前后的运动状态。测量两小球碰撞前后的能量损失。

(1) 按照靶的位置，计算若无能量损失时撞击球的高度理想值 h_0（在理想情况下，断开磁铁时，撞击球在球心高度为 h_0 处下落与被撞击球正碰，使被撞击球击中靶心）。

(2) 以 h_0 值进行若干次打靶实验，确定实际击中的位置（可在靶纸上放一张复写纸，被撞击球落下处会留下痕迹）。根据此位置，计算 h 值应移动多少才可真正击中靶心？

(3) 再进行若干次打靶实验，确定实际击中靶心时的 h 值。据此计算碰撞过程前后机械能的总损失为多少？分析能量损失的各种来源。

实验步骤如下：

(1) 用游标尺测量实验用球的直径，每种测量 5 次，并记录数据。

(2) 用电子天平称量上述用球的质量并记录数据。

(3) 调节升降台的高度，使被撞击球球心的高度为 13 cm 左右。观察气泡水准仪并调仪器使之水平，此时升降台上面被撞击球可以放置稳定，若难以放置稳定可微调水平。

(4) 放置并固定好实验靶纸，读出靶心的水平坐标 x_0，并把 x_0 的值记录在表 3 - 19 中。

(5) 计算被撞击球击中靶心时撞击球的高度理想值 h_0。

(6) 调节上边绳栓部件，使两根系绳的有效长度相等，系绳点在两立柱上的高度相同。并且通过绳栓部件来调节撞击球的高低和左右，使之能在摆动的最低点和被撞击球进行正碰。

(7) 把撞击球吸在磁铁下，调节升降架使撞击球球心的高度为 h_0，调节移动尺使细绳拉直。

(8) 向上提拉磁铁把手让撞击球撞击被撞击球，记下被撞击球击中靶纸的位置 x'，最少撞击 3 次后求平均值，据此计算碰撞前后总的能量损失 ΔE_1。计算要使被撞球击中靶心，撞击球应调整的高度 Δh_1。

(9) 对撞击球的高度做调整后，以 $h_1 = h_0 + \Delta h_1$ 高度再重复若干次实验，记录击中靶纸的位置并求其平均值，计算此过程能量损失和撞击球需要调整的高度。重复第(8)、(9)步骤直至被撞击球击中靶心。

(10) 观察两小球在碰撞前后的运动状态，分析碰撞前后各种能量损失的原因，求出碰撞前后损失的总能量。

【注意事项】

(1) 实验前调节仪器使之水平。

(2) 实验前要调好撞击球的高低和左右，使之在摆动的最低点和被撞击球进行正碰。

(3) 磁铁吸住撞击球时，细绳应处于拉直状态，不得有明显松弛现象。

(4) 必须保证撞击球与衔铁口紧密接触。确保撞击球的定位，重复测量时，尽可能做到摆球和衔铁接触位置相同。

(5) 实验中注意固定好靶纸。

（6）两球碰撞时注意不要打到自己或同学。

【数据记录与处理】

（1）钢球碰撞铁球。

测量记录表及数据处理结果表见表 3-18~表 3-20。

表 3-18　撞击球和被撞击球的直径与质量测量记录表

测量次数		1	2	3	4	5	平均值
撞击球	直径 d_1/cm						
	质量 M/g						
被撞击球	直径 d_2/cm						
	质量 m/g						

表 3-19　被撞击球高度 y_0、抛出的水平距离预设值 x_0 和撞击球高度的计算值 h_0

y_0/cm	x_0/cm	h_0　（计算值）/cm

表 3-20　打靶记录及数据处理结果表

（如此不断修正，直至击中十环。一般情况下，h_2 或 h_3 时即可击中。）

h_0/cm	No.	中靶环数	击中位置 x'/cm	平均值 $\overline{x'}$/cm	ΔE_1/J	Δh_1/cm
	1					
	2					
	3					
$h_1 = h_0 + \Delta h_1$/cm	No.	中靶环数	击中位置 x'/cm	平均值 $\overline{x'}$/cm	ΔE_2/J	Δh_2/cm
	1					
	2					
	3					
$h_2 = h_1 + \Delta h_2$/cm	No.	中靶环数	击中位置 x'/cm	平均值 $\overline{x'}$/cm	ΔE_3/J	Δh_3/cm
	1					
	2					
	3					

$h_3 = h_2 + \Delta h_3$ /cm	No.	中靶环数	击中位置 x'/cm	平均值 $\overline{x'}$/cm	ΔE_4/J	Δh_4/cm
	1					
	2					
	3					
总的能量损失 ΔE/J						

（2）钢球碰撞铝球或铜球。（选做）

测量记录表及数据处理结果表见表 3 - 21～表 3 - 23。

表 3 - 21　撞击球和被撞击球的直径与质量测量记录表

测量次数		1	2	3	4	5	平均值
撞击球	直径 d_1/cm						
	质量 M/g						
被撞击球	直径 d_2/cm						
	质量 m/g						

表 3 - 22　被撞击球高度 y_0、抛出的水平距离预设值 x_0 和撞击球高度的计算值 h_0

y_0/cm	x_0/cm	h_0　（计算值）/cm

表 3 - 23　打靶记录及数据处理结果表

（如此不断修正，直至击中十环。一般情况下，h_2 或 h_3 时即可击中。）

h_0/cm	No.	中靶环数	击中位置 x'/cm	平均值 $\overline{x'}$/cm	ΔE_1/J	Δh_1/cm
	1					
	2					
	3					
$h_1 = h_0 + \Delta h_1$ /cm	No.	中靶环数	击中位置 x'/cm	平均值 $\overline{x'}$/cm	ΔE_2/J	Δh_2/cm
	1					
	2					
	3					

$h_2=h_1+\Delta h_2$/cm	No.	中靶环数	击中位置 x'/cm	平均值 $\overline{x'}$/cm	ΔE_3/J	Δh_3/cm
	1					
	2					
	3					
$h_3=h_2+\Delta h_3$/cm	No.	中靶环数	击中位置 x'/cm	平均值 $\overline{x'}$/cm	ΔE_4/J	Δh_4/cm
	1					
	2					
	3					
总的能量损失 ΔE/J						

【思考题】

(1) 找出本实验中，产生 Δh 的各种原因（除计算错误和操作不当原因外）。

(2) 在质量相同的两球碰撞后，撞击球的运动状态与理论分析是否一致？这种现象说明了什么？

(3) 如果不放被撞击球，撞击球在摆动回来时能否达到原来的高度？这说明了什么？

(4) 此实验中，绳的张力对小球是否做功？为什么？

(5) 定量导出本实验中碰撞时传递的能量 e 和总能量 E 的比 $\varepsilon=e/E$ 与两球质量比 $\mu=m_1/m_2$ 的关系。

(6) 本实验中，球体不用金属，用石蜡或软木可以吗？为什么？

(7) 举例说明现实生活中哪些是弹性碰撞？哪些是非弹性碰撞？它们对人类的益处和害处如何？

实验 3.9　铁磁材料的磁化曲线与磁滞回线实验

【实验导引】

图 3-43 所示为由中国自主研发设计、自主制造的世界首台高温超导高速磁浮工程化样车，在全球范围内首次实现了大载重、高温超导高速磁浮技术工程化，标志着高温超导高速磁浮工程化研究实现了从无到有的突破。该样车设计时速 620 千米，有望创造在大气环境下陆地交通的速度新纪录。未来它可结合低真空管（隧）道技术，将为轨道交通带来前瞻性、颠覆性变革。高温超导磁悬浮中的超导指的是一种超导材料，它具有零电阻效应，即电流流经导体时不发生热损耗，可以毫无阻力地在导线中形成强大电流，从而产生超强磁场。超导磁悬浮就是利用超导体的抗磁性实现磁悬浮的。

中国是对磁现象认识最早的国家之一，公元前 4 世纪左右成书的《管子》中就有"上有

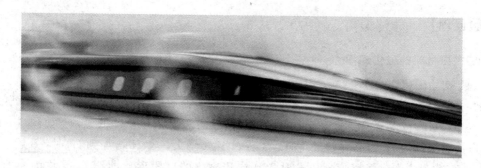

图 3 - 43　高温超导高速磁浮工程化样车

慈石者，其下有铜金"的记载；在《吕氏春秋》中也有"慈石召铁，或引之也"。四大发明中的指南针，古代叫司南，主要组成部分是一根磁针。在天然地磁场的作用下，磁针的南极指向地理南极(磁场北极)，利用这一性能可以辨别方向，它常被用于航海、大地测量、旅行及军事等方面。它的发明对人类的科学技术和文明的发展，起了无可估量的作用。

铁磁材料(铁、钴、镍、钢及氧化物)广泛应用于航天、通信、仪表等领域，是制作永久磁铁、变压器铁芯、计算机磁盘等的原材料，因此测量铁磁材料的特性在理论和实际应用中都具有重要意义。

铁磁材料分为硬磁和软磁两大类。硬磁材料的剩磁和矫顽力大($10^2 \sim 2 \times 10^4$ A/m)，可做永久磁铁。软磁材料的剩磁和矫顽力小(10^2 A/m 以下)，容易磁化和去磁，广泛用于电机和仪表制造业。高磁导率和磁滞是铁磁材料的两大特性，铁磁材料的磁化曲线和磁滞回线是变压器等设备设计的重要依据。

磁滞回线的测量可分静态法和动态法。静态法是用直流电流来磁化材料，得到的 B-H 曲线称为静态磁滞回线。动态法是用交流电流来磁化材料，得到的 B-H 曲线称为动态磁滞回线。静态磁滞回线只与磁化场的大小有关，磁样品只有磁滞损耗；而动态磁滞回线不仅与磁化场强度的大小有关，还与磁化场的频率有关，磁样品不仅有磁滞损耗，还有涡流损耗。因此，同一磁材料在相同大小的磁化场下，动态磁滞回线的面积比静态磁滞回线大，另外，涡流损耗与交变磁场的频率有关，所以测量的电源频率不同，得到的 B-H 曲线不同。

本实验采用动态法测量磁滞回线和磁化曲线，测量曲线可在示波器上清晰、稳定地显示，曲线直观，操作简便，物理过程清晰。

【实验目的】

(1) 掌握磁滞回线和磁化曲线的概念，加深对磁材料的矫顽力、剩磁和磁导率等参数的理解。

(2) 了解用示波器测动态磁滞回线的原理。

(3) 掌握磁材料磁化曲线和磁滞回线的测量方法，确定 B_s、B_r 和 H_c 等参数。

(4) 改换不同的磁性材料，比较磁滞回线形状的变化。

【实验仪器】

DH4516N 型动态磁滞回线测试仪、数字示波器。

【实验原理】

1. 铁磁材料的磁化规律

（1）初始磁化曲线。

在磁场强度为 H 的磁场中放入铁磁物质，则铁磁物质被磁化，其磁感应强度 B 与 H 的关系为 $B = \mu H$，μ 为磁导率。对于铁磁物质，μ 不是常数，而是 H 的函数。如图 3-44 所示，当铁磁材料从 $H=0$ 开始磁化时，B 随 H 逐步增大，当 H 增加到 H_s 时，B 趋于饱和值 B_s，H_s 称为饱和磁场强度。从未磁化到饱和磁化的这段磁化曲线 OS，称为初始磁化曲线。

（2）磁滞回线。

如图 3-44 所示，当磁材料达到饱和磁化值 B_s 后，如果将 H 减小，B 也减小，但沿与 OS 不同的路径（ab）返回。当 $H=0$ 时，$B = B_r$，到达 b 点，B_r 称为剩磁。欲使 $B=0$，必须加反向磁场，当 $H = H_c$ 时，$B=0$（完全退磁），到达 c 点，bc 段曲线称为退磁曲线，H_c 称为矫顽力。如果反向磁场继续增大，磁材料将反向磁化。当 $H = -H_s$ 时，磁化达到反向饱和值，$B = -B_s$，到达 d 点。此后若减小反向磁场使 $H=0$，则 $B = -B_r$，到达 e 点；当 $H = H_c$ 时，$B=0$，到达 f 点；再次当 $H = H_s$ 时，$B = B_s$，回到正向饱和状态 a 点。经历这样一个循环后形成的闭合曲线 $abcdefa$ 称为磁滞回线。

H_s、B_s、B_r、H_c 是磁滞回线的特征参数。剩磁 B_r 反映磁材料记忆能力的大小，矫顽力 H_c 反映铁磁材料是硬磁还是软磁。磁材料的磁化特性不仅与材料自身的性质有关，还与材料形状、磁化场频率及波形有关。

由于磁材料磁化过程的不可逆性及具有剩磁的特点，因此在实验过程中磁化电流只允许单调地增加或减少，不能时增时减。当从初始状态 $O(H=0$、$B=0)$ 开始周期性地改变 H 的大小和方向时，可以得到面积由大到小的磁滞回线簇，如图 3-45 所示。图 3-45 的原点 O 和各磁滞回线的顶点 a_1，a_2，a_3，…，a 所连成的曲线，就是初始磁化曲线。

在测量初始磁化曲线时，必须先将磁材料充分退磁，以保证每次都是从磁中性状态（$H=0$，$B=0$）开始。退磁方法：先用大磁化电流让铁磁材料饱和磁化，然后缓慢减小交变电流，利用逐渐衰减的交变电流对磁材料反复磁化，最后将电流调为零，重复 2～3 次即可完全退磁。退磁回线是一串面积逐渐缩小而最终趋于原点 O 的环状曲线，如图 3-46 所示。

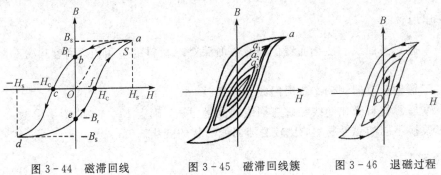

图 3-44　磁滞回线　　　　图 3-45　磁滞回线簇　　　图 3-46　退磁过程

为了得到稳定闭合的磁滞回线,磁材料的每个磁化状态都要反复磁化,这种反复磁化的过程称为磁锻炼。由于动态法测量磁化曲线采用交变电流,每个状态都经过了充分的磁锻炼,所以可随时测得稳定闭合的磁滞回线。

2. 测量原理

如图 3-47 所示,待测样品为磁环,磁环的励磁线圈匝数为 N_1,测量磁环磁感应强度 $\boldsymbol{B}$ 的测量线圈匝数为 N_2。R_1 为励磁电流的取样电阻,R_2 为积分电阻,C 为积分电容。在线圈 N_1 中通入磁化电流 I_1,根据安培环路定律,磁环中产生的磁场 H 为

$$H = \frac{N_1 I_1}{L} \tag{3-37}$$

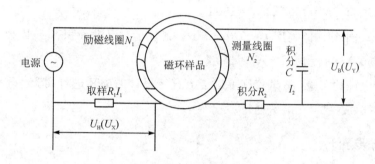

图 3-47　测量原理

式中,L 为磁环样品的平均磁路长度。取样电阻 R_1 的输出电压为

$$U_H = I_1 R_1 \tag{3-38}$$

由式(3-37)和式(3-38)得

$$H = \frac{N_1}{LR_1} U_H \tag{3-39}$$

在式(3-39)中,N_1、L、R_1 为已知常数,只要测出 U_H,就能得到磁场强度 H 的大小。

设磁场 H 在磁环样品中产生的磁感应强度为 $\boldsymbol{B}$,由电磁感应原理可知,有效横截面积为 S_2 的测量线圈的磁通量 $\boldsymbol{\Phi} = \boldsymbol{B} N_2 S_2$,测量线圈产生的感生电势为

$$E_2 = -\frac{d\boldsymbol{\Phi}}{dt} = -N_2 S_2 \frac{d\boldsymbol{B}}{dt} \tag{3-40}$$

为了测量 B,用 $R_2 C$ 电路对感生电势 E_2 进行积分,选择 R_2 和 C 的数值使 $R_2 \gg 1/\omega C$,ω 为励磁电流的频率,则 $E_2 \approx I_2 R_2$,积分电容 C 的输出电压 U_B 为

$$U_B = U_C = \frac{Q}{C} = \frac{1}{C}\int I_2 dt = \frac{1}{CR_2}\int E_2 dt = -\frac{N_2 S_2}{CR_2}\int dB = -\frac{N_2 S_2}{CR_2} B \tag{3-41}$$

由式(3-41)得

$$B = \frac{CR_2}{S_2 N_2} U_B \tag{3-42}$$

式(3-42)中,N_2、C、S、R_2 为已知常数,只要测出 U_B,就能得到磁场感应强度 $\boldsymbol{B}$ 的大小。

【实验仪器简介】

DH4516N 型动态磁滞回线测试仪由测试样品、功率信号源、可调标准电阻、标准电容和接口电路等组成。测试样品有两种，一种是圆形罗兰环，材料是锰锌功率铁氧体，磁滞损耗较小；另一种是 EI 硅钢片，磁滞损耗较大些。信号源的频率在 20～200 Hz 间可调；可调标准电阻 R_1 的调节范围为 0.1～11 Ω；R_2 的调节范围为 1～110 kΩ；标准电容有 0.1～11 μF 可选。

实验样品的参数如下：

（1）样品 1：平均磁路长度 $L = 0.130$ m；铁芯实验样品截面积 $S = 1.24 \times 10^{-4}$ m^2；线圈匝数 $N_1 = 150T$、$N_2 = 150T$、$N_3 = 150T$。

（2）样品 2，平均磁路长度 $L = 0.075$ m；铁芯实验样品截面积 $S = 1.20 \times 10^{-4}$ m^2；线圈匝数 $N_1 = 150T$、$N_2 = 150T$、$N_3 = 150T$。

如果进行设计性实验，测试仪则可以接上自行设计的磁环进行实验。分别接口电路包括 U_X、U_Y，接示波器的 X 和 Y 通道。

【实验内容与步骤】

1. 调节

（1）按图 3-47 所示的原理线路接线。

（2）将动态磁滞回线实验仪的"Ux""Uy"分别与示波器的 CH1、CH2 相连。接通示波器和动态磁滞回线实验仪的电源。

（3）调节动态磁滞回线实验仪频率粗调、微调旋钮，将频率调为 150.00 Hz。

铁磁材料的磁化
曲线与磁滞回线

（4）按示波器的"Acquire 键"，按示波器显示屏底部菜单"XY"正下方的按钮，按示波器显示屏右侧菜单"被触发的 XY"正右侧的按钮，将示波器置为 XY 模式。

（5）转动示波器 CH1 和 CH2 正上方的位移旋钮"POSITION"，将磁滞回线调到示波器屏幕的中间。缓慢顺时针调节磁滞回线实验仪的幅度调节旋钮，即单调增加磁化电流，使示波器显示的磁滞回线达到饱和美观（不失真）（如果磁滞回线超出了示波器屏幕，就转动示波器上 CH1、CH2 正下方的"垂直刻度 VOLTS/DIV"旋钮，使磁滞回线不超出示波器的屏幕）。

（6）将示波器上的磁滞回线调到充满示波器的屏幕。转动示波器上 CH1 正下方的"垂直刻度 VOLTS/DIV"旋钮及 R_1，使磁滞回线在水平方向充满且不超出示波器的屏幕，前者是粗调，后者是细调；转动示波器上 CH2 正下方的"垂直刻度 VOLTS/DIV"旋钮，调节

R_2、电容 C 使磁滞回线在竖直方向充满且不超出示波器的屏幕，前者是粗调，后者是细调。（调节时注意：R_1 的" $*1\Omega$ "、R_2 的" $*10\ \text{k}\Omega$ "、电容 C 的" $*1\ \mu\text{F}$ "旋钮均不能为 0）。

2. 测磁化曲线和动态磁滞回线（用样品 1 进行实验）

（1）退磁。缓慢逆时针调节幅度调节旋钮，即单调减小磁化电流，直到示波器上显示为一点，转动示波器 CH1 和 CH2 正上方的位移旋钮"POSITION"，将光点调至示波器显示屏中心。

（2）测量磁化曲线（即测量大小不同的各个磁滞回线的顶点的连线）。缓慢顺时针调节幅度调节旋钮，即单调增加磁化电流，测出各个磁化曲线右上顶点的 U_x 和 U_y 值，将结果填入表 3-24 中。从幅度最小开始到饱和，至少测 12 个点，变化快的地方取点密一些。

注意：用光标法测 U_x、U_y，以幅度最小的点为例进行介绍。

① 按"光标 Cursor"键，打开水平光标，其中一条水平光标前标号为 1，另一条标号为 2，使用"可调 VARIABLE"旋钮移动标号为 1 的那条光标到要测量的位置。

② 再按"光标 Cursor"键，打开垂直光标，其中一条垂直光标前标号为 1，另一条标号为 2，使用"可调 VARIABLE"旋钮移动标号为 1 的那条光标到要测量的位置，从示波器屏幕右边的窗口中 1 下面可读出 U_x、U_y。

③ 若用光标 2，方法一样。读数时，从示波器屏幕右边的窗口中 2 下面读。

表 3-24　测量磁化曲线数据记录表

$R_1=$ _____ Ω　　$R_2=$ _____ $\text{k}\Omega$　　$C=$ _____ μF

序号	1	2	3	4	5	6	7	8	9	10	11	12
U_x/mV												
U_y/mV												
H/(A/m)												
B/mT												

（3）测量动态磁滞回线。从磁滞回线的右上顶点开始，逐点测出该点 U_x 分别对应的 U_y 值，一直测到左下顶点。由于磁滞回线是闭合曲线，除顶点外，每个 U_x 对应 2 个 U_y 值，2 个值都要读出来。U_x 对应的 2 个 U_y 记录在同一行，结果填入表 3-25 中，并将表格填满。必须测出磁滞回线的 2 个顶点、与纵轴的 2 个交点、与横轴的 2 个交点。

注意：用光标法测 U_x、U_y。变化快的地方取点密一些。

（4）读出磁滞回线实验仪的电容 C、R_1 及 R_2 的值，可计算出磁场强度 H、磁感应强度 B。将结果填入表 3-25 中。

表 3 - 25　测量动态磁滞回线数据记录表

$R_1 =$ _____ Ω　$R_2 =$ _____ kΩ　$C =$ _____ μF

U_x/mV	H/(A/m)	U_y/mV	B/mT

（5）换实验样品 2，观察 150.0 Hz 时的磁滞回线，用手机拍下样品 2 的磁滞回线图，并与样品 1 的 150.0 Hz 的磁滞回线进行比较。在实验报告的实验总结中写明样品 1、2 的磁滞回线有何异同，并判断哪个是软磁，哪个是硬磁，软磁、硬磁分别有什么特点及其应用。

3. 研究性实验：交直流叠加磁化场的磁滞回线实验

（1）测量样品 1（铁氧体）的可逆磁导率

实验线路见如图 3 - 48。选取合适的实验参数，例：取 $R_1 = 20$ Ω，$R_2 = 20$ kΩ，$C = 20$ μF，$f = 100$ Hz。

测量前需要先对样品进行磁中性化。按图 3 - 49 接好线路后，直流电源调节为零。调节 DH4516N 型动态磁滞回线实验仪的输出幅度，反复几次后调节为零。

适当调节输出幅度，出现小幅度的磁滞回线。调节直流电源电压，让直流偏磁场 **H** 从 0 到 H_S 单调增加。注意监测直流磁化电流，其值不可超过 0.5 A。观察和测量对应于每个

H 的可逆磁导率。画出 μ_r-H 曲线。

注意: 数字电流表选"20A"电流插孔,量程为 20 A。

如果使用可调稳压电源或可调恒流源,则可省去滑线变阻器,在精度够用的情况下,也可使用电源内附的电流表作为电流指示。注意监测直流磁化电流,其值不可超过 0.5 A。

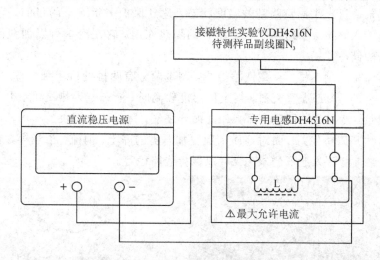

图 3-48 动态磁滞回线的直流调制实验

(2) 观测直流磁化场对动态磁滞回线的退化影响

先调节仪器的输出幅度,出现一饱和磁滞回线。缓慢、小幅度地增加直流电流,观测磁滞回线的变化。进一步加大直流电流,观测磁滞回线的退化现象。

学习和理解直流磁化场对磁性材料的磁性能影响。

【思考题】

(1) 试说明铁磁材料的分类及从磁滞回线上反映的各自特点。

(2) 磁滞回线上 H_s、B_s、B_r、H_c 各代表的物理意义是什么?

实验 3.10 用准稳态法测量比热容、导热系数

【实验导引】

图 3-49 所示为青藏铁路图,图 3-50 所示为青藏铁路线路图。青藏铁路是世界海拔最高,线路最长的高原铁路,从青海省会西宁到西藏首府拉萨,海拔 4000 米以上的路段达 960 公里,最高点海拔达 5072 米。青藏铁路穿越戈壁荒漠、沼泽湿地和雪山草原,全线总里程 1142 公里,大部分线路处于高海拔地区和"生命禁区"。修建青藏铁路面临着三大难题,千里多年冻土的地质构造、高寒缺氧的环境和脆弱的生态,其中最难解决的是冻土问题。冻土是一种低于零度并含有冰的岩石和土壤层,对于季节温度变化非常敏感,受热会融化下沉,遇冷则会冻结膨胀,这会造成地基的不稳定。从 20 世纪 50 年代初期,我国专家就开始研究高原冻土问题,经过几代人的努力,终于解决了这个世界性的难题。解决冻土

问题主要采用了三种方法。

第一种是采用片石通风路基。在路基的底部铺设一米五左右的片石层，冬天冷风从石块间带走热量，夏天石块为路基遮挡太阳辐射，同时利用高原原有的低温和强风降低冻土温度。片石通风路基是一种控制热量传输过程的工程措施。片石通风路基通过改变路基的表面形状和热传输机理来调整路基的温度状态，达到保护多年冻土的目的。它在暖季可以阻止外界热量传入路基，起到类似保温材料的隔热作用；它在冷季可以加快路基散热，起到类似通风管的储冷作用。

第二种方法是采用热棒。青藏铁路沿线，路基两旁有两排碗口粗细，高约两米的铁棒。整个棒体是中空的，内部灌有液氨，当土壤温度较高时，液态氨受热汽化上升到顶部，遇冷液化释放出热量，然后又流回到底部，如此循环往复，降低冻土温度。

第三种方法是以桥代路。面对地质情况更加恶劣的冻土、河流、沼泽等，选择以桥代路的方式，将桥梁桩基深入地下的永冻层，以保持线路稳定。

图 3-49 青藏铁路图

图 3-50 青藏铁路线路图

在现代建筑物中，为了保护生态环境，节约能源，需要大量具有隔热、保温等功能的无机非金属材料，这些材料具有一系列的热物理特性。为了合理地使用与选择有关功能的材料，需要用其热物理特性进行热工计算。所以，了解和测量材料的热物理特性是十分重要的。材料的热物理参数有导热系数、导温系数、比热容等。本实验测量材料的比热容、导热系数。材料导热系数的测量方法有稳定热流法和非稳定热流法两大类，每大类中又有多种测量方法。

稳态法测量导热系数需要较长的稳定加热时间，所以只能测量干燥材料的导热系数，而对于工程上实际应用的含有一定水分材料的导热系数则无法测量。基于不稳定态原理的准稳态导热系数测量方法，由于测量所需时间短（10～20分钟），可以弥补上述稳态法的不足且可同时测出材料的导热系数、导温系数、比热容，所以在材料热物理特性测量中得到广泛的应用。以往测量导热系数和比热容的方法大都用稳态法，使用稳态法要求温度和热流量均要稳定，但在学生实验中实现这样的条件比较困难，因而导致测量的重复性、稳定性、一致性差，误差大。为了克服稳态法测量的误差，本实验用准稳态法测量，使用准稳态法只要求温差恒定和温升速率恒定，而不必通过长时间的加热达到稳态，就可通过简单计算得到导热系数和比热容。

不同材料的导热系数相差很大，一般说，金属的导热系数在 2.3～417.6 W/(m·℃)

范围内；建筑材料的导热系数在 $0.16\sim2.2$ W/(m·℃)范围内；液体的导热系数波动于 $0.093\sim0.7$ W/(m·℃)；而气体的导热系数则最小，在 $0.0058\sim0.58$ W/(m·℃)范围内。即使是同一种材料，其导热系数还随温度、压强、湿度、物质结构和密度等因素而变化。

热传导是热传递三种基本方式之一。导热系数定义为单位温度梯度下每单位时间内由单位面积传递的热量，单位为 W/(m·℃)。它表征物体导热能力的大小。

比热容是单位质量物质的热容量。单位质量的某种物质，在温度升高(或降低)1 摄氏度时所吸收(或放出)的热量，叫做这种物质的比热容，单位为 J/(kg·℃)。

【实验目的】

(1) 了解准稳态法测量导热系数和比热容的原理。
(2) 学习热电偶测量温度的原理和使用方法。
(3) 用准稳态法测量不良导体的导热系数和比热容。

【实验仪器】

(1) ZKY-BRDR 准稳态法比热·导热系数测定仪。
(2) 实验装置一个，实验样品两套(橡胶和有机玻璃，每套四块)，加热板两块，热电偶两只，导线若干，保温杯一个。

【实验原理】

1. 准稳态法测量原理

图 3-51 所示为一维无限大导热模型：一无限大不良导体平板厚度为 $2R$，初始温度 t_0，现在平板两侧同时施加均匀的指向中心面的热流密度 q_c，则平板各处的温度 $t(x,\tau)$ 将随加热时间 τ 而变化。

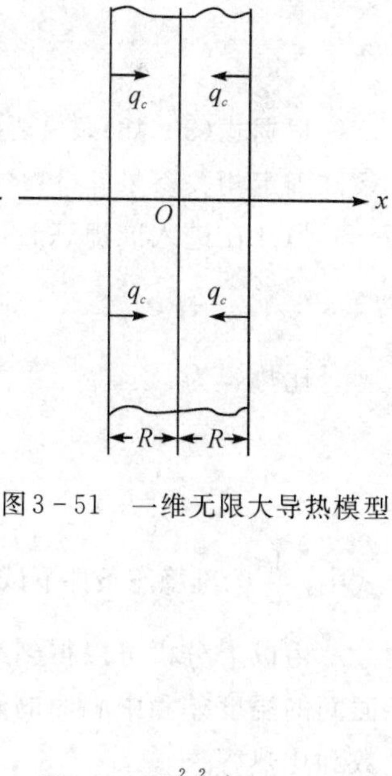

以试样中心为坐标原点，上述模型的数学描述可表达如下：

$$\begin{cases} \dfrac{\partial t(x,\tau)}{\partial \tau} = a\,\dfrac{\partial^2 t(x,\tau)}{\partial x^2} \\[2mm] \dfrac{\partial t(R,\tau)}{\partial x} = \dfrac{q_c}{\lambda}, \quad \dfrac{\partial t(0,\tau)}{\partial x} = 0 \\[2mm] t(x,0) = t_0 \end{cases}$$

图 3-51 一维无限大导热模型

式中 $a = \lambda/\rho c$，λ 为材料的导热系数，ρ 为材料的密度，c 为材料的比热容。

可给出此方程的解为(参见本实验的知识链接)

$$t(x,\ \tau) = t_0 + \frac{q_c}{\lambda}\left(\frac{a}{R}\tau + \frac{1}{2R}x^2 - \frac{R}{6} + \frac{2R}{\pi^2}\sum_{n=1}^{\infty}\frac{(-1)^{n+1}}{n^2}\cos\frac{n\pi}{R}x \cdot \mathrm{e}^{\frac{-an^2\pi^2}{R^2}\tau}\right) \quad (3-43)$$

考察 $t(x,\ \tau)$ 的解析式(3-43)可以看到，随加热时间的增加，样品各处的温度将发生变化，而且我们注意到式中的级数求和项由于指数衰减的原因，会随加热时间的增加而逐渐变小，直至所占份额可以忽略不计。

定量分析表明当 $\dfrac{a\tau}{R^2} > 0.5$ 以后，上述级数求和项可以忽略。这时式(3-43)变成

$$t(x, \tau) = t_0 + \frac{q_c}{\lambda}\left[\frac{a\tau}{R} + \frac{x^2}{2R} - \frac{R}{6}\right] \tag{3-44}$$

这时，在试件中心处 $x = 0$，因此有

$$t(0, \tau) = t_0 + \frac{q_c}{\lambda}\left[\frac{a\tau}{R} - \frac{R}{6}\right] \tag{3-45}$$

在试件加热面处 $x = R$，因此有

$$t(R, \tau) = t_0 + \frac{q_c}{\lambda}\left[\frac{a\tau}{R} + \frac{R}{3}\right] \tag{3-46}$$

由式(3-45)和式(3-46)可见，当加热时间满足条件 $\dfrac{a\tau}{R^2} > 0.5$ 时，在试件中心面和加热面处的温度和加热时间呈线性关系，温升速率同为 $\dfrac{aq_c}{\lambda R}$，此值是一个和材料导热性能和实验条件有关的常数，此时加热面和中心面间的温度差为

$$\Delta t = t(R, \tau) - t(0, \tau) = \frac{1}{2}\frac{q_c R}{\lambda} \tag{3-47}$$

由式(3-47)可以看出，此时加热面和中心面间的温度差 Δt 和加热时间 τ 没有直接关系，保持恒定。系统各处的温度和加热时间是线性关系，温升速率也相同，我们称此种状态为准稳态。

当系统达到准稳态时，由式(3-47)得到

$$\lambda = \frac{q_c R}{2\Delta t} \tag{3-48}$$

根据式(3-48)，只要测量出进入准稳态后加热面和中心面间的温度差 Δt，并由实验条件确定相关参量 q_c 和 R，则可以得到待测材料的导热系数 λ。

另外在进入准稳态后，由比热容的定义和能量守恒关系，可以得到下列关系式：

$$q_c = c\rho R\frac{\mathrm{d}t}{\mathrm{d}\tau} \tag{3-49}$$

比热容为

$$c = \frac{q_c}{\rho R\dfrac{\mathrm{d}t}{\mathrm{d}\tau}} \tag{3-50}$$

式中，$\dfrac{\mathrm{d}t}{\mathrm{d}\tau}$ 为准稳态条件下试件中心面的温升速率(进入准稳态后各点的温升速率是相同的)。

由以上分析可以得到结论：只要在上述模型中测量出系统进入准稳态后加热面和中心面间的温度差和中心面的温升速率，即可由式(3-48)和式(3-50)得到待测材料的导热系数和比热容。

2. 热电偶温度传感器

热电偶结构简单，具有较高的测量准确度，可测温度范围为 $-50 \sim 1600\,\mathrm{℃}$，在温度测量中应用极为广泛。

A、B 两种不同的导体两端相互紧密的连接在一起，组成一个闭合回路，如图 3-52(a)

所示。当两接点温度不等($T>T_0$)时，回路中就会产生电动势，从而形成电流，这一现象称为热电效应，回路中产生的电动势称为热电势。

上述两种不同导体的组合称为热电偶，A、B 两种导体称为热电极。两个接点，一个称为工作端或热端(T)，测量时将它置于被测温度场中；另一个称为自由端或冷端(T_0)，一般要求测量过程中恒定在某一温度。

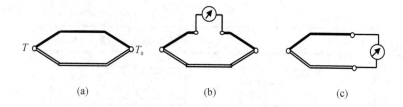

图 3-52　热电偶原理及接线示意图

理论分析和实践证明热电偶有如下基本定律：

(1) 热电偶的热电势仅取决于热电偶的材料和两个接点的温度，而与温度沿热电极的分布以及热电极的尺寸、形状无关（热电极的材质要求均匀）。

(2) 在 A、B 材料组成的热电偶回路中接入第三导体 C，只要引入的第三导体两端温度相同，则对回路的总热电势没有影响。在实际测温过程中，需要在回路中接入导线和测量仪表，相当于接入第三导体，常采用图 3-52(b) 或图 3-52(c) 所示的接法。

(3) 热电偶的输出电压与温度并非线性关系。对于常用的热电偶，其热电势与温度的关系由热电偶特性分度表给出。测量时，若冷端温度为 0 ℃，由测得的电压，通过对应分度表，即可查得所测的温度。若冷端温度不为零度，则通过一定的修正，也可得到温度值。在智能式测量仪表中，将有关参数输入计算程序，则可将测得的热电势直接转换为温度显示出来。

【实验仪器简介】

1. 设计考虑

仪器设计必须尽可能满足理论模型。

无限大平板条件是无法满足的，实验中总是要用有限尺寸的试样来代替。根据实验分析，当试样的横向尺寸大于试样厚度的六倍以上时，可以认为传热方向只在试样的厚度方向进行，被测样样的安装原理见图3-53。

为了精确地确定加热面的热流密度 q_c，我们利用超薄型加热器作为热源，其加热功率在整个加热面上均匀加热并可精确控制，加热器本身的热容可忽略不计。为了在加热

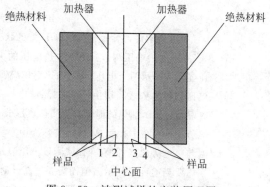

图 3-53　被测试样的安装原理图

器两侧得到相同的热阻，采用四个样品块的配置，可认为热流密度为功率密度的一半。

为了精确地测量出温度和温差，用两个分别放置在加热面和中心面中心部位的热电偶

作为传感器来测量温差和温升速率。

　　ZKY-BRDR 准稳态比热·导热系数测定仪主要包括主机和实验装置，另有一个保温杯，用于保证热电偶的冷端温度在实验中保持一致。

　　(1) 主机

　　主机是控制整个实验操作并读取实验数据装置，主机前后面板分别如图 3-54(a)、图 3-54(b)所示。

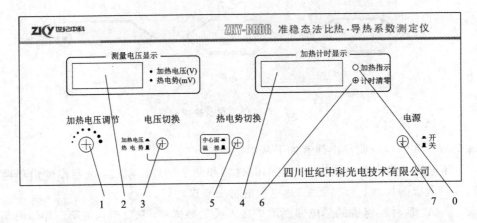

（a）　主机前面板示意图

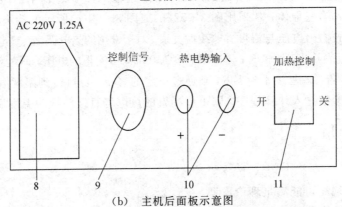

（b）　主机后面板示意图

0—加热指示灯：指示加热控制开关的状态，亮时表示正在加热，灭时表示加热停止；1—加热电压调节：调节加热电压的大小（范围：16.00～19.99 V）；2—测量电压显示：显示两个电压，即"加热电压(V)"和"热电势(mV)"；3—电压切换：在加热电压和热电势之间切换，同时"测量电压显示"表显示相应的电压数值；4—加热计时显示：显示加热的时间，前两位表示分，后两位表示秒，最大显示 99：59；5—热电势切换：在中心面热电势（实际为中心面-室温的温差热电势）和中心面-加热面的温差热电势之间切换，同时"测量电压显示"表显示相应的热电势数值；6—清零：当不需要当前计时显示数值而需要重新计时时，可按此键实现清零；7—电源开关：打开或关闭实验仪器；8—电源插座：接 220 V、1.25 A 的交流电源；9—控制信号：为放大盒及加热薄膜提供工作电压；10—热电势输入：将传感器感应的热电势输入到主机；11—加热控制：控制加热的开关。

图 3-54　ZKY-BRDR 准稳态法比热·导热系数测定仪

（2）实验装置

图 3 - 55 所示为实验装置图，实验装置是安放实验样品和通过热电偶测温并放大感应信号的平台。实验装置采用了卧式插拔组合结构，结构直观、稳定，便于操作，易于维护。

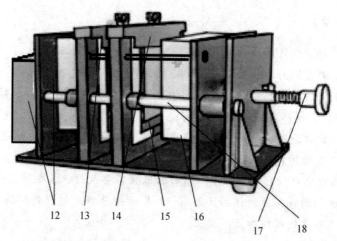

12—放大盒：将热电偶感应的电压信号放大并将此信号输入到主机；13—中心面横梁：承载中心面的热电偶；14—加热面横梁：承载加热面的热电偶；15—加热薄膜：给样品加热；16—隔热层：防止加热样品时散热，从而保证实验精度；17—螺杆旋钮：推动隔热层压紧或松动实验样品和热电偶；18—锁定杆：实验时锁定横梁，防止未松动螺杆取出热电偶导致热电偶损坏。

图 3 - 55　实验装置图

2. 接线原理图及接线说明

实验时，将两只热电偶的热端分别置于样品的加热面和中心面，冷端置于保温杯中，接线原理如图 3 - 56 所示。

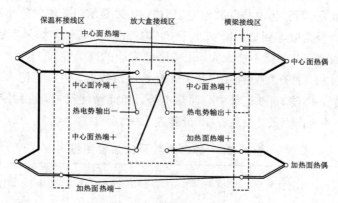

图 3 - 56　接线原理图

放大盒的两个"中心面热端＋"相互短接再与横梁的"中心面热端＋"相连（绿-绿-绿），"中心面冷端＋"与保温杯的"中心面冷端＋"相连（蓝-蓝），"加热面热端＋"与横梁的"加热面热端＋"相连（黄-黄），"热电势输出－"和"热电势输出＋"则与主机后面板的"热电势输入－"和"热电势输出＋"相连（红-红，黑-黑）。

横梁的"中心面热端－"和"加热面热端－"分别与保温杯上相应的端口相连（黑-黑）。

后面板上的"控制信号"与放大盒侧面的七芯插座相连。主机面板上的热电势切换开关相当于图3-57中的切换开关,开关合在上边时测量的是中心面热电势(中心面与室温的温差热电势),开关合在下边时测量的是加热面与中心面的温差热电势。

【实验内容与步骤】

(1) 安装样品并连接各部分连线。

连接线路前,请先用万用表检查两只热电偶冷端和热端的电阻值大小,一般在3～6 Ω内,如果偏差大于1 Ω,则可能是热电偶有问题,遇到此情况应请指导教师帮助解决。

戴好手套(手套自备),尽量保证四个实验样品初始温度保持一致。将冷却好的样品放进样品架中,然后旋动旋钮以压紧样品。热电偶的测温端应保证置于样品的中心位置,防止由于边缘效应影响测量精度。

注意:两个热电偶之间、中心面与加热面的位置不要放错,根据图3-54所示,中心面横梁的热电偶应该放到样品2和样品3之间,加热面热电偶应该放到样品3和样品4之间。同时要注意热电偶不要嵌入到加热薄膜里。

(2) 设定加热电压。

检查各部分接线是否有误,同时检查后面板上的"加热控制"开关是否关上(若已开机,可以根据前面板上加热计时指示灯的亮和不亮来确定,亮表示加热控制开关打开,不亮表示加热控制开关关闭),没有关则应立即关上。

开机后,先让仪器预热10分钟左右再进行实验。在记录实验数据之前,应该先设定所需要的加热电压,步骤为先将"电压切换"钮按到"加热电压"挡位,再由"加热电压调节"旋钮来调节所需要的电压。(参考加热电压:18 V 或 19 V)

(3) 测量样品的温度差和温升速率。

将测量电压显示调到"热电势"的"温差"挡位,如果显示温差绝对值小于0.004 mV,就可以开始加热了,否则应等到显示降到小于0.004 mV再加热。(如果实验要求精度不高,显示在0.010左右也可以,但不能太大,以免降低实验的准确性)。

保证上述条件后,打开"加热控制"开关并开始记录数据,将数据记入表3-26中。(30秒记录温差热电势,再过30秒记录中心面热电势,如此循环记录,直到准稳态。一次实验时间最好在25分钟之内完成,一般在15分钟左右为宜)

表 3-26 导热系数及比热容测量

时间 τ/min	1	2	3	4	5	6	7	8	9	10	11	12	13	14	15
温差热电势 V_t/mV															
中心面热电势 V/mV															
每分钟温升热电势/mV $\Delta V = V_{n+1} - V_n$															

当记录完一次数据需要换样品进行下一次实验时，其操作顺序是关闭加热控制开关 → 关闭电源开关 →旋螺杆以松动实验样品 →取出实验样品→取下热电偶传感器→取出加热薄膜冷却。

注意：在取样品的时候，必须先将中心面横梁热电偶取出，再取出实验样品，最后取出加热面横梁热电偶。严禁以热电偶弯折的方法取出实验样品，这样将会大大减小热电偶的使用寿命。

【数据记录与处理】

由表 3 - 26 测出的准稳态时温差热电势 V_t 值，及中心面的每分钟温升热电势 ΔV 值（准稳态的判定原则是温差热电势和温升热电势趋于恒定。实验中有机玻璃一般在 8～15 分钟，橡胶一般在 5～12 分钟，达到准稳态），就可以由式（3 - 48）和式（3 - 50）计算出导热系数和比热容。

铜-康铜热电偶的热电常数为 0.04 mV/℃，即温度每相差 1 度，温差热电势为 0.04 mV。计算时应将测出的温差热电势 V_t 值、中心面的每分钟温升热电势 ΔV 值分别换算为温度差、及温升速率，换算关系：温度差 $\Delta t = \dfrac{V_t}{0.04}$，温升速率 $\dfrac{\mathrm{d}t}{\mathrm{d}\tau} = \dfrac{\Delta V}{60 \times 0.04}$。

式（3 - 48）和式（3 - 50）中各参量如下：

样品厚度 $R = 0.010$ m；有机玻璃密度 $\rho = 1196$ kg/m³；橡胶密度 $\rho = 1374$ kg/m³；热流密度 $q_c = \dfrac{V^2}{2Fr}$，式中，V 为两并联加热器的加热电压，F 为边缘修正后的加热面积，$F = A \times 0.09$ m $\times 0.09$ m，A 为修正系数，对于有机玻璃和橡胶，$A = 0.85$，$r = 110$ Ω，r 为每个加热器的电阻。

【思考题】

（1）导热系数的物理意义是什么？

（2）试述准稳态法测量导热系数的原理。

（3）分析引起测量误差的主要原因。

知识链接

热传导方程的求解

在我们的实验条件下，以试样中心为坐标原点，温度 t 随位置 x 和加热时间 τ 的变化关系 $t(x,\tau)$ 可用如下的热传导方程及边界、初始条件描述：

$$\begin{cases} \dfrac{\partial t(x, \tau)}{\partial \tau} = a \dfrac{\partial^2 t(x, \tau)}{\partial x^2} \\ \dfrac{\partial t(R, \tau)}{\partial x} = \dfrac{q_c}{\lambda}, \quad \dfrac{\partial t(0, \tau)}{\partial x} = 0 \\ t(x, 0) = t_0 \end{cases} \quad (3-51)$$

式中 $a = \lambda/\rho c$，λ 为材料的导热系数，ρ 为材料的密度，c 为材料的比热容，q_c 为从边界向中间施加的热流密度，t_0 为初始温度。

为求解式（3 - 51），应先作变量代换，将式（3 - 51）的边界条件换为齐次的，同时使新变量的方程尽量简洁，故此设

$$t(x,\tau) = u(x,\tau) + \frac{aq_c}{\lambda R}\tau + \frac{q_c}{2\lambda R}x^2 \tag{3-52}$$

将式(3-52)代入式(3-51)，得到 $u(x,\tau)$ 满足的方程及边界、初始条件为

$$\begin{cases} \dfrac{\partial u(x,\tau)}{\partial \tau} = a\dfrac{\partial^2 u(x,\tau)}{\partial x^2} \\[2mm] \dfrac{\partial u(R,\tau)}{\partial x} = 0, \quad \dfrac{\partial u(0,\tau)}{\partial x} = 0 \\[2mm] u(x,0) = t_0 - \dfrac{q_c}{2\lambda R}x^2 \end{cases} \tag{3-53}$$

用分离变量法解式(3-53)，设

$$u(x,\tau) = X(x) \times T(\tau) \tag{3-54}$$

代入式(3-53)中第 1 个方程后得出变量分离的方程为

$$T'(\tau) + a\beta^2 T(\tau) = 0 \tag{3-55}$$

$$X''(x) + \beta^2 X(x) = 0 \tag{3-56}$$

式(3-55)，式(3-56)中 β 为待定常数。

式(3-55)的解为

$$T(\tau) = \mathrm{e}^{-a\beta^2\tau} \tag{3-57}$$

式(3-56)的通解为

$$X(x) = c\cos\beta x + c'\sin\beta x \tag{3-58}$$

为使式(3-54)是式(3-53)的解，式(3-58)中的 c，c'，β 的取值必须使 $X(x)$ 满足式(3-53)的边界条件，即必须 $c' = 0$，$\beta = n\pi/R$。

由此得到 $u(x,\tau)$ 满足边界条件的 1 组特解为

$$u_n(x,\tau) = c_n\cos\frac{n\pi}{R}x \cdot \mathrm{e}^{-\frac{an^2\pi^2}{R^2}\tau} \tag{3-59}$$

将所有特解求和，并代入初始条件，得

$$\sum_{n=0}^{\infty} c_n\cos\frac{n\pi}{R}x = t_0 - \frac{q_c}{2\lambda R}x^2 \tag{3-60}$$

为满足初始条件，令 c_n 为 $t_0 - \dfrac{q_c}{2\lambda R}x^2$ 的傅氏余弦展开式的系数，得

$$c_0 = \frac{1}{R}\int_0^R \left(t_0 - \frac{q_c}{2\lambda R}x^2\right)\mathrm{d}x = t_0 - \frac{q_c R}{6\lambda} \tag{3-61}$$

$$c_n = \frac{2}{R}\int_0^R \left(t_0 - \frac{q_c}{2\lambda R}x^2\right)\cos\frac{n\pi}{R}x\,\mathrm{d}x = (-1)n+1\frac{2q_c R}{\lambda n^2\pi^2} \tag{3-62}$$

将 C_0，C_n 的值代入式(3-59)，并将所有特解求和，得到满足式(3-53)条件的解为

$$u(x,\tau) = t_0 - \frac{q_c R}{6\lambda} + \frac{2q_c R}{\lambda\pi^2}\sum_{n=1}^{\infty}\frac{(-1)^{n+1}}{n^2}\cos\frac{n\pi}{R}x \cdot \mathrm{e}^{-\frac{an^2\pi^2}{R^2}\tau} \tag{3-63}$$

将式(3-63)代入式(3-52)可得

$$t(x,\tau) = t_0 + \frac{q_c}{\lambda}\left(\frac{a}{R}\tau + \frac{1}{2R}x^2 - \frac{R}{6} + \frac{2R}{\pi^2}\sum_{n=1}^{\infty}\frac{(-1)^{n+1}}{n^2}\cos\frac{n\pi}{R}x \cdot \mathrm{e}^{-\frac{an^2\pi^2}{R^2}\tau}\right)$$

上式即为正文中的式(3-43)。

实验 3.11　衍 射 光 栅

【实验导引】

衍射光栅是一种根据多缝衍射原理制成并将复色光分解成光谱的重要分光元件，它能够产生亮度较大、间距较宽的匀排光谱。光栅不仅适用于可见光波，还能用于红外和紫外光波。经过几百年的发展，光栅已经形成了很多种类，除了广泛应用于摄谱仪进行光谱分析之外，新型的光栅还大量用于激光器、集成线路、光通信、光学互联、光计算、光学信息处理和光学精密测量控制等各个方面。

目前我国信息通信技术发展迅速，中国与世界其他地区相比，5G 技术的发展，已经处于标志性的领先地位。全球经济政策委员会发布的报告也指出：国家竞争力将越来越取决于第四次工业革命技术的应用和创新水平，而归根到底取决于国家 5G 无线网络的质量。5G 技术的核心内容是光栅，包括光纤光栅分路器件传感器（见图 3-57）、光纤光栅接入器等。

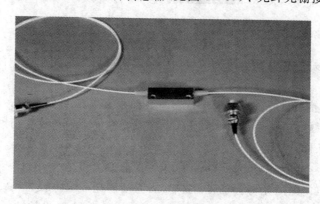

图 3-57　光纤光栅温度传感器

光纤光栅作为一种新型光器件，主要用于光纤通信、光纤传感和光信息处理。在光纤通信中，光纤光栅能实现许多特殊功能，应用广泛，是将来很长一段时间内光纤通信系统中最具实用价值的无源光器件之一。利用它可组成多种新型光电子器件，由于这些器件的优良性能使人们更加充分地利用光纤通信系统的带宽资源。光纤光栅的应用将推动高速光通信的发展，将在未来的高速全光通信系统中扮演重要的角色。

2017 年，我国首次将光纤光栅传感系统成功搭载在卫星上，用来测量卫星在轨期间舱内外的温度、应变等参量，各项综合性能指标得到了在轨环境的充分验证。

本实验测量用的仪器为分光计，它利用测量光线的偏折角度，然后间接地测量其他一些光学量，如光波波长、折射率、色散率等。由于分光计装置精密、结构复杂，调节时具有一定的难度，为此，在实验 3.3 中讲述了分光计调节操作方法。初学者只要按其方法仔细操作，便可顺利地进行调节。

【实验目的】

（1）观察光线通过光栅后的衍射现象。

（2）学会用分光计测量光波波长的方法。

（3）熟悉分光计的调节和使用。

【实验原理】

衍射光栅实验原理

　　用光学刻线机在涂膜的薄玻璃片上刻一组很密的等距离的平行线，即构成了平面光栅。当光射到光栅面上时，刻痕处因发生漫反射而不能透光，光线只能从两条刻痕之间的狭缝中通过。故平面光栅可以看成是一系列密集的、均匀而平行排列的狭缝，如图 3-58 所示。

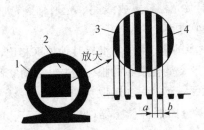

1—框架；2—光栅平面；3—刻痕；4—狭缝

图 3-58　光栅结构

　　图中 a 和 b 分别为狭缝和刻痕的宽度。相邻两狭缝对应点之间的距离 $d = a + b$，称为光栅常数。

　　根据夫琅禾费衍射理论，当一束平行光垂直照射到光栅平面上时，每条狭缝对光波都发生衍射，各条狭缝的衍射光又彼此发生干涉，故光栅的衍射条纹是衍射和干涉的总效果。如衍射角 β_k 符合条件：

$$d\sin\beta_k = k\lambda \qquad k = 0, \pm 1, \pm 2, \cdots \qquad (3-64)$$

则在该衍射角 β_k 方向上的光将会加强。式中，k 为衍射亮条纹的级数，β_k 为第 k 级亮条纹对应的衍射角，即衍射光线与光栅平面法线之间的夹角，λ 为入射光的波长。如果用凸透镜把这些衍射后的平行光会聚起来，则在透镜的后焦平面上将形成一系列彼此平行、间距相同的亮条纹，称为谱线。在 $\beta_k = 0$ 的方向上可看到零级亮条纹，其他级数的谱线对称地分布在零级谱线的两侧，如图 3-59 所示。

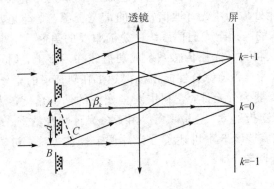

图 3-59　光栅衍射原理图

　　若光源发出的是不同波长的复色光，则由式(3-64)可看出，不同波长的光同一级谱线将有不同的衍射角 β_k，因此在透镜的后焦平面上出现按波长大小、谱线级次排列的各种颜色的谱线，称为光谱。图3-60所示为汞光源的光栅衍射光谱。

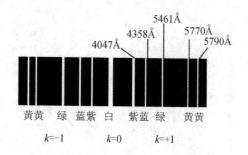

图 3-60　汞光源的光栅衍射光谱

　　用分光计可以观察到各种波长的光栅衍射光谱，并可以测出与 k 级亮条纹对应的衍射角 β_k。若已知光栅常数 d，根据式(3-64)，可求出入射光的波长，即

$$\lambda = \frac{d\sin\beta_k}{k} \qquad\qquad k = 0, \pm 1, \pm 2, \cdots \qquad\qquad (3-65)$$

【实验仪器】

　　分光计、衍射光栅、汞灯等。

【实验内容与步骤】

　　(1) 按分光计调节操作方法调整分光计，使分光计达到工作状态。

　　(2) 光栅的调节。

　　① 将光栅架按图3-61所示放置于已调好的分光计的载物台上。图3-61中，a、b、c 是载物台下面三个调节载物台倾斜度的螺丝，将光栅片按图中位置放好。

分光计的构造和调节方法

角度的测量方法和注意事项

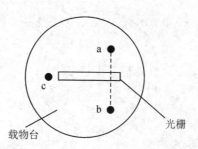

图 3-61　光栅架置于分光计载物台上的位置图

　　② 调节光栅平面使之与入射光垂直。平行光垂直入射于光栅平面，这是式(3-64)成立的条件，因此应仔细调节，使该项要求得到满足。调节方法：先将望远镜的竖直叉丝对准零级谱线的中心，从刻度盘读出入射光的方位。再测出同一级左右两侧一对衍射谱线的方位角，分别计算出它们与入射光的夹角，如果两者之差不超过 $5'$，就可以认为是垂直入射。

③ 调节光栅刻线使之与分光计主轴平行。在调节前可先定性观察。如果光栅刻线与分光计主轴不平行，将会发现左右衍射光线是倾斜的，如图 3-62 所示。为此，可通过调节平台下面的倾角螺丝 c，使左右衍射光线在水平方向的高度一致。

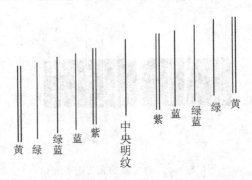

黄　绿　绿蓝　蓝　紫　中央明纹　紫蓝　绿蓝　绿　黄

图 3-62　光栅刻线与分光计主轴不平行时，观察到的谱线

（3）转动望远镜，观察汞光源发出的衍射光谱线，中央零级亮条纹应为白色，同级的各种波长的衍射条纹对称地分布在零级亮条纹的两侧，如图 3-60 所示。

（4）求 d 值。操作过程如图 3-63 所示，将望远镜向右转，用竖直叉丝对准 $k=+1$ 的绿色亮条纹的某一边，从两个窗口分别读出望远镜在此位置的角坐标。向左转动望远镜经过零级亮条纹，用竖直叉丝对准 $k=-1$ 的绿色亮条纹的同侧边，从两个窗口分别读出望远镜在此位置的角坐标。望远镜转过的角度 $\varphi_1=2\beta_1$，衍射角 $\beta_1=\varphi_1/2$，已知汞灯绿线的波长 $\lambda=546.1$ nm，应用式（3-64）求出光栅常数 d。

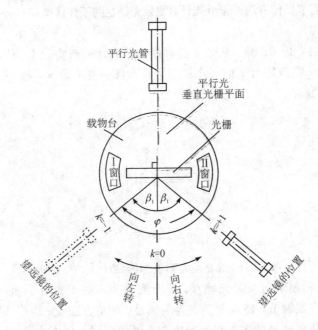

图 3-63　实验光路及操作示意图

（5）测蓝光和黄光的波长。用上述方法分别测出同级蓝光和黄光的衍射角，利用求出的 d 值，算出两种光线的波长。

【数据记录与处理】

（1）将实验测得的数据填入表 3-27 中，并计算光栅常数 d 以及黄₁、黄₂、蓝三种色光的波长平均值。

表 3-27　衍射光栅数据记录表

波长/nm	绿 546.1 nm		黄₁(外侧)		黄₂(里侧)		蓝	
衍射光谱级次 k								
游标	左窗口	右窗口	左窗口	右窗口	左窗口	右窗口	左窗口	右窗口
左侧衍射光方位 $\varphi_{左}$								
右侧衍射光方位 $\varphi_{右}$								
$\varphi = \|\varphi_{左} - \varphi_{右}\|$								
$\bar{\varphi}$								
$\beta_k = \bar{\varphi}/2$								

中央明纹方位：左窗口 $\varphi_{10} = $ ___，右窗口 $\varphi_{20} = $ ___。

（2）分别写出三种波长的测量结果表达式：$\lambda = \bar{\lambda} \pm \sigma_{\bar{\lambda}}$，其中，$\sigma_{\bar{\lambda}} = |\bar{\lambda} - \lambda_{理}|$。

（3）分别求出三种波长的相对误差：$E = \dfrac{|\bar{\lambda} - \lambda_{理}|}{\lambda_{理}} \times 100\%$，$\lambda_{理}$ 可由图 3-61 查得。

【思考题】

（1）当用钠光（$\lambda = 589.0$ nm）垂直入射到每毫米内有 500 条刻痕的平面透射光栅上时，最多能看到第几级光谱？

（2）为什么光栅刻痕的数量不但要多且要均匀？

实验 3.12　光强的分布

【实验导引】

图 3-64 所示是中国自主研发的高端激光干涉测量仪，其具有高测速、多轴大量程、高分辨率等特点，减轻了对国外高端干涉仪的依赖，降低了其产品对我国出口限制所造成的研发风险。激光干涉测量是实现超精密测控和微纳尺度测量的最有效手段之一，在许多领域都有极其重要的作用，它是由光干涉的基础知识发展的现代先进光学干涉测量技术。

图 3-64　中国自主研发的高端激光干涉测量仪

　　光的衍射现象是光的波动性的一种表现，它说明光的直线传播是衍射现象不显著时的近似结果。研究光的衍射不仅有助于加深对光的波动特性的理解，也有助于进一步学习近代光学实验技术，如光谱分析、晶体结构分析、全息照相、光学信息处理等。衍射使光强在空间上重新分布，通过光电转换来测量光的相对强度，是近代测试技术的一个常用方法。

【实验目的】

　　(1) 观察单缝衍射现象，了解其特点。

　　(2) 测量单缝衍射的相对光强分布。

【实验仪器】

　　光强分布测量仪、激光电源、数字式检流计。

【实验原理】

　　光的衍射分菲涅耳近场衍射和夫琅禾费远场衍射两大类，产生夫琅禾费衍射的条件是，光源和显示衍射图像的屏离衍射物（如单缝）的距离都视为无限远，即入射光和衍射光都是平行光。单缝衍射光路图如图 3-65 所示，其中，S 是波长为 λ 的单色光源，被置于透镜 L_1 的焦面上；单色光经过透镜 L_1 后形成一束平行光投射于缝宽为 a 的单缝 AB 上；通过单缝后的衍射光经透镜 L_2 会聚在其焦平面（屏 P）上，于是屏上呈现出亮暗条纹相间分布的衍射图像。

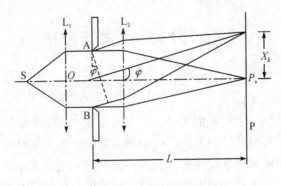

图 3-65　单缝衍射光路图

由惠更斯–菲涅耳原理推得，单缝衍射图像的光强分布规律为

$$I = I_0 \frac{\sin^2 u}{u^2} , \ u = \frac{\pi a \sin\varphi}{\lambda} \tag{3-66}$$

式中，a 为单缝的宽度，φ 为衍射光与光轴 OP_u 的夹角–衍射角。当 $\varphi = 0$ 时，

$$I = I_0$$

I_0 为与光轴平行的光线会聚点（中央亮条纹的中心点）的光强，是衍射图像中光强的极大值，称为中央主极大，当

$$a\sin\varphi = k\lambda \quad (k = \pm 1, \pm 2, \pm 3, \cdots) \tag{3-67}$$

时，则 $u = k\pi$，$I = 0$，即为暗条纹，与此衍射对应的位置为暗条纹的中心。实际上 φ 角很小，故上式可写成

$$\varphi = \frac{k\lambda}{a} \tag{3-68}$$

图（3–65）中，由于 $L \gg a$，其中 L 为单缝到衍射屏间的距离，X_k 为第 k 级暗条纹中心到主极大的距离，k 级暗条纹对应的衍射角为

$$\varphi = \frac{X_k}{L} \tag{3-69}$$

比较式（3–68）和式（3–69）得到

$$\frac{k\lambda}{a} = \frac{X_k}{L} \tag{3-70}$$

由（3–66）式可知，测出不同衍射角对应的光强，可得到单缝衍射的光强分布。由式（3–69）可知，测出第 k 级暗条纹中心到主极大的距离 X_k，单缝到衍射屏间的距离 L，光源的波长 λ 已知，就可计算出单缝的宽度 a。

由以上的讨论可知：

（1）中央亮条纹的角宽度由 $k = \pm 1$ 的两个暗条纹的衍射角所确定，即中央亮条纹的角宽度为 $\Delta\varphi = \dfrac{2\lambda}{a}$。

（2）衍射角 φ 与缝宽 a 成反比关系，缝加宽时，衍射角减小，各级条纹向中央收缩；当缝宽 a 足够大（$a \gg \lambda$）时，衍射现象不明显，从而可以忽略不计，将光看成是沿直线传播的。

（3）对于任意两条相邻暗条纹，其衍射角的差值为 $\Delta\varphi = \lambda/a$，即暗条纹是以 P_0 点为中心，等间隔、左右对称的分布。

（4）位于两相邻暗条纹之间的是各级亮条纹，它们的宽度是中央亮条纹宽度的 1/2，这些亮条纹的光强最大值称为次极大。用衍射角表示这些次极大的位置分别为

$$\varphi = \pm 1.43 \frac{\lambda}{a} , \pm 2.46 \frac{\lambda}{a} , \pm 3.47 \frac{\lambda}{a} , \cdots \tag{3-71}$$

它们的相对光强分别为

$$\frac{I}{I_0} = 0.047, \ 0.017, \ 0.008, \cdots \tag{3-72}$$

图 3–66 所示为单缝衍射的相对光强分布曲线。

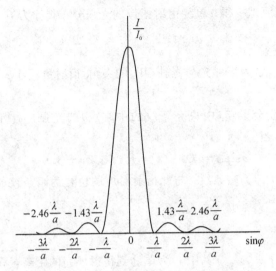

图 3-66 单缝衍射的相对光强分布曲线

【实验内容与步骤】

（1）观察单缝衍射现象。

按图 3-67 所示放置好实验仪器，打开激光电源，用白屏调整好激光，使从激光器出来的光平行于导轨。观察平行激光束通过单缝后在屏上的衍射图像。

光强的分布操作

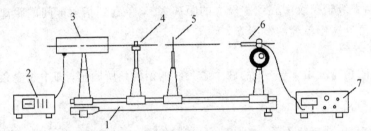

1—导轨；2—激光光源；3—激光器；4—单缝或双缝等二维调节架；5—白屏；
6——维光强测量装置；7—WJF 型数字式检流计

图 3-67 测量一维光强分布

调节单缝的宽度，使它由宽变窄，再由窄到宽，重复数次，观察和描述在调节过程中衍射图像出现的各种现象和变化情况。如，屏上呈现的光斑如何变化？当屏上出现可分辨的衍射条纹时，单缝的宽度约为多少？继续减小缝宽时，衍射图像如何变化（如，是收缩还是扩展）？调节缝宽，使屏上呈现出清晰的衍射图像，比较各级亮条纹的宽度以及它们的亮度分布情况。

（2）测量单缝衍射图像的相对光强分布。

① 调节缝宽，使在白屏上呈现出清晰的衍射图像。用安装在测微螺旋装置上的硅光电池（或其他光电元件）代替观察屏接收衍射光。衍射光的强度由与光电池相连的检流计（或微安表）的示值 I 表示。将光电池沿衍射图像展开方向（X 轴）从左到右（或相反），以一定间隔（如 0.100～0.200 mm）单向地对衍射图像的光强逐点测量。衍射光强的极大值 I_m 和

极小值 I_n 及其所对应的位置 X_m 和 X_n 应仔细测量。

② 保持单缝和光电池的距离不变，改变缝宽（如减半或增加一倍），按照步骤① 再测一组数据。

③ 将所测光电流数据归一化，即将所测数据对其中的最大值 I_0（即中央主极大）取相对比值 $\frac{I}{I_0}$（称为相对光强），作 $\frac{I}{I_0} - X$ 曲线，即得到单缝衍射的相对光强分布曲线。

④ 从分布曲线可得各光强极小值（即衍射暗条纹）的位置 X_k，测量单缝到光电池的距离 L，将 X_k 和 L 值代入式（3 - 70）中，计算相应的单缝宽度 a。

⑤ 由光强分布曲线确定各级亮条纹光强次极大值的位置及相对光强，分别与式（3 - 71）和式（3 - 72）所列的理论值比较。

⑥ 对比和分析测得的两条相对光强分布曲线，归纳单缝衍射图像的分布规律和特点。

（3）观察细丝、圆孔、矩形孔的衍射图像。

以细丝、圆孔、矩形孔代替单缝，观察它们的衍射图像，描述这些图像的特点。

（4）观察白光的衍射图像。

以白炽灯或汞灯等复色光作光源，观察和描述单缝（或其他衍射物）的衍射图像，并将其与用单色光时的衍射图像相比较，看有何差异。用滤色片获取两种不同波长的单色光，对比两种不同波长对同一衍射物产生的衍射图像，并作定性解释。

【数据记录与处理】

自己设计数据记录表格，并记录单缝衍射的相对光强 $\frac{I}{I_0}$ 和对应的位置 X，作出 $\frac{I}{I_0} - X$ 曲线，从图上读出各光强极小值的位置 X_k，计算出单缝的宽度 a。

【思考题】

（1）若在单缝和单缝到观察屏之间的空间区域内，充满着折射率为 n 的某种透明媒质，此时单缝衍射图像与不充媒质时有何差别？

（2）假设用两种方法来记录双缝衍射的图像：一种方法是先开第一个缝使底片曝光，再关闭此缝，最后打开第二个缝使底片再次曝光；另一种方法是同时打开双缝对底片曝光。试问这两种方法记录所得的衍射图像是否相同？

（3）试问矩形孔衍射时，其衍射图像在垂直于矩形孔的长边方向上展开得宽，还是垂直于其短边方向上展开得更宽些？

（4）在实验过程中，如果激光器输出的光强有变化，那么，对单缝衍射图像和相对光强分布曲线有无影响呢？

第4章　综合与应用性实验

实验4.1　波尔共振实验

【实验导引】

　　在机械制造和建筑工程等科技领域中，受迫振动所导致的共振现象引起了工程技术人员极大的注意，它既有破坏作用，也有许多实用价值。在科技飞速发展的新时代，共振技术被普遍应用于机械，化学，力学，电磁学，光学，分子、原子物理学，工程技术等几乎所有的科技领域。如音响设备中扬声器纸盆的振动，各种弦乐器中音腔在共鸣箱中的振动等都利用了"力学共振"；电磁波的接收和发射利用了"电磁共振"；激光的产生利用了"光学共振"；医疗技术中利用了已经非常普及的"核磁共振"等。在21世纪开始的正在蓬勃发展的信息技术、基因科学、纳米材料、航天高科技发展的浪潮中，更是大量运用到共振技术。

　　然而，共振的危害也是不容忽视的。它可以使大桥、房屋以及其他的建筑物瞬间倒塌，甚至还危及人类的生命。图4-1所示是塔科马大桥坍塌现场。

图4-1　塔科马大桥坍塌现场

　　位于美国塔科马海峡的塔科马大桥于1940年7月建成，当时是仅次于金门大桥和乔治·华盛顿大桥的世界上第三大悬索桥，仅投资花费就高达640万美元，可以说它是举世瞩目并且重金打造的项目。然而让人意想不到的是，塔科马大桥建成四个月后就发生了坍塌。1940 年 11 月，一场八级大风袭击了美国华盛顿州，塔科马大桥在强风作用下发生共振，随着振幅不断增大，整个桥梁处于剧烈的颠簸状态，最后结构垮塌，大桥被摧毁，多辆汽车也随之坠入海峡。此次桥梁事故震惊世界，也拉开了桥梁抗风研究的序幕。

　　图 4-2 所示是 2018 年 2 月完工的全球最长跨海大桥——港珠澳大桥，它是我国建桥史上的一座丰碑。这座东连香港，西接澳门、珠海的跨海大桥，全长 55 公里，其中包含 22.9 公里的桥梁工程和 6.7 公里的海底隧道，是继三峡工程、青藏铁路之后，我国又一重大基础设施项目，也是中国桥梁建筑史上技术最复杂、环保要求最高、建设标准最高的"超级工程"。从开工那一刻起，港珠澳大桥就在连续创造"世界之最"，留下了一项项震撼人心的世界纪录：世界最长的海底沉管隧道；设计使用寿命长达 120 年；世界上最大埋深的公路沉管隧道；世界上最大的沉管预制工厂；世界上最大的起重船；世界上最大的八锤联动液压振沉系统……建设过程更是处处闪耀着创新和创造的光芒，彰显了"中国制造"的实力，堪称世界桥梁建设史上的巅峰之作。

图 4-2　港珠澳大桥

　　港珠澳大桥地处珠江口伶仃洋，台风频繁，对抗风减振系统提出了更严格的要求。振动控制技术是保证桥梁结构百年无忧的关键技术之一。为了保证大跨度连续梁的港珠澳大桥 120 年的超长使用寿命和强台风下的结构安全，我国科研人员克服重重困难，研制出一套多参数精确可调的悬挂式 TMD 系统，如图 4-3 所示。TMD 是调谐质量减振器(Tuned Mass Damper)的英文缩写，它的工作原理就是将多个数吨重的钢质量块通过弹簧悬吊在振幅最大位置即跨中位置的桥梁内部，并设有耗能的阻尼装置，通过精确调频、精确调阻尼技术，使 TMD 系统的固有频率与桥梁的风涡激共振频率同频。这样，当桥梁在风激励下发生共振时，质量块就会自动形成与桥梁振动方向相反的反相位振动，以此消耗风输入到桥梁中的有害振动能量，使桥梁的振动振幅大幅减小，提高桥梁的安全性和舒适性。最终现场实测数据表明，安装完调谐质量减振器(TMD)后，桥梁阻尼比大大提高，完全满足设计要求，为桥梁设计寿命大于 120 年提供了有力保障。

图 4-3　港珠澳大桥 TMD 减震系统

　　2017 年,在建中的港珠澳大桥就遭遇了强台风"天鸽"的正面袭击;2018 年 9 月,港珠澳大桥再度经历了超强台风"山竹"的考验——作为 2018 年全球最强台风,台风"山竹"虽然在登陆菲律宾后强度大减,但受到台风影响的香港测到了 16～17 级的强风。虽经狂风、暴雨、惊涛骇浪的洗礼,威武的港珠澳大桥在茫茫大海中自岿然不动,它成功地经受住了台风带来的狂风暴雨、风暴潮一次又一次的严峻考验。

　　多参数可调的调谐质量减振器(TMD)是我国在建筑振动领域的研究和创新,目前已在上海世博会文化中心、广州亚运会博物馆、浦东机场登机桥、杭州湾大桥观光塔、崇启长江大桥等重大工程中得到应用。

　　对于受迫振动的研究,可以让我们能更加充分地利用共振现象,同时也能更有效地避开共振的危害。表征受迫振动性质的关键特性是受迫振动的振幅-频率特性和相位-频率特性(幅频特性和相频特性)。

　　本实验中采用波尔共振仪定量测量和研究机械受迫振动的幅频特性和相频特性,并利用频闪方法来测量动态的物理量——相位差。

【实验目的】

　　(1) 研究波尔共振仪中弹性摆轮受迫振动的幅频特性和相频特性。

　　(2) 研究不同阻尼力矩对受迫振动的影响,观察共振现象。

　　(3) 学习用频闪法测量运动物体的某些量,例如相位差。

　　(4) 学习系统误差的修正。

【实验仪器】

　　波尔共振实验仪。

【实验原理】

物体在周期外力的持续作用下发生的振动称为受迫振动,这种周期性的外力称为强迫力。

本实验中,由纯铜圆形摆轮和蜗卷弹簧组成弹性摆轮,可绕转轴摆动。摆轮在摆动过程中受到与角位移 θ 成正比、方向指向平衡位置的弹性恢复力矩的作用;受到与角速度 $\mathrm{d}\theta/\mathrm{d}t$ 成正比、方向与摆轮运动方向相反的阻尼力矩的作用;以及按简谐规律变化的外力矩 $M_0\cos\omega t$ 的作用。根据转动规律,可列出摆轮的运动方程:

$$J\frac{\mathrm{d}^2\theta}{\mathrm{d}t^2} = -k\theta - b\frac{\mathrm{d}\theta}{\mathrm{d}t} + M_0\cos\omega t \tag{4-1}$$

式中,J 为摆轮的转动惯量,$-k\theta$ 为弹性力矩,k 为弹性力矩系数,b 为电磁阻尼力矩系数,M_0 为强迫力矩的幅值,ω 为强迫力的圆频率。

令 $\omega_0^2 = \dfrac{k}{J}$,$2\beta = \dfrac{b}{J}$,$m = \dfrac{M_0}{J}$,则式(4-1)变为

$$\frac{\mathrm{d}^2\theta}{\mathrm{d}t^2} + 2\beta\frac{\mathrm{d}\theta}{\mathrm{d}t} + \omega_0^2\theta = m\cos\omega t \tag{4-2}$$

当强迫力为零,即式(4-2)等号右边为零时,式(4-2)就变为了二阶常系数线性齐次微分方程,根据微分方程的相关理论,当 ω_0 远大于 β 时,其解为

$$\theta = \theta_1 \mathrm{e}^{-\beta t}\cos(\omega_1 t + \alpha) \tag{4-3}$$

此时摆轮做阻尼振动,振幅 $\theta_1 \mathrm{e}^{-\beta t}$ 随时间 t 衰减,振动频率为

$$\omega_1 = \sqrt{\omega_0^2 - \beta^2}$$

式中,ω_0 称为系统的固有频率,β 为阻尼系数。当 β 也为零时,摆轮以 ω_0 的频率做简谐振动。

当强迫力不为零时,式(4-2)为二阶常系数线性非齐次微分方程,其解为

$$\theta = \theta_1 \mathrm{e}^{-\beta t}\cos(\omega_1 t + \alpha) + \theta_2\cos(\omega t + \varphi) \tag{4-4}$$

式中,第一部分表示阻尼振动,经过一段时间后衰减消失;第二部分为稳态解,说明振动系统在强迫力作用下,经过一段时间后即可达到稳定的振动状态。如果外力是按简谐振动规律变化的,那么物体在稳定状态时的运动也是与强迫力同频率的简谐振动,具有稳定的振幅 θ_2,并与强迫力之间有一个确定的相位差 φ。

将 $\theta = \theta_2\cos(\omega t + \varphi)$ 带入式(4-2),要使其在任何时间 t 恒成立,θ_2 与 φ 需满足一定的条件,由此解得稳定受迫振动的幅频特性及相频特性表达式分别为

$$\theta_2 = \frac{m}{\sqrt{(\omega_0^2 - \omega^2)^2 + 4\beta^2\omega^2}} \tag{4-5}$$

$$\varphi = \arctan\left(\frac{-2\beta\omega}{\omega_0^2 - \omega^2}\right) = \arctan\left(\frac{-\beta T_0^2 T}{\pi(T^2 - T_0^2)}\right) \tag{4-6}$$

由式(4-5)和式(4-6)可以看出,在稳定状态时振幅和相位差保持恒定,振幅 θ_2 与相位差 φ 的数值取决于 β、ω_0、m 和 ω,也取决于 J、b、k、M_0 和 ω,而与振动的起始状态无关。当强迫力的圆频率 ω 与系统的固有频率 ω_0 相同时,相位差为 $-90°$。

由于受到阻尼力的作用,受迫振动的相位总是滞后于强迫力的相位,即式(4-6)中的 φ

应为负值，而反正切函数的取值范围为$(-90°,90°)$，当由式(4-6)计算得出的角度数值为正时，应减去$180°$将其换算成负值。

图4-4、图4-5所示分别表示了在不同β值时稳定受迫振动的幅频特性和相频特性。

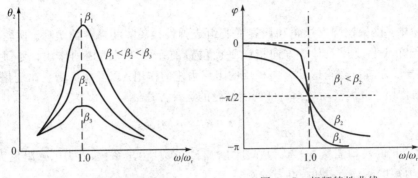

图4-4　幅频特性曲线　　　　　图4-5　相频特性曲线

由式(4-5)，将θ_2对ω求极值可得出：当强迫力的圆频率$\omega = \sqrt{\omega_0^2 - 2\beta^2}$时，$\theta_2$有极大值，产生共振。若共振时圆频率和振幅分别用$\omega_r$、$\theta_r$表示，则有

$$\omega_r = \sqrt{\omega_0^2 - 2\beta^2} \qquad (4-7)$$

$$\theta_r = \frac{m}{2\beta\sqrt{\omega_0^2 - \beta^2}} \qquad (4-8)$$

将式(4-7)代入式(4-6)，得到共振时的相位差为

$$\varphi_r = \arctan\left(\frac{-\sqrt{\omega_0^2 - 2\beta^2}}{\beta}\right) \qquad (4-9)$$

式(4-7)～式(4-9)表明，阻尼系数β越小，共振时的圆频率ω_r越接近系统的固有频率ω_0，振幅θ_r越大，共振时的相位差越接近$-90°$。

由图4-4可见，β越小，θ_r越大，θ_2随ω偏离ω_0而衰减得越快，幅频特性曲线越陡峭。在峰值附近，$\omega \approx \omega_0$，$\omega_0^2 - \omega^2 \approx 2\omega_0(\omega_0 - \omega)$，而式(4-5)可近似表达为

$$\theta_2 \approx \frac{m}{2\omega_0\sqrt{(\omega_0 - \omega)^2 + \beta^2}} \qquad (4-10)$$

由上式可见，当$|\omega_0 - \omega| = \beta$时，振幅降为峰值的$\frac{1}{\sqrt{2}}$，根据幅频特性曲线的相应点可确定$\beta$的值。

【实验仪器简介】

ZKY-BG型波尔共振仪由振动仪与电器控制箱两部分组成。振动仪部分如图4-6所示，铜质圆形摆轮4安装在机架7上，涡卷弹簧6的一端与摆轮的轴相连，另一端可固定在机架支柱上，在弹簧弹性力的作用下，摆轮可绕轴自由往复摆动。在摆轮的外围有一圈凹槽型缺口，其中一个长凹槽2比其他凹槽长出许多。机架上对准长凹槽缺口处有一个光电门1，它与电器控制箱连接，用来测量摆轮的振幅角度值和摆轮的振动周期。在机架下方有一对带有铁芯的阻尼线圈8，摆轮恰巧嵌在铁芯的空隙中。当线圈中通过直流电流后，摆轮受到一个电磁阻尼力的作用，改变电流的大小即可使阻尼力大小相应变化。为使摆轮做受迫振动，在电

动机轴上装有偏心轮，通过连杆 9 带动摆轮。在电动机轴上装有带刻线的有机玻璃转盘
13，它随电机一起转动。由它可以从角度盘 12 读出相位差 φ。调节控制箱上的十圈电机转
速调节旋钮，可以精确改变加于电机上的电压，使电机的转速在实验范围（30～45 r/min）
内连续可调。电机的有机玻璃转盘 13 上装有两个挡光片。在角度盘 12 中央上方 90°处也有
光电门 11（接收强迫力矩信号），它与控制箱相连，以测量强迫力矩的周期。

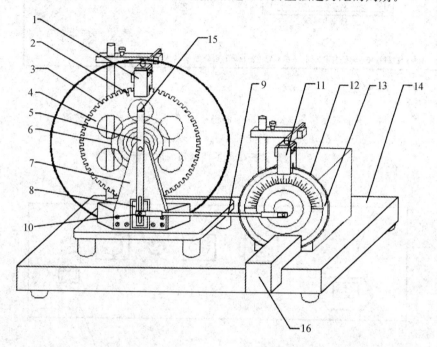

1—光电门；2—长凹槽；3—短凹槽；4—铜质圆形摆轮；5—摇杆；6—蜗卷弹
簧；7—机架；8—阻尼线圈；9—连杆；10—摇杆调节螺钉；11—光电门；
12—角度盘；13—有机玻璃转盘；14—底座；15—弹簧夹持螺钉；16—闪光灯

图 4-6　波尔共振仪的振动仪部分

　　受迫振动时，摆轮与外力矩的相位差是利用小型闪光灯来测量的。闪光灯受摆轮信号
光电门控制，每当摆轮上长凹槽 2 通过平衡位置时，光电门 1 接收光，引起闪光，这一现象
称为频闪现象。在稳定情况时，在闪光灯照射下可以看到有机玻璃上的光敏指针好像一直
"停在"某一刻度处，所以此数值可方便地直接读出，误差不大于 2°。闪光灯放置位置如图
4-6 所示，放置在底座上。

　　摆轮振幅是利用通过光电门 1 的凹槽型缺口个数测出，并在控制箱液晶显示器上直接
显示出此值，精度为 1°。

　　波尔共振仪电器控制箱的前面板和后面板示意图分别如图 4-7 和图 4-8 所示，电机转
速调节旋钮 7，可改变强迫力矩的周期。

　　可通过软件控制阻尼线圈内直流电流的大小，达到改变摆轮系统的阻尼系数的目的。
阻尼挡位的选择可通过软件控制，共分 3 挡，分别是"阻尼 1""阻尼 2""阻尼 3"。阻尼电流
由恒流源提供，实验时根据不同情况进行选择。

　　闪光灯开关用来控制闪光与否，当按住闪光按钮、摆轮长凹槽缺口通过平衡位置时便

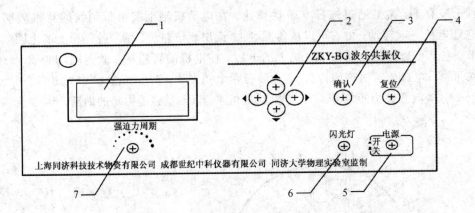

1—液晶显示屏幕；2—方向控制键；3—确认按键；4—复位按键；

5—电源开关；6—闪光灯开关；7—强迫力周期调节旋钮

图 4-7　波尔共振仪电器控制箱的前面板示意图

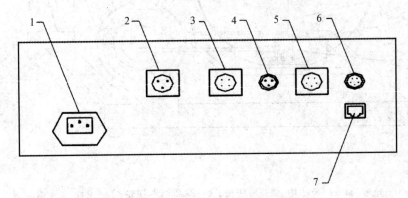

1—电源插座（带保险）；2—闪光灯接口；3—阻尼线圈；

4—电机接口；5—振幅输入；6—周期输入；7—通讯接口

图 4-8　波尔共振仪电器控制箱的后面板示意图

产生闪光，由于频闪现象，可从角度盘上看到刻度线似乎静止不动（实际有机玻璃 13 上的刻度线一直在匀速转动），从而读出相位差数值。为使闪光灯管不易损坏，采用开关按钮，仅在测量相位差时才按下按钮。

　　电器控制箱与闪光灯和波尔共振仪之间通过各种专业电缆相连接。

【实验内容与步骤】

1. 实验准备

　　按下波尔共振实验仪电源开关后，实验仪屏幕上出现欢迎界面，其中 NO.0000X 为电器控制箱与电脑主机相连的编号。过几秒钟后屏幕上显示如图 4-9(a) 界面 1 所示"按键说明"字样，符号"◀"为向左移动；"▶"为向右移动；"▲"为向上移动；"▼"向下移动。下文中的符号不再重新介绍。

波尔共振操作

2. 选择实验方式

根据是否连接电脑可选择联网模式或单机模式,请选择"联网模式"。这两种方式下的操作完全相同,故不再重复介绍。

3. 自由振荡——摆轮振幅 θ 与系统固有周期 T_0 的对应值测量

自由振荡实验的目的,是为了测量摆轮的振幅 θ 与系统固有振动周期 T_0 的关系。

在图 4-9 中界面 1 状态下按确认键,显示如界面 2 所示的实验类型,默认选中项为"自由振荡",字体反白为选中。再按确认键,显示如界面 3 所示。

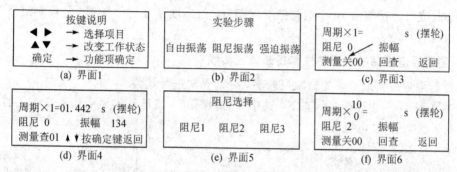

图 4-9　自由振荡与阻尼振荡界面图示

用手转动摆轮 160° 左右,放开手后尽快按"▲"或"▼"键,使第一个振幅值 θ_0 在 150° 左右,测量状态由"关"变为"开",控制箱开始记录实验数据。振幅的有效数值范围为 50°~160°(振幅小于 160° 测量自动打开,小于 50° 测量自动关闭),测量显示关时,数据已经保存并发送到主机。

回查实验数据,可按"◀"或"▶"键,选中回查,再按确认键。如图 4-9 中界面 4 所示,表示第一次记录的振幅 $\theta_0 = 134°$,对应的周期 $T = 1.442$ s,然后按"▲"或"▼"键查看所有记录的数据,该数据为每次测量振幅相对应的周期数值,回查完毕,按确认键,返回到图 4-9 中界面 3 状态。此法可做出振幅 θ 与 T_0 的对应表。该对应表将在稍后的"幅频特性和相频特性"数据处理过程中使用。

若进行多次测量,可重复以上操作,自由振荡完成后,选中"返回",按确认键回到前面界面 2 进行其他实验。

因电器控制箱只记录每次摆轮周期变化时所对应的振幅值,因此有时转盘转过光电门几次,测量才记录一次(其间能看到振幅变化),当回查数据时,有的振幅数值被自动剔除了(当摆轮周期的第 5 位有效数字发生变化时,控制箱记录对应的振幅值。控制箱上只显示 4 位有效数字,故学生无法看到第 5 位有效数字的变化情况,在电脑主机上则可以清楚地看到)。

4. 测量阻尼系数 β

在图 4-9 中界面 2 的状态下,根据实验要求,按"▶"键,选中"阻尼振荡",按确认键显示阻尼,如界面 5 所示。阻尼分三个挡,阻尼 1 最小,根据自己实验要求选择阻尼挡,如选择阻尼 2 挡,按确认键显示如图 4-9 的界面 6 所示。

先将角度盘光敏指针放在 0° 位置,用手转动摆轮至 160° 左右,使得第一个振幅 θ_0 在

150°左右，按"▲"或"▼"键，测量由"关"变为"开"，仪器记录 10 组数据后，测量自动关闭，此时振幅大小还在变化，但仪器已经停止记数，可以记录数据。

阻尼振荡的回查同自由振荡，请参照相关操作。若改变阻尼挡测量，重复以上操作步骤即可。

从液显窗口读出摆轮做阻尼振荡时的振幅数值 θ_1，θ_2，θ_3，$\cdots$，θ_n，利用公式

$$\ln \frac{\theta_0 \mathrm{e}^{-\beta t}}{\theta_0 \mathrm{e}^{-\beta(t+nT)}} = n\beta\overline{T} = \ln \frac{\theta_0}{\theta_n} \tag{4-11}$$

求出 β 值，式中 n 为阻尼振荡的周期次数；θ_n 为第 n 次振荡时的振幅；$\overline{T}$ 为阻尼振荡周期的平均值。此值可通过测出 10 个摆轮振动周期值，然后取其平均值得到。一般阻尼系数需测量 2~3 次。

5. 测量强迫振荡的幅频特性和相频特性曲线

在进行强迫振荡前必须先做阻尼振荡，否则无法进行实验。

仪器在图 4-9 中界面 2 状态下，选中"强迫振荡"，按确认键显示如图 4-10 的界面 7 所示，默认状态选中"电机"。

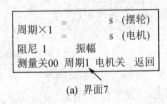 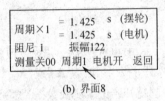 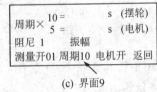

(a) 界面7　　　　　　　(b) 界面8　　　　　　　(c) 界面9

图 4-10　受迫振荡界面图示

按"▲"或"▼"键，让电机启动。此时保持周期为 1，待摆轮和电机的周期相同，特别是振幅已稳定，变化不大于 1，表明两者已经稳定（如图 4-10 的界面 8），可开始测量。

测量前应先选中周期，按"▲"或"▼"键把周期由 1（见图 4-10 的界面 7）改为 10（见图 4-10 的界面 9），（目的是为了减少误差，若不改周期，测量无法打开）。再选中"测量"，按下"▲"或"▼"键，测量打开（见图 4-10 的界面 9）。

一次测量完成，显示"测量关"后，读取强迫力周期挡位值、电机周期值和振幅值，然后利用闪光灯测量强迫振荡位移与强迫力短间的相位差 φ。

调节强迫力矩周期调节旋钮，改变电机的转速，即改变强迫力矩频率 ω，从而改变电机转动周期。电机转速的改变可按照 $\Delta\varphi$ 控制在 10°左右来定（或强迫振动周期挡位可以选择 0~10 的整数挡，但要注意稳定时所显示的振幅值如果低于 50°，这样的挡位不可选用），至少测量 10 个挡位。每次改变强迫力矩的周期，都需要把周期调回到"1"并等待系统稳定，约需 2 分钟，即返回到界面 8 状态，等待摆轮和电机的周期相同，然后再进行测量。

在共振点（即相位差在 90°）附近，由于图像曲率变化较大，因此测量数据相对密集些，此时电机转速的极小变化会引起 $\Delta\varphi$ 很大改变。电机转速旋钮上的读数是参考数值，建议在不同 ω 时都记下此值，以便重新测量时参考。

测量相位差时应把闪光灯放在电机转盘前下方，按下闪光灯按钮，根据频闪现象来测量，仔细观察相位差位置。

强迫振荡测量完毕,按"◀"或"▶"键,选中"返回",按确定键,重新回到图 4 - 9 中界面 2 状态。强迫振荡实验时应注意:① 调节仪器面板上强迫力矩周期调节旋钮,从而改变不同电机转动周期,该实验必须做 10 个挡位以上,其中必须包括电机转动周期与自由振荡实验时的自由振荡周期相同或有极其相近的数值,即找到共振点;② 在做强迫振荡实验时,须待电机与摆轮的周期相同(末位数差异不大于 2)即系统稳定后,方可测量并记录实验数据。且每次改变了强迫力矩的周期,都需要重新等待系统稳定;③ 因为闪光灯的高压电路及强光会干扰光电门采集数据,因此须待一次测量完成,显示"测量关"后,才可使用闪光灯读取相位差。

6. 关机

在界面 2 状态下,按住复位按钮保持不动,几秒钟后仪器自动复位,此时所做实验数据全部清除,然后按下电源按钮,结束实验。

【数据记录和处理】

(1) 摆轮振幅 θ 与系统固有周期 T_0 的关系(见表 4 - 1)。

表 4 - 1　自由振荡振幅 θ 与 T_0 的关系

振幅 $\theta/(°)$	固有周期 T_0/s	振幅 $\theta/(°)$	固有周期 T_0/s	振幅 $\theta/(°)$	固有周期 T_0/s	振幅 $\theta/(°)$	固有周期 T_0/s

(2) 阻尼系数 β 的计算。

对表 4 - 2 所测数据按逐差法处理,β 值为

$$5\beta\overline{T} = \ln\frac{\theta_i}{\theta_{i+5}} \tag{4 - 12}$$

式中,i 为阻尼振动的周期次数;θ_i 为第 i 次振动时的振幅。

表 4 - 2　阻尼振荡中阻尼系数测量记录表　　　　　　阻尼挡位＿＿＿＿＿＿

第一次测量			第二次测量		
$10T=$＿＿＿ s	$\overline{T}=$＿＿＿ s		$10T=$＿＿＿ s	$\overline{T}=$＿＿＿ s	
振幅 $\theta_n(°)$		$\ln\dfrac{\theta_i}{\theta_{i+5}}$	振幅 $\theta_n(°)$		$\ln\dfrac{\theta_i}{\theta_{i+5}}$
θ_i	θ_{i+5}		θ_i	θ_{i+5}	
$\ln\dfrac{\theta_i}{\theta_{i+5}}$ 的平均值			$\ln\dfrac{\theta_i}{\theta_{i+5}}$ 的平均值		
阻尼系数 β_1/s^{-1}			阻尼系数 β_2/s^{-1}		
阻尼系数 β/s^{-1}					

（3）幅频特性和相频特性测量

将记录的实验数据填入表 4 - 3，并查询振幅 θ 与固有频率 T_0 的对应表，获取对应的 T_0 值，也填入表 4 - 3 中。

表 4 - 3　强迫振荡幅频特性和相频特性测量数据记录表　　　　　阻尼挡位＿＿＿＿＿＿

强迫力矩周期挡位值	电机周期 T/s	振幅测量值 $\theta/(°)$	查表 4 - 1 与振幅 θ 对应的固有周期 $T_0/(°)$	相位差测量值 $\varphi/(°)$	相位差理论值/(°) $\varphi=\arctan\dfrac{-\beta T_0^2 T}{\pi(T^2-T_0^2)}$	频率比例 $\dfrac{\omega}{\omega_r}$

以 ω/ω_r 为横轴，θ 为纵轴，作出 θ-ω/ω_r 幅频特性曲线；以 ω/ω_r 为横轴，相位差 φ 为纵轴，作 φ-ω/ω_r 相频特性曲线。

进行误差分析并根据实验结果做出实验总结。

 说明

因为本仪器中采用石英晶体作为计时部件，所以测量周期（圆频率）的误差可以忽略不计，误差主要来自阻尼系数 β 的测量和无阻尼振动时系统的固有振动频率 ω_0 的确定，且后者对实验结果影响较大。

在前面的实验原理部分中我们认为弹簧的弹性系数 k 为常数，它与扭转的角度无关。实际上由于制造工艺及材料性能的影响，k 值随着角度的改变而略有微小的变化（3％左右），因而造成在不同振幅时系统的固有频率 ω_0 有变化。如果取 ω_0 的平均值，在共振点附近将使相位差的理论值与实验值相差很大。为此可测出自由振荡时摆轮的振幅与系统固有频率 ω_0 的对应数值，在 $\varphi = \arctan \dfrac{\beta T_0^2 T}{\pi(T^2 - T_0^2)}$ 公式中 T_0 采用对应于某个振幅的数值代入（查看自由振荡实验，做出 θ 与 T_0 的对应表，找出该振幅在自由振荡实验时对应的摆轮固有周期。若此 θ 值在表中查不到，则可根据对应表中摆轮的运动趋势，用内插法，估计一个 T_0 值。如果最后一个振幅值在 50° 以上，则可以认为最后一个振幅值到 50° 之间都没有变化），这样可使系统误差明显减小。

实验 4.2　密立根油滴实验

【实验导引】

天体物理学研究发现，我们能够观测到的发光星体的质量仅仅只是宇宙空间里物质总质量的一小部分，还有很大一部分质量则来自至今我们还没有弄清楚的东西。这种看不见又确实存在的东西，我们称它为"暗物质"。

普通物质是由各种各样的粒子构成的，如果暗物质存在的话，会是什么样的粒子呢？把暗物质的物理性质和标准模型里面的所有基本粒子相匹配，发现没有一个基本粒子能符合暗物质的物理性质。也就是说，如果找到了暗物质粒子，肯定会超出标准模型，导致物理学发生巨变，这就是探测暗物质意义重大的主要原因。那么如何寻找和探测暗物质？目前的办法有以下几种：

密立根油
滴实验

第一种办法是通过高能粒子对撞，直接造出暗物质。但是欧洲核子中心的全球最大型粒子对撞机，至今也还未发现暗物质的存在。

第二种办法是去地下探测。由于空气中有大量的宇宙射线粒子，它们会对实验形成很强的干扰，而暗物质粒子有可能和我们有一种很微弱的相互作用，需要极其精密的仪器才能探测到，因此必须把实验放在很深的地下实验室去做。

2010 年 12 月 12 日，中国首个极深地下"暗物质"实验室——四川锦屏山实验室投入使用。该实验室位于地下垂直深度 2400 米处，是目前世界上岩石覆盖最深的实验室，也是观测环境最好的地下实验室。虽然该实验室至今也还没发现暗物质粒子的信号，但研究者对暗物质粒子属性给出了一个很强的约束，已经是目前世界上灵敏度最高的实验结果了。

第三种办法是去天上探测。因为地球大气层把暗物质湮灭之后产生的标准模型的大部分粒子都挡在了外面，通过发射卫星探测器，我们在大气之外观察这些宇宙高能射线粒子，可以间接寻找暗物质。

2015 年 12 月 17 号在酒泉卫星发射中心，"悟空"卫星成功发射，图 4-11 所示为在太空运行的"悟空"卫星。

图 4-11　在太空中运行的"悟空"卫星

"悟空"卫星是全世界观测能段最宽、分辨率最高、本底最低的暗物质探测器，它共有
75 916 路子探测器，探测器的水平达到了国际上最先进的伽马射线望远镜的水平。它可以
测量天上所有的高能粒子，测量的主要物理量为能量、方向、电荷。卫星还可提供测量
时间。

天上的粒子多种多样，比如伽马射线不带电，电荷为 0；电子的电荷是 −1；正电子的
电荷是 +1；质子的电荷是 +1；氢、氦、锂、铍、硼，一直到铁，其电荷依次从 +2 到 +26，
铁的电荷是 +26（此处带电指所带的基本电荷），通过测量电荷就能把大部分粒子鉴别
出来。

由美国实验物理学家密立根（R. A. Millikan）首先设计并完成的密立根油滴实验，在近
代物理学的发展史上是一个十分重要的实验。它证明了任何带电体所带的电荷都是某一最
小电荷——基本电荷的整数倍，明确了电荷的不连续性，并精确地测量了基本电荷的数值，
为从实验上测量其他一些基本物理量提供了可能性。密立根因测出电子电荷及其他方面的
贡献，荣获了 1923 年诺贝尔物理学奖。

由于密立根油滴实验设计巧妙、原理清楚、设备简单、结果准确，所以它一直是一个著
名而有启发性的物理实验，多少年来，在国内外许多院校的理化实验室里，为千百万大学
生（甚至中学生）重复着。通过学习密立根油滴实验的设计思想和实验技巧，可以提高学生
的实验能力和素质。

【实验目的】

（1）通过对带电油滴在重力场和静电场中运动的测量，验证电荷的不连续性，并测量

电子的电荷量 e。

（2）通过实验中对仪器的调整、油滴的选择、耐心的测量以及数据的处理等，培养学生严肃认真和一丝不苟的科学态度。

【实验仪器】

ZKY - MLG - 6 密立根油滴实验仪，监视器。

【实验原理】

用油滴法测量电子的电荷，可用静态（平衡）测量法或动态（非平衡）测量法，也可通过改变油滴的所带电荷量，用静态测量法或动态测量法测量油滴所带电荷量的改变量。

1. 静态（平衡）测量法

用喷雾器将油喷入两块相距为 d 的水平放置的平行极板之间。油在喷射撕裂成油滴时，一般都是带电的。设油滴的质量为 m，所带的电荷为 q，两极板间的电压为 U，则油滴在平行极板间将同时受到重力 mg 和静电力 qE 的作用，如图 4 - 12 所示。如果调节两极板间的电压 U，可使两力达到平衡，这时有

$$mg = qE = q\frac{U}{d} \qquad (4-13)$$

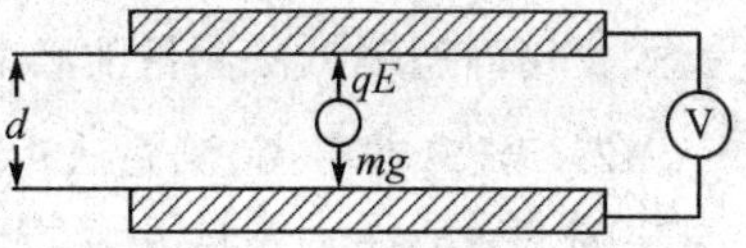

可见，为了测出油滴所带的电荷量 q，除了需测量平衡时电压 U 和极板间距离 d 外，还需要测量油滴的质量。由于质量 m 很小，需用如下特殊方法测量。平行极板不加电

图 4 - 12　油滴平衡示意图

压，油滴受重力作用而加速下降，由于空气阻力的作用，下降一段距离达到某一速度 v_g 后，阻力 f_r 与重力 mg 平衡，如图 4 - 13 所示（空气浮力忽略不计），油滴将匀速下降。根据斯托克斯定律，油滴匀速下降时有

$$f_r = 6\pi a\eta v_g = mg \qquad (4-14)$$

式中，η 是空气的黏滞系数；a 是油滴的半径（由于表面张力的原因，油滴总是呈小球状）。设油的密度为 ρ，油滴的质量 m 可以用下式表示：

$$m = \frac{4}{3}\pi a^3 \rho \qquad (4-15)$$

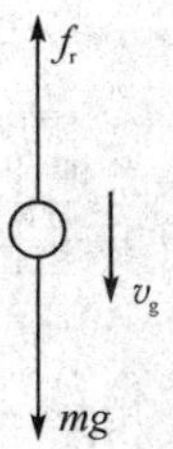

由式（4 - 14）和式（4 - 15），可得到油滴的半径为

$$a = \sqrt{\frac{9\eta v_g}{2\rho g}} \qquad (4-16)$$

图 4 - 13　静态测量法油滴受力示意图

对于半径小到 10^{-6} m 的小球，空气的黏滞系数应作如下修正：

$$\eta' = \frac{\eta}{1 + \dfrac{b}{pa}}$$

这时斯托克斯定律应改为

$$f_r = \frac{6\pi a\eta v_g}{1 + \dfrac{b}{pa}}$$

式中，b 为修正常数，$b = 6.17 \times 10^{-6}$ m·cmHg；p 为大气压强，从而得

$$a = \sqrt{\frac{9\eta v_g}{2\rho g} \cdot \frac{1}{1 + \dfrac{b}{pa}}} \tag{4-17}$$

上式根号中还包含油滴的半径 a，但因它处于修正项中，可不用十分精确，因此可用式(4-16)计算。将式(4-17)代入式(4-15)，得

$$m = \frac{4}{3}\pi \left[\frac{9\eta v_g}{2\rho g} \cdot \frac{1}{1 + \dfrac{b}{pa}}\right]^{\frac{3}{2}} \rho \tag{4-18}$$

至于油滴匀速下降的速度 v_g，可用以下方法测出：当两极板间的电压 U 为 0 时，设油滴匀速下降的距离为 l，时间为 t_g，则

$$v_g = \frac{l}{t_g} \tag{4-19}$$

先将式(4-19)代入式(4-18)，再将所得式子代入式(4-13)，得

$$q = \frac{18\pi}{\sqrt{2\rho g}} \left[\frac{\eta l}{t_g\left(1 + \dfrac{b}{pa}\right)}\right]^{3/2} \frac{d}{U} \tag{4-20}$$

上式是用静态测量法测量油滴所带电荷量的理论公式。

2. 动态(非平衡)测量法

静态测量法是在静电力 qE 和重力 mg 达到平衡时导出公式(4-20)进行实验测量的。动态测量法则是在平行极板上加以适当的电压 U，但并不调节 U 使静电力和重力达到平衡，而是使油滴受静电力作用加速上升。由于空气阻力的作用，上升一段距离达到某一速度 v_e 后，空气阻力、重力与静电力达到平衡(空气浮力忽略不计)，油滴将匀速上升，如图 4-14 所示。这时有

$$6\pi a\eta v_g = q\frac{U}{d} - mg$$

当去掉平行极板上所加的电压 U 后，油滴受重力作用而加速下降。当空气阻力和重力平衡时，油滴将以匀速 v_g 下降，这时有

$$6\pi a\eta v_g = mg$$

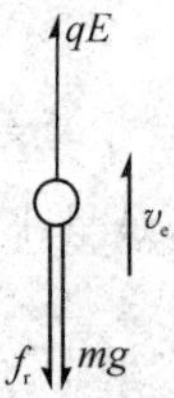

上两式相除，得

$$\frac{v_e}{v_g} = \frac{q\dfrac{U}{d} - mg}{mg}$$

图 4-14　动态测量
　　　　法油滴受
　　　　力示意图

即

$$q = mg\frac{d}{U}\left(\frac{v_g + v_e}{v_g}\right) \tag{4-21}$$

实验时取油滴匀速下降和匀速上升的距离相等，都为 l。测出油滴匀速下降的时间为 t_g，匀速上升的时间为 t_e，则

$$v_g = \frac{l}{t_g}, \; v_e = \frac{l}{t_e} \tag{4-22}$$

将式(4-18)中油滴的质量 m 和式(4-22)代入式(4-21)，得

$$q = \frac{18\pi}{\sqrt{2\rho g}} \left[\frac{\eta l}{t_g \left(1 + \dfrac{b}{pa}\right)} \right]^{\frac{3}{2}} \frac{d}{U} \left(\frac{1}{t_e} + \frac{1}{t_g}\right) \left(\frac{1}{t_g}\right)^{\frac{1}{2}} \tag{4-23}$$

从实验所测得的结果，可以分析出 q 只能是某一数值的整数倍，由此可以得出油滴所带电子的总数 n，从而得到一个电子的电荷量为

$$e = \frac{q}{n} \tag{4-24}$$

从上述讨论可见：

① 用静态测量法，原理简单、现象直观，且油滴有平衡不动的时候，所以实验操作的节奏可以进行得较慢，但需仔细调整平衡时的电压；用动态测量法，在原理和数据处理方面较静态法要烦琐一些，且油滴没有平衡不动的时候，实验操作稍一疏忽，油滴容易丢失，但它不需要调整电压。

② 比较式(4-20)和式(4-23)，当调节电压 U 使油滴受力达到平衡时，油滴匀速上升的时间 $t_e \to \infty$，两式相一致，可见静态测量法是动态测量法的一种特殊情况。

3. 测量油滴所带电荷量的改变量

现以动态测量法测量油滴所带电荷量的改变量为例作介绍。

如果油滴所带的电荷量从 q 变到 q'，油滴在电场中(电压 U 不变)匀速上升的速度将由 v_e 变为 v'_e，而匀速下降的速度 v_g 不变。测出油滴匀速上升 l 距离的时间为 t'_e，则

$$v'_e = \frac{l}{t'_e}$$

与式(4-23)比较得

$$q' = K \left(\frac{1}{t'_e} + \frac{1}{t_g}\right) \left(\frac{1}{t_g}\right)^{\frac{1}{2}} \frac{1}{U} \tag{4-25}$$

由式(4-23)和式(4-25)得油滴所带电荷量的改变量为

$$q_i = q' - q = K \left(\frac{1}{t'_e} - \frac{1}{t_e}\right) \left(\frac{1}{t_g}\right)^{\frac{1}{2}} \frac{1}{U} \tag{4-26}$$

由此可得油滴所带电子数的改变数 i 和一个电子的电荷量的关系为

$$e = \frac{q_i}{i} \tag{4-27}$$

【实验仪器简介】

实验仪由主机、CCD 成像系统、油滴盒、监视器等部件组成。其中，主机包括可控高压电源、计时装置、A/D 采样、视频处理等单元模块；CCD 成像系统包括 CCD 传感器、光学成像部件等；油滴盒包括高压电极、照明装置、防风罩等部件；监视器是视频信号输出设备。仪器部件示意如图 4-15 所示。

CCD 模块及光学成像系统用来捕捉暗室中油滴的像，同时将图像信息传给主机的视频处理模块。实验过程中可以通过调焦旋钮来改变物距，使油滴的像清晰地呈现在 CCD 传感器的窗口内。

电压调节旋钮可以调整极板之间的电压，用来控制油滴的平衡、下落及提升状态。

定时开始、结束切换键用来计时；0 V、工作切换键用来切换仪器的工作状态；平衡、提升切换键可以切换油滴平衡或提升状态；确认键可以将测量数据显示在屏幕上，从而省去了每次测量完成后手工记录数据的过程，使操作者把更多的注意力集中到实验本质上来。

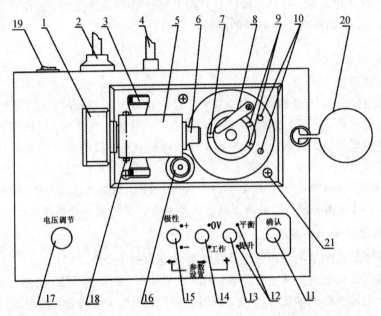

1—CCD盒；2—电源插座；3—调焦旋钮；4—视频接口；5—光学成像系统；6—镜头；

7—观察孔；8—上极板压簧；9—进光孔；10—光源；11—确认键；12—状态指示灯；

13—平衡、提升切换键；14—0V、工作切换键；15—定时开始、结束切换键；16—水准泡；

17—电压调节旋钮；18—紧定螺钉；19—电源开关；20—油滴管收纳盒安放环；21—调平螺钉

图 4 - 15　仪器部件示意图

油滴盒是一个关键部件，具体构成如图 4 - 16 所示。

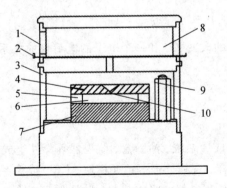

1—喷雾口；2—进油量开关；3—防风罩；4—上极板；5—胶木圆环；

6—油滴室；7—下极板；8—油雾仓；9—上极板压簧；10—上极板落油孔

图 4 - 16　油滴盒装置示意图

上、下极板之间通过胶木圆环支撑，三者之间的接触面经过机械精加工后可以将极板间的不平行度、间距误差控制在 0.01 mm 以下。这种结构基本上消除了极板间的"势垒效应"及"边缘效应",较好地保证油滴室处在匀强电场之中,从而有效地减小实验误差。

胶木圆环上开有两个进光孔和一个观察孔,光源通过进光孔给油滴室提供照明,而成像系统则通过观察孔捕捉油滴的像。照明由带聚光的高亮发光二极管提供,其使用寿命长、不易损坏;油雾仓可以暂存油雾,使油雾不至于过早地散逸;进油量开关可以控制落油量;防风罩可以避免外界空气流动对油滴的影响。

【实验内容与步骤】

学习控制油滴在视场中的运动,并选择合适的油滴测量基本电荷。要求至少测量 3 个不同的油滴,每个油滴的有效测量次数应不少于 5 次。

1. 调整油滴实验仪

(1) 水平调整。

调整调平螺钉(顺时针仪器升高,逆时针仪器下降),通过观察水准仪将实验平台调至水平,使平衡电场方向与重力方向平行以免引起实验误差。极板平面是否水平决定了油滴在下落或提升过程中是否发生前后、左右的漂移。

(2) 实验仪联机使用。

① 打开实验仪电源及监视器电源,监视器出现欢迎界面。

② 按任意键,监视器出现参数设置界面,实验参数已预先设置好,无需自己设置。

③ 按确认键出现实验界面,将工作状态切换至"工作",红色指示灯亮,将平衡、提升切换键切换至"平衡"。

(3) CCD 成像系统调整。

从喷雾口喷入油雾,此时监视器上应该出现大量运动油滴的像。若没有看到油滴的像,则需调整调焦旋钮或检查进油量开关是否打开,直至看到清晰的油滴图像。

2. 熟悉实验界面

在完成参数设置后,按确认键,监视器显示实验界面,如图 4-17 所示。不同的实验方法的实验界面有一定差异。

		(极板电压)
		(经历时间)
0		(电压保存提示栏)
结果平均值显示区		(保存结果显示区)
		(共 5 格)
		(下落距离设置栏)
(距离标志)		(实验方法栏)
		(仪器生产厂家)

图 4-17　实验界面示意图

图中各部分说明如下：

(1) 极板电压：实际加到极板的电压，显示范围为 0～9999 V。

(2) 经历时间：定时开始到定时结束所经历的时间，显示范围为 0～99.99 s。

(3) 电压保存提示栏：将要作为结果保存的电压，在每次完整的实验后显示。当保存实验结果后（即按下确认键）自动清零。显示范围同极板电压。

(4) 保存结果显示区：显示每次保存的实验结果，共 5 次，显示格式与实验方法有关，如图 4-18 所示。

（平衡电压）
（下落时间）

(a) 静态测量法结果显示格式

（提升电压）　（平衡电压）
（上升时间）　（下落时间）

(b) 动态测量法结果显示格式

图 4-18　显示格式

当需要删除当前保存的实验结果时，按下确认键 2 s 以上，当前结果被清除（不能连续删，请注意每次保存数据后确认一下结果是否有误）。

(5) 下落距离设置栏：显示当前设置的油滴下落距离，在相应的格线上有相应的数字标记，显示范围为 0.2～1.8 mm。垂直方向视场范围为 2 mm，分为 10 格，每格 0.2 mm。

(6) 实验方法栏：显示当前的实验方法（静态测量法或动态测量法），在参数设置界面设定。欲改变实验方法，只有重新启动仪器（关、开仪器电源）。对于静态测量法，实验方法栏仅显示"平衡法"字样；对于动态测量法，实验方法栏除了显示"动态法"以外，还显示即将开始的动态测量法步骤，如将要开始第一步（油滴下落）时，实验方法栏显示"1 动态法"；做完第一步，即将开始第二步骤时，实验方法栏显示"2 动态法"。

(7) 仪器生产厂家：显示生产厂家。

3. 选择适当的油滴并练习控制油滴

(1) 平衡电压的确认。

仔细调整电压调节旋钮使油滴平衡在某一格线上，等待一段时间，观察油滴是否飘离格线，若其向同一方向飘动，则需重新调整；若其基本稳定在格线或只在格线上下做轻微的布朗运动，则可以认为其基本达到了力学平衡。由于油滴在实验过程中处于挥发状态，在对同一油滴进行多次测量时，每次测量前都需要重新调整电压，以免引起较大的实验误差。事实证明，同一油滴的平衡时电压将随着时间的推移有规律地递减，且其对实验误差的影响很大。

(2) 控制油滴的运动，将油滴平衡在屏幕顶端的第一条格线上。

选择适当的油滴，仔细调整电压，使油滴平衡在屏幕顶端的第一条格线上。将工作状态切换键切换至"0 V"，绿色指示灯点亮，此时上下极板同时接地，电场力为零，油滴将在重力、浮力及空气阻力的作用下做下落运动。当油滴下落到有"0"标记的格线时，立刻按下计时开始键，计时器开始记录油滴下落的时间，待油滴下落至有距离标志（如 1.6）的格线时，立即按下计时结束键，计时器停止计时。经历一小段时间后，0 V、工作切换键自动切换至"工作"（平衡、提升切换键处于"平衡"）状态，此时油滴将停止下落，可以通过确认键将此次测量数据记录到屏幕上。

　　将工作状态按键切换至"工作"，红色指示灯点亮，此时仪器根据平衡或提升状态分两种情形：若置于"平衡"，则可以通过电压调节旋钮调整平衡时电压；若置于"提升"，则极板电压将在原平衡时电压的基础上再增加 200 V 的电压，用来向上提升油滴。

　　（3）选择适当的油滴。

　　要做好油滴实验，所选的油滴体积要适中。大的油滴虽然明亮，但一般带的电荷多，下降或提升速度太快，不容易测准确；油滴太小则受布朗运动的影响明显，测量时涨落较大，也不容易测准确。因此应该选择质量适中而带电不多的油滴。建议选择电压在 150～400 V、下落时间在 20 s（当下落距离为 2 mm 时）左右的油滴进行测量。

　　具体操作：将计时器切换至"结束"，工作状态切换至"工作"，平衡、提升状态切换至"平衡"，通过调整电压调节旋钮将电压调至 250 V 左右，喷入油雾，此时监视器出现大量运动的油滴，观察运动较慢且亮度中等的油滴，然后调节电压，使之达到平衡状态。确认平衡时电压在 150～400 V 后，将工作状态切换至"0 V"，油滴下落，在监视器上选择下落一格的时间约为 2 s 左右的油滴进行测量。确认键用来实时记录屏幕上的电压值及计时值。当记录 5 组数据后，按下确认键，在界面的左面将出现 $\overline{U}$（表示五组电压的平均值）、$\bar{t}$（表示五组下落时间的平均值）、q（表示该油滴的五次测量的平均电荷量）的数值。若需继续实验，按确认键。

4. 正式测量

　　实验可选用静态测量法（推荐）或动态测量法。实验前仪器必须调至水平。

　　（1）静态测量法操作步骤如下：

　　① 开启电源，进入实验界面将工作状态切换至"工作"，红色指示灯点亮；将平衡、提升切换键切换至"平衡"状态；调节电压调节旋钮，给两极板加 250 V 左右电压。

　　② 通过喷雾口向油滴盒内喷入油雾，此时监视器上将出现大量运动的油滴。选取合适的油滴，仔细调整电压，使其平衡在某一起始格线上（见图 4-19）。

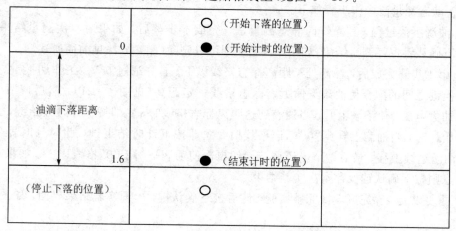

图 4-19　静态测量法计时位置示意图

　　③ 将油滴提升到最上方横格线附近，待油滴稳定平衡后，将工作状态切换至"0 V"，此时油滴开始下落，当油滴下落到有"0"标记的格线时，立即按下计时开始键，计时器启动，

开始记录油滴的下落时间。

　　④ 当油滴下落至有距离标记的格线(如 1.6)时,立即按下计时结束键,计时器停止计时(如无人为干预,经过一小段时间后,工作状态自动切换至"工作",油滴将停止移动),此时可以通过确认键将测量结果实时记录在屏幕上。

　　⑤ 将平衡、提升切换键切换至"提升"状态,油滴将被向上提升,当回到最上方格线时,将平衡、提升切换键切换至"平衡"状态,使其静止。

　　⑥ 重新调整电压,重复③ ~⑤ 步骤,并将数据(平衡时电压 U 及下落时间 t)记录到屏幕上。当达到 5 次记录后,按确认键,系统将计算 5 次测量的平均电压 $\overline{U}$ 和平均匀速下落时间 $\overline{t}$,并根据这两个参数自动计算并显示出油滴的电荷量 q,将其显示在屏幕的左侧如图 4 - 20 所示。此时把屏幕左、右两侧所有数据记录到表中。

　　⑦ 重复②~⑥ 步骤,至少测 3 个不同油滴,每个油滴测量 5 次,并测量每个油滴的电荷量 q_i。

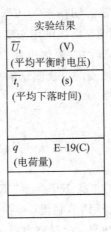

图 4 - 20　静态测量法实验结果界面

　　(2) 动态测量法操作步骤如下:

　　① 油滴下落过程,其操作同静态测量法。完成本步骤后,如果对本次测量结果满意,则可按下确认键保存测量结果;如果不满意,则可以删除(删除方法见前面所述)。

　　② 第①步骤完成后,油滴处于距离标志格线以下。首先通过 0 V、工作切换键,平衡、提升切换键之间的配合使油滴下偏距离标志格线一定距离(见图 4 - 21)。然后调节电压调节旋钮加大电压,使油滴上升。当油滴到达距离标志格线时,立即按下计时开始键,此时计时器开始计时,当油滴上升到"0"标记格线时,立即按下计时结束键,此时计时器停止计时,但油滴继续上移。最后调节电压调节旋钮再次使油滴平衡于"0"格线以上。如果对本次实验满意则按下确认键保存本次实验结果。

　　③ 重复以上步骤完成 5 次完整实验,然后按下确认键,出现实验结果界面,如图 4 - 22 所示。

　　动态测量法是分别测出下落时间 t_g、提升时间 t_e 及提升电压 U,即可求得油滴带电荷量 q。(选做)

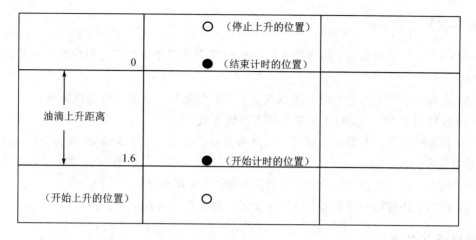

图 4 - 21　动态测量法计时位置示意图

实验结果
$\overline{U_2}$　　　(V) (平均得升电压)
$\overline{t_1}$　　　(s) (平均下落时间)
$\overline{t_2}$　　　(s) (平均上升时间)
q　　E-19(C) (电荷量)

图 4 - 22　动态测量法实验结果界面

5. 数据处理方法

为了证明电荷的不连续性和所有电荷都是基本电荷 e 的整数倍，并得到基本电荷 e 的数值，应对实验测得的各个电荷量 q 求最大公约数。这个最大公约数就是基本电荷 e 的数值，也就是电子的电荷量。但由于测量误差可能会大些，要求出 q 的最大公约数有时比较困难。

通常我们用"倒过来验证"的办法进行数据处理，即用公认的电子电荷量 $e = 1.602\ 189\ 2 \times 10^{-19}$ C 去除实验测得的电荷量 q，得到一个接近于某一个整数的数值 m，这个整数就是油滴所带的基本电荷的数目 N。再用这个 N 去除实验测得的电荷量，即得电子的电荷量 e。

用这种方法处理数据，只能是作为一种实验验证，而且仅在油滴带电荷量比较少（少数几个电子时）可以采用。当 N 值较大时（这时的平衡时电压 U 很低（100 V 以下），油滴匀速下降 2 mm 的时间很短（10 s 以下）），会产生较大的误差，这也是实验中不宜选用所带电荷量比较多的油滴的原因。

【注意事项】

(1) CCD 盒、紧定螺钉、摄像镜头的机械位置不能变更，否则会对像距及成像角度造成影响。

(2) 实验时注意关闭进油量开关以避免外界空气流动对油滴测量造成影响。

(3) 仪器内有高压，实验人员避免用手接触电极。

(4) 测量时切换键不要切换过快，应待两极板电压显示值稳定后再按切换键，否则会存入错误数据。

(5) 喷入油量不宜过多，不要连续多次喷油，以免阻塞仪器。

(6) 因为无法连续删除数据，所以每次保存数据后要认真检查是否有误。

【数据记录与处理】

(1) 静态测量法得到的油滴实验数据记录于表 4-4 中。

表 4-4　静态测量法测得的油滴实验数据记录表

不同油滴		油滴一		油滴二		油滴三		⋯	
平衡时电压和匀速下落时间		U/V	t_g/s	U/V	t_g/s	U/V	t_g/s	U/V	t_g/s
测量次数	1								
	2								
	3								
	4								
	5								
平均电压/V 和时间/s									
电荷量平均值 $/10^{-19}$C									

(2) 数据处理：利用测得的油滴所带电荷量 q_i，求出油滴所带电荷数 N_i (可用"倒过来验证"的方法)及基本电荷量 e_i。计算 $\bar{e}$ 值，并与 $e=1.602\,189\,2\times10^{-19}$C 比较，求出百分误差。

【思考题】

(1) 为什么两平行极板须调至水平？

(2) 长时间地监测一个油滴，由于挥发使油滴质量不断减小，将影响哪些量的测量？

(3) 怎样使油滴匀速下落？

(4) 在跟踪某一油滴时，油滴为什么有时会突然变得模糊起来或消失？如何控制？

知识链接

静态测量法系统参数

原理公式：

$$q = \frac{18\pi}{\sqrt{2\rho g}} \left[\frac{\eta l}{t_{\mathrm{g}}\left(1 + \dfrac{b}{pa}\right)} \right]^{3/2} \frac{d}{U}$$

其中，a 为油滴半径，有

$$a = \sqrt{\frac{9\eta l}{2\rho g t_{\mathrm{g}}}} \tag{4-28}$$

式中，d 为极板间距，$d = 5.00 \times 10^{-3}$ m；η 为空气的黏滞系数，$\eta = 1.83 \times 10^{-5}$ kg·m^{-1}·s^{-1}；l 为下落距离，依设置，默认为 1.6 mm；g 为重力加速度，$g = 9.80$ m·s^{-2}；b 为修正常数，$b = 8.23 \times 10^{-3}$ N/m(6.17×10^{-6} m·cm Hg)；p 为标准大气压强，$p = 101\,325$ Pa(76.0 cm Hg)；U 为平衡时电压；ρ 为油的密度，$\rho = 981$ kg·m^{-3}(20 ℃)；t_g 为油滴的下落时间。

由于油的密度 ρ、空气的黏滞系数 η 都是温度的函数，重力加速度 g 和大气压强 p 又随实验地点和条件的变化而变化，因此，式(4-20)的计算是近似的。在一般条件下，这样的计算引起的误差约为 1‰，但它带来的好处是使运算方便很多。对于学生的实验，这是可取的。

实验 4.3　迈克尔逊干涉仪的应用

【实验导引】

迈克尔逊干涉仪是 1881 年美国物理学家迈克尔逊与其合作者莫雷，为研究"以太漂移"而设计制造的精密的光学仪器。历史上，迈克尔逊干涉仪曾用于研究电场、磁场及媒质的运动对光传播的影响，证明了以太不存在，从而为爱因斯坦的相对论奠定了基础。利用迈克尔逊干涉仪的原理，后人还制造了各种专业干涉仪。迈克尔逊干涉仪在近代物理和近代计量技术中有着广泛的应用，如用来测量微小长度的变化、光的波长、透明介质的折射率等。该仪器及其变型在近代科技中所展示的功能是多种多样的，如光调制、光拍频、光电伺服控制、探究高斯光束特性、噪声抑制等均可通过迈克尔逊干涉仪引入。

迈克尔逊干涉仪的应用

全息摄影技术就是迈克尔逊干涉现象的典型应用。光作为一种波动现象，表征它的物理量有波长(颜色有关)、振幅(与光的强度有关)、相位(表示波动起点与基准时间的关系)。人们利用感光的照相方法只能记录下波长和振幅，所以看照片和看实际景物总是不一样，缺乏立体感，而利用激光的高相干性，能获取干涉波空间上包括相位在内的全部信息。

全息摄影采用激光作为照明光源，并将激光发出的光分为两束，一束射向感光片，另一束经过被拍摄物反射后再射向感光片，两束光在感光片上叠加产生干涉。感光底片上各点的感光程度因光的强度及两束光的相位不同而不同，所以，全息摄影不仅记录了物体上的反光强度，也记录了相位信息。人眼直接看这种感光的底片，只能看到像指纹一样的干涉条纹，但如果用激光照射到底片上，透过底片就能看到与被拍摄物完全相同的三维立体图像。如图 4-23 所示是全息摄影照片。

图 4-23　全息摄影照片

全息摄影可应用于工业上的无损探伤、超声全息、全息显微镜、全息摄影存储器、全息电影和电视等许多方面。所以，我们所学的点滴知识，都与社会的发展和进步有千丝万缕的联系，希望同学们要融会贯通所学习的各种知识，并把它们运用到实践中去，推动科技的进步，造福人类。

【实验目的】

(1) 了解迈克尔逊干涉仪的结构、原理及调节和使用方法。

(2) 掌握非定义域干涉的成因、特点及规律。

(3) 应用迈克尔逊干涉仪测 He-Ne 激光的波长，学习掌握用逐差法处理数据。

(4) 观察等厚干涉现象，测薄片厚度。

【实验仪器】

迈克尔逊干涉仪，多束光纤 He-Ne 激光器。

【实验原理】

迈克尔逊干涉仪的结构如图 4-24 所示。一个机械台面 4 固定在底座 2 上，底座上有 3 个水平调节螺钉 1；台面上装有一根螺距为 1 mm 的精密丝杆 3，丝杆的一端与齿轮系统相连。转动大手轮 13 或微调鼓轮 15，都可以使丝杆转动，从而带动固定在丝杆上的可动镜 6 (M₂) 沿着导轨 5 移动。M₂ 的位置及移动的距离可从装在台面一侧的毫米标尺（图中未画出)、读数窗 11 及微调鼓轮 15 读出。大手轮分为 100 分格，每转一分格，可动镜就平移 0.01 mm。微调鼓轮每转一周，大手轮随之转过 1 分格。微调鼓轮又分为 100 格，因此，鼓轮转过 1 格，M_2 镜平移 10^{-4} mm，这样，最小读数可估读至 10^{-5} mm。8 是固定镜(M_1)。

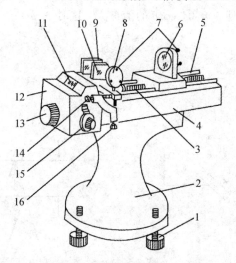

1—水平调节螺钉；2—底座；3—精密丝杠；4—机械台面；5—导轨；6—可动镜(M_2)；7—螺钉；8—固定镜(M_1)；9—分光镜(G_1)；10—补偿镜(G_2)；11—读数窗；12—齿轮系统外壳；13—大手轮；14—水平拉簧螺钉；15—微调鼓轮；16—垂直拉簧螺钉

图 4-24 迈克尔逊干涉仪结构图

在平面反射镜 M_1、M_2 的背面装有螺钉 7，用于调整镜面倾角。各螺钉的调节范围是有限的，如果螺钉旋得过松，镜面倾角可能会因振动而发生变化；如果螺钉旋得过紧，会使镜片产生形变，导致条纹不规则。因此，在调节时应仔细调到适中位置。在固定镜 M_1 的附近有水平拉簧螺钉 14 和垂直拉簧螺钉 16，用于精密调节 M_1 镜的方位角。9 和 10 分别为分光镜 G_1 和补偿镜 G_2。

迈克尔逊干涉仪的实验原理如图 4-25 所示。由光源 S 发出一束光，经扩束镜 G 后射到分光镜 G_1 的半反射透膜 L 上，L 使反射光和透射光的光强基本相同，所以称 G_1 为分光镜或分束镜。透过膜层 L 的光束(1)到达固定镜 M_1 后被反射回来，被 L 反射的光束(2)到达移动镜 M_2 后也被反射回来。由于(1)和(2)两束光满足光的相干条件，相遇后就发生了干涉，在屏 P 上即可观察到干涉条纹。G_2 是补偿镜，它使光束(1)和(2)经过玻璃的次数相同。当使用白光作为光源时，M_2 还可以补偿 G_1 的色散。M_1' 是在 G_1 中看到的 M_1 的虚像。在光学中，认为干涉就发生在 M_1' 与 M_2 之间的空气膜上。

当 M_1 镜垂直于 M_2 镜时，M_1' 与 M_2 相互平行，相距为 d。若光束以同一倾角 θ 入射在 M_1' 和 M_2 上，反射后形成 1 和 2' 两束相互平行的相干光，如图 4-26 所示。过点 P 作线段 PO 垂直于光线 2'，因 M_2 和 M_1' 之间为空气层，$n \approx 1$，则两光束的光程差 δ 为

$$\delta = MN + NP - MO = \frac{d}{\cos\theta} + \frac{d}{\cos\theta} - PM\sin\theta = \frac{2d}{\cos\theta} - 2d\tan\theta\sin\theta$$

所以

$$\delta = 2d\cos\theta \qquad (4-29)$$

d 固定时，由式(4 - 29)可以看出，在倾角 θ 相等的方向上两相干光束的光程差 δ 均相等。具有相等的 θ 的各方向光束形成一圆锥面，因此在无穷远处形成的等倾干涉条纹呈圆环形，这时眼睛对无穷远调焦就可以看到一系列的同心圆。θ 越小，干涉圆环的直径越小，它的级次 k 越高。在圆心处 $\theta = 0$，$\cos\theta$ 的值最大，这时

$$\delta = 2d = k\lambda \tag{4 - 30}$$

所以圆心处的级次最高。

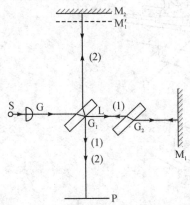
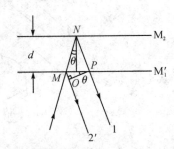

图 4 - 25　迈克尔逊干涉仪的实验原理图　　图 4 - 26　两相干光的光程差的计算参考图

当移动 M_2 镜使 d 增加时，圆心的干涉级次越来越高，我们就看到圆环一个个从中心"冒"出来；反之，当 d 减小时，圆环一个个向中心"缩"进去。由式(4 - 30)可知，每当 d 增加或减少 $\lambda/2$，就会冒出或缩进一个圆环。因此，若已知移动的距离 Δd 和冒出(或缩进)的圆环数 ΔN，就可以求出波长

$$\lambda = \frac{2\Delta d}{\Delta N} \tag{4 - 31}$$

反之，若已知 λ 和冒出(或缩进)的圆环数，就可以求出 M_2 镜移动的距离，这就是测量长度的原理。

【实验内容与步骤】

1. 测 He - Ne 激光的波长

(1) 迈克尔逊干涉仪的调整。

① 先将水准仪放在导轨上，调节水平调节螺钉使导轨水平。再调节 M_2 使它与 M_1 到 G_1 的距离大致相等(M_2 位于主尺 30～35 mm 处)。

② 点亮 He - Ne 激光器，调节其高度及位置，使光束通过 G_1 经 M_1、M_2 反射后落到光屏 P 上，去掉观察屏 P，视线对着 G_1 观察，可见到两组分立的光斑。调节 M_1 和 M_2 镜的螺钉，改变 M_1 和 M_2 的方位，使两组光斑对立重合(主要是最亮的两点重合)。这样 M_1'、M_2 就大致平行，在视场中就可以见到干涉条纹。

(2) 观察点光源非定域干涉，测 He - Ne 激光的波长。

① 装上观测屏，对着观测屏即可看到圆形干涉条纹。

② 轻轻转动微调鼓轮，使 M_2 前后移动，观测条纹变化，解释条纹冒出、缩进、粗细、

密集度与距离 d 的关系。

③ 当调节微调手轮时，粗调手轮会同步旋转，但当调节粗调手轮时，微调手轮不会同步跟进，所以有时二者读数会不匹配。调节匹配方法如下：沿某一方向转动微调鼓轮，当有圆形条纹冒出或缩进时，将微调鼓轮沿原方向调至零，再向同一方向调节粗调手轮至一个整刻度。

④ 练习读数。迈克尔逊干涉仪的测量精度很高，以毫米为单位，可以读到小数点后第 5 位，即 ××.×××××毫米。读数的整数部分由左边导轨的刻度尺上读出（不估读）；小数点后的前两位，由正面的读数窗口上读出（不估读）；小数点后的第 3 位到第 5 位，由右边的微调鼓轮上读出，其中第 5 位是估读的。

⑤ 测量数据。仔细转动微调鼓轮，使条纹的变化处于缩进，当中心最里面的圆形暗纹缩为一个暗斑时，开始记录读数 d；再向同一方向转动微调鼓轮，每缩进 50 个条纹，中间的一条暗纹也刚好缩为一个暗斑时，记录一次数据，共测量 10 组数据。当处于冒出条纹状态时，亦可测量。

2. 测薄片的厚度

（1）观察 He-Ne 氖激光的等厚干涉现象。在调好的等倾干涉圆环的基础上，减小 M_1'，M_2 之间的距离 d（可看到条纹变稀、变粗），直至视场中剩下一两条弯曲条纹。调节 M_1 下面的两个垂直拉簧螺钉，使 M_1' 和 M_2 成一小角度，用微调鼓轮继续调小 d 值，即可看到等厚干涉条纹。注意，如果继续按原方向移动 M_2，使其越过零光程点，则条纹将反方向弯曲。当看到等厚干涉直条纹时，换上白光光源，微调 M_2，可观察到彩色条纹，这是因为用白光做光源，每种不同波长的光所产生的干涉条纹明暗会相互交错重叠所致。当彩色中心黑条纹位于视场中心时，读出此时 M_2 的位置读数 d_1。

（2）把厚度为 L、折射率为 n 的薄片（如云母片、透明玻璃板）放入光路中，微调鼓轮重现彩色条纹，再使中央黑纹位于视场中心，记下此时 M_2 的位置读数 d_2。插入薄片所增加的光程差为 $\delta' = 2L(n - n_0)$，其中 $n_0 = 1.003$，为空气的折射率。M_2 移动了 $\Delta d = d_2 - d_1$，将 δ' 抵消，所以 $2\Delta d = 2L(n - n_0)$，则

$$L = \frac{\Delta d}{n - n_0} \tag{4-32}$$

实验重复 3 次，由式（4-32）计算 $\overline{L}$。

【注意事项】

（1）不能用眼睛直接观测没有扩束的激光，以免眼睛被激光灼伤。

（2）干涉仪是精密的光学仪器，实验之前，要仔细了解仪器各部位的调节方法，对各旋钮和螺钉的作用要弄清楚，然后才可操作。调节时，动作要轻缓，不要强旋、硬扳；不要随意触摸和擦拭仪器的光学表面，不干净时请老师处理。

（3）测量读数时，微调鼓轮要向同一方向转动，中途不可倒退，以避免螺距差（空程差）的产生。测量过程中每次转动微调鼓轮时尽量调长些，以减小因不断缓手而产生的误差。

（4）在测量调节中，有时会出现"空转"现象，即转动微调鼓轮而干涉图像不移动的情况。这是由于微调鼓轮和粗调手轮没有同步，没有带动反射镜 M_2 移动所致。此时，将粗调

手轮转动一下，再向同方向转动微调鼓轮即可，但要重新调数值匹配。

（5）对于这样微小量的测量，很容易受外界条件的影响，即便是微小的振动也会给实验带来较大的影响，所以要注意保持安静，不要随意走动，更不要碰动实验台。

【数据记录与处理】

（1）用表 4-5 记录实验内容 1 的数据；

（2）取圆环数改变量 $\Delta N = 250$，用逐差法处理数据，并将实验结果与标准值 λ_0（632.8 nm）相比较计算百分误差；

（3）计算不确定度及相对误差，写出实验结果表达式。

表 4-5　M_2 的位置读数记录表

M_2 的位置 d/mm		Δd/mm	λ/nm
$d_0 =$	$d_5 =$	$\mid d_5 - d_0 \mid =$	
$d_1 =$	$d_6 =$	$\mid d_6 - d_1 \mid =$	
$d_2 =$	$d_7 =$	$\mid d_7 - d_2 \mid =$	
$d_3 =$	$d_8 =$	$\mid d_8 - d_3 \mid =$	
$d_4 =$	$d_9 =$	$\mid d_9 - d_4 \mid =$	
$\Delta N = 250$		$\mid \Delta \overline{d} \mid =$	$\lambda =$

【思考题】

（1）在图 4-24 中，G_1、G_2 分别指什么？各自的作用是什么？

（2）调出等倾干涉条纹的关键是什么？

（3）观察迈克尔逊等倾干涉圆环的"冒出"和"缩进"时，M_2 与 M_1' 的距离 d 如何变化？每"冒出"或"缩进"一个条纹，光程差变化多大？

实验 4.4　超声波传播速度的测量

【实验导引】

　　在交战场合可以使用杀伤性武器，那么在非交战场合，用什么样的软杀伤性（非致命性）武器驱散人群？如何进行治安作战？之前我们比较熟悉的有催泪弹、高压水枪等。随着研究的深入，发展出了效果更好的声波武器，即通过播放高分贝的远程声波，让人产生不适感，在不接触的情况下达到驱散目标人群的目的。

　　声波武器有很多种，有的声波武器杀敌一千，自损八百。而定向声波武器的声音指向性很强，能量集中，再利用特定的超声波合成技术，可以使目标指向的能量非常大。定向声波武器发出的高能量声波，可形成强大的空气压力，使对方产生视觉模糊、恶心等反应，减弱对方战斗力或使对方完全丧失战斗力。另外高能量声波的音量甚至比喷气式飞机引擎发出的噪音还要大，高分贝的声波可对靠近者听觉造成永久性的伤害。在实际使用时，音量的大小是可以调整的，从而起到远距离通信、警告和驱赶等目的。

2017 年，中国建造的世界吨位最大、现代化程度最高的万吨级海警船"海警 2901""海警 3901"号先后投入使用并进行海上执法任务，其上就装备了当时我国最先进的非杀伤性定向声波武器，如图 4-27 所示。通过本实验，我们可以学习超声波的性质，声波的合成及应用。

超声波是一种在弹性媒质中传播的机械波。频率在 20～20 000 Hz 的声波可被人听到，称为可闻声波；频率低于 20 Hz 的声波称为次声波；频率高于 20 kHz 的声波称为超声

图 4-27　非杀伤性定向声波武器

波具有波长短、能定向传播等优点。在测距、定位、测液体流速、测材料弹性模量、测气体温度瞬间变化等方面，超声波都有着重要的实际应用。对于超声波在空气中的传播速度这一非电学量，本实验采用压电换能器(声电转换器)测量。这是一种非电量的电测方法。

【实验目的】

(1) 学习用驻波共振法、相位比较法和时差法测量超声波在气体、液体和固体中的传播速度。

(2) 了解压电换能器的功能。

(3) 学习用逐差法处理数据。

【实验仪器】

SV-DH-7 声速测试仪，SVX-7 型多功能信号源，压电陶瓷换能器。

【实验原理】

声波的传播速度 v 与声波的频率 f、波长 λ 的关系为

$$v = \lambda \cdot f \tag{4-33}$$

式中，频率 f 取决于波源，由加在压电陶瓷换能器上的低频信号频率所决定，可从仪器上直接读出。当由实验测量 λ 后，由公式(4-33)可求出声速。本实验是用驻波共振法和相位比较法两种方法测量 λ，用时差法测量声速的。

1. 驻波共振法

驻波共振法实验装置如图 4-28 所示。图中 S_1，S_2 为压电换能器。S_1 作为超声波源，当信号发生器发出的信号接入 S_1 后，S_1 即发出一平面超声波。S_2 作为超声波的接收换能器，将接收的声压转换成电信号后，输入示波器进行观测。S_2 在接收超声波的同时还反射一部分超声波，于是由 S_1 发出的超声波和 S_2 反射的超声波，在 S_1、S_2 之间形成干涉。而当 S_1 与 S_2 之间的距离是半波长的倍数时，干涉结果形成驻波。

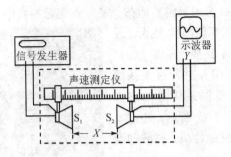

图 4-28　驻波共振法实验装置图

设沿 X 方向的入射波方程为

$$y_1 = A\cos\left(\omega t - \frac{2\pi}{\lambda}x\right)$$

反射波方程为

$$y_2 = A\cos\left(\omega t + \frac{2\pi}{\lambda}x\right)$$

则入射波与反射波在空间某点的方程为

$$y = y_1 + y_2 = 2A\cos\left(\frac{2\pi}{\lambda}x\right)\cos\omega t \qquad (4-34)$$

式(4-34)为驻波方程。

当 $\left|\cos\left(\frac{2\pi}{\lambda}x\right) = 1\right|$，即 $\frac{2\pi}{\lambda}x = n\pi$ 时，在 $x = n\frac{\lambda}{2}(n = 1, 2, \cdots)$ 位置上，声波振动的振幅最大，称为波腹。

当 $\left|\cos\left(\frac{2\pi}{\lambda}x\right) = 0\right|$，即 $\frac{2\pi}{\lambda}x = (2n-1)\frac{\pi}{2}$ 时，在 $x = (2n-1)\frac{\lambda}{4}(n = 1, 2, \cdots)$ 位置上，声波振动的振幅最小，称为波节。

其余各点的振幅在 0 和最大值之间。

由上述讨论可知：相邻两波腹(或波节)之间的距离为 $\frac{\lambda}{2}$。在前面的讨论中假设了反射波与入射波的振幅是相等的，但实际上二者并不相等，因为接收面不能全部反射，故反射波的振幅要小于入射波的振幅。但这不影响本实验的测量。

一个振动系统，当激励频率接近系统的固有频率(本实验中为压电陶瓷的固有频率)时，系统的振幅达到最大，称为共振。所以，实验中当信号发生器发出的信号频率等于发射器(S_1)的固有频率时，发生驻波共振，声波波腹处的振幅达到相对最大值。当驻波系统偏离共振状态时，驻波的形状不稳定，且声波波腹的振幅比最大值要小得多。

以上讨论的驻波的波腹、波节是对振动的位移而言的，但由于声波是纵波(疏密波)，由纵波的性质可以证明，在位移的波腹处，声压却最小；而在位移的波节处，声压却最大。

在图 4-29 所示的装置中，当 S_1、S_2 之间的距离 Δx 等于半波长的整数倍，即

$$\Delta x = n\frac{\lambda}{2} \quad (n = 1, 2, \cdots) \qquad (4-35)$$

时，形成驻波。在游标尺上连续移动接收器 S_2 时，在示波器上可观察到各个信号的振幅最大处。

对某一特定波长信号，可以有一系列不同的 Δx 值满足式(4 - 35)的条件，所以在移动 S_2 的过程中可以观察到一系列的共振态，示波器上任意两个相邻的振幅最大的共振信号之间，S_2 移动的距离为 $\Delta x = l_{k+1} - l_k = \dfrac{\lambda}{2}$。从游标尺上读出一系列共振态的 S_2 位置，可得到超声波的波长 λ，再从信号发生器上读出共振态时的频率 f，即可用式(4 - 33)求出声速 v。

2. 相位比较法

相位比较法实验装置如图 4 - 29 所示。信号发生器接在 S_1 上，并同时与示波器的"X"轴输入连接。S_2 把接收到的声压转变成相应的电信号，与示波器的"Y"轴输入连接。

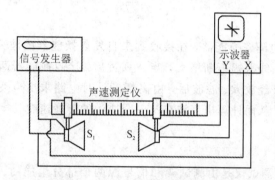

图 4 - 29　相位比较法实验装置图

设由 S_1 输入"X"轴的入射波的振动方程为

$$x = A_1\cos(\omega t + \varphi_1)$$

而由 S_2 接收输入"Y"轴的波振动方程为

$$y = A_2\cos(\omega t + \varphi_2)$$

则合振动方程为

$$\frac{x^2}{A_1^2} + \frac{y^2}{A_2^2} - \frac{2xy}{A_1 A_2}\cos(\varphi_2 - \varphi_1) = \sin^2(\varphi_2 - \varphi_1) \qquad (4 - 36)$$

由式(4 - 36)得到的图形称为李萨如图形，如图 4 - 30 所示。

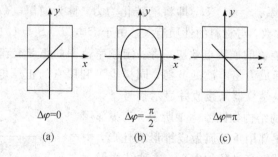

图 4 - 30　李萨如图形

上述方程的轨迹为椭圆，两振动的相位差为

$$\Delta\varphi = \varphi_2 - \varphi_1 = 2\pi\frac{\Delta x}{\lambda}$$

若 $\Delta\varphi = 0$，则轨迹为图 4 - 30(a)所示的直线；若 $\Delta\varphi = \pi/2$，则轨迹为图 4 - 30(b)所示

的椭圆；若 $\Delta\varphi = \pi$，则轨迹为图 4-30(c) 所示的直线。李萨如图形依次按照图 4-30 中的图(a)→图(b)→图(c)顺序变化，$\Delta\varphi$ 随之就在 $0\sim\pi$ 内变化。如 $\Delta\varphi$ 变化 π，就会出现图(a)→图(c)的重复图形，则由式(4-35)知，$\Delta\varphi = \pi$，$\Delta x = \dfrac{\lambda}{2}$，即 S_2 在游标尺上移动的距离为 $\lambda/2$。由此可测得声波的波长 λ，即可用式(4-33)求出声速 v。

3. 时差法

设以脉冲调制信号激励发射换能器，产生的声波在介质中传播，经过 t 时间后，到达 l 距离处的接收换能器。所以可以用以下公式求出声波在介质中传播的速度：

$$v = \frac{l}{t}$$

作为接收器的压电陶瓷换能器，在接收到来自发射换能器的波列的过程中，能量不断积聚，电压变化波形曲线振幅不断增大，当波列过后，接收换能器两极上的电荷运动呈阻尼振荡。接收到的信号经放大、滤波后，由高精度计时电路求出声波从发出到接收在介质中传播所经过的时间，从而计算出声波在某一介质中的传播速度。

【实验仪器简介】

SV-DH-7 声速测试仪是由测试架和信号源两个部分组成的。声速测试仪有一个可脱卸的液槽、一对换能器、一个数显尺。SVX-7 型多功能信号源的频率范围是 50 Hz～45 kHz，带有用于时差法测量的脉冲信号源。压电陶瓷换能器的谐振频率为 (37 ± 3) kHz，可承受的连续电功率不小于 15 W。

要将声波这一非电量用电的方法来进行测量，就必须用到声电转换器。本实验采用压电陶瓷换能器来实现超声波的发射和接收这两次转换。压电陶瓷换能器是由压电陶瓷片和轻重两种金属组成的。压电陶瓷片(如钛酸钡、锆钡酸铅)由一种多晶结构的压电材料组成，它在一定温度下经极化处理后，具有压电转换效应。压电材料受到与极化方向一致的应力 T 时，在极化方向上产生一定的电场强度 E，且有线性关系：$E = g \cdot T$，即将力转化为电，称为正压电效应；反之，与极化方向一致的外加电压 U 加在压电材料上时，材料的伸缩形变 S 与 U 也有线性关系：$S = d \cdot U$，即将电转化为力，称为逆压电效应。两公式中的 g 为比例系数，d 为压电常数，与材料的性质有关。由于 E 与 T、S 与 U 间有简单的线性关系，因此可以利用压电换能器的逆压电效应，将一定频率范围的正弦交流电信号变成压电材料纵向的周期伸缩，从而成为超声波的波源；同样也可利用它的正压电效应，将声压变化转换为电压的变化，用电学仪器来接收并显示信号。

压电陶瓷换能器的结构如图 4-31 所示。其头部用轻金属做成喇叭形，尾部用重金属做成锥形或柱形，中部为压电陶瓷圆环，螺钉穿过环的中心。这种结构增大了辐射面积，增强了耦合作用。由于振子是以纵向长度的伸缩直接影响头部轻金属做同样的纵向长度的伸缩振动(对尾部重金属作用小)，同时由于波长短(为几毫米)，比发射端面的直径小很多，所以可以近似地认为

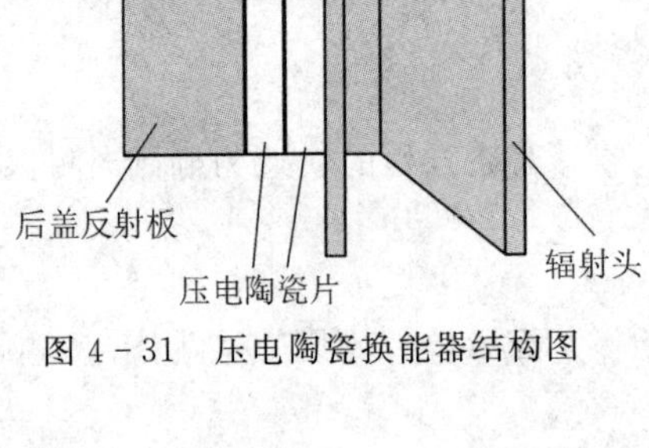

图 4-31　压电陶瓷换能器结构图

在离发射端面稍远处的声波是平面波,这样所发射的波方向性强,平面性好。

【实验内容与步骤】

1. 驻波共振法测量声速

（1）仪器预热。

仪器在使用之前,加电开机预热 15 min。在接通市电后,仪器自动工作在连续波方式,这时脉冲波强度选择按钮不起作用。

（2）测量装置的连接。

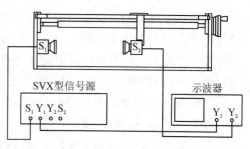

图 4-32　测量流体中声速时驻波法、
相位比较法接线图

如图 4-32 所示,信号源面板上的发射端换能器接口（S_1）,用于输出一定频率的功率信号,现接至测试架的发射换能器（S_1）;信号源面板上的发射端的发射波形 Y_1,接至双踪示波器的 CH_1（Y_1）,用于观察发射波形;接收换能器（S_2）的输出接至示波器的 CH_2（Y_2）。

（3）测量压电陶瓷换能器的谐振频率工作点。只有当换能器 S_1 的发射面和 S_2 的接收面保持平行时才有较好的接收效果。为了得到较清晰的接收波形,应将外加的驱动信号频率调节到换能器 S_1、S_2 的谐振频率处,此时才能较好地进行声能与电能的相互转换（实际上有一个小的通频带）,S_2 才会有一定幅度的电信号输出,才能有较好的实验效果。

换能器工作状态的调节方法如下:先调节发射强度旋钮,使声速测试仪信号源输出合适的电压,再调整信号频率（在 25～45 kHz 范围）,观察频率调整时 CH_2（Y_2）通道的电压幅度变化。恰当地选择示波器的扫描时基 t/div 和通道增益,并进行调节,使示波器显示稳定的接收波形。在某一频率点处（34～40 kHz 范围）,电压幅度明显增大,再适当调节示波器通道增益,仔细地细调频率,使该电压幅度为极大值,此频率即是与压电换能器相匹配的一个谐振频率工作点,记录频率 F_N。改变 S_1 和 S_2 间的距离,适当选择位置,重新调整,再次测量工作频率,共测量 5 次,取平均频率 f。

在一定的条件下,不同频率的声波在介质中的传播速度是相等的。利用换能器的不同谐振频率的工作点,可在一个谐振频率测量完声速后,再用另外一个谐振频率来测量声速,就可以验证以上结论。

（4）测量步骤。将测试方法设置到连续波方式,选择合适的发射强度。完成前述（1）、（2）步骤后,选好谐振频率。然后转动距离调节鼓轮,这时波形的振幅会发生变化,记录下振幅为最大时的距离 l_{i-1},距离由数显尺或在机械刻度上读出（数显尺原理说明见第一章）。再向前或向后（必须是一个方向）移动接收换能器,当接收波经变小后再到最大时,记录下此时的距离 l_i。即可求得声波波长 $\lambda_i = 2|l_i - l_{i-1}|$。多次测量,用逐差法处理数据。

2. 相位比较法/李萨如图法测量波长

将测试方法设置到连续波方式,选择合适的发射强度。完成前述实验内容 1 中的（1）、（2）步骤后,将示波器调到"XY"方式,选择合适的示波器通道增益,示波器显示李萨如图形。转动鼓轮,移动 S_2,使李萨如图显示的椭圆变为一定角度的一条斜线,记录下此时的

距离 l_{i-1}，距离由数显尺或机械刻度尺上读出。再向前或向后(必须是一个方向)移动 S_2，使观察到的波形又回到前面所说的特定角度的斜线，这时接收波的相位变化了 2π，记录下此时的距离 l_i。即可求得声波波长 $\lambda_i = 2|l_i - l_{i-1}|$。

3. 时差法测量固体介质中的声速

在固体中传播的声波是很复杂的，它包括纵波、横波、扭转波、弯曲波、表面波等，而且各种声速都与固体棒的形状有关。金属棒一般为各向异性结晶体，沿任何方向可有三种波传播，所以本仪器实验时采用同样材质和形状的固体棒。固体介质中的声速测量需另配专用的 SVG 固体测量装置，用时差法进行测量。

实验提供两种测试介质：有机玻璃棒和铝棒，每种材料有三根长 50 mm 的样品，利用样品叠加可获得不同的长度。

测量时，按图 4-33 所示接线。将接收增益调到合适位置(一般为最大位置)，以计时器不跳字为好。将发射换能器发射端面朝上竖立，放置于托盘上，在换能器端面和固体棒的端面上涂上适量的耦合剂，再把固体棒放在发射面上，使其紧密接触并对准。然后将接收换能器接收端面放置于固体棒的上端面上并对准，利用接收换能器的自重与固体棒端面接触。这时计时器的读数为 t_{i-1}，固体棒的长度为 l_{i-1}。移开接收换能器，将另一根固体棒端面上涂上适量的耦合剂，置于下面一根固体棒之上，并保持良好接触，再放上接收换能器，这时计时器的读数为 t_i，固体棒的长度为 l_i。把以上数据记录到自行设计的表格中。根据公式 $v_i = (l_i - l_{i-1})/(t_i - t_{i-1})$ 计算出声速，将计算结果与理论传播声速进行比较，并计算百分误差。

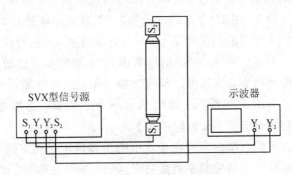

图 4-33　测量固体介质中声速的接线图

测量超声波在不同固体介质中传播的平均速度时，只要将不同的介质同时置于两换能器之间就可进行测量。

因为固体中声速较快、固体棒的长度有限等原因，测量所得结果仅作参考。

完成实验后应关闭仪器的交流电源，并关闭数显尺的电源，以免耗费电池。

4. 时差法测量流体中的声速

使用空气为介质测试声速时，按图 4-34 所示进行接线，这时示波器的 Y_1、Y_2 通道分别用于观察发射和接收波形。为了避免连续波可能带来的干扰，可以将连续波频率调离换能器谐振频率工作点。将测试方法设置到脉冲波方式，选择合适的脉冲发射强度。将 S_2 离开 S_1 一定距离(不小于 50 mm)，选择合适的接收增益，使显示的时间差值读数稳定，然后

记录此时的距离值 l_{i-1} 和信号源计时器显示的时间值 t_{i-1}。移动 S_2，记录多次测量的距离值 l_i 和显示的时间值 t_i，则声速 $v_i = (l_i - l_{i-1})/(t_i - t_{i-1})$。

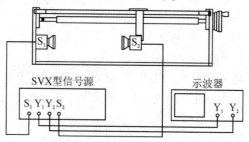

图 4-34　测量流体中声速时时差法接线图

注意：（1）在距离不大于 50 mm 时，在一定的位置上，从示波器上看到的波形可能会产生"拖尾"，这时显示的时间值很小。这是由于距离较近时，声波的强度较大，反射波引起的共振在下一个测量周期到来时未能完全衰减而产生的。调小接收增益，可去掉"拖尾"，在较近的距离范围内也能得到稳定的声速值。

（2）由于空气中的超声波衰减较大，在较长距离内测量时，接收波会有明显的衰减，这可能会带来计时器读数有跳字，这时应微调（距离增大时，顺时针调节；距离减小时，逆时针调节）接收增益，使计时器读数在移动 S_2 时连续准确变化。可以将接收换能器先移到远离发射换能器的一端，并将接收增益调至最大，这时计时器有相应的读数。由远到近移动接收换能器，这时计时器读数将变小。随着距离的变近，接收波的振幅逐渐变大，在某一位置，计时器读数如果有跳字，就逆时针方向微调接收增益旋钮，使计时器的计时读数连续准确变化，就可准确测得计时值。

当使用液体为介质测量声速时，按图 4-34 所示进行接线。将测试架向上小心提起，就可在测试槽中注入液体，以把换能器完全浸没为准。注意液面不要过高，以免溢出。选择合适的脉冲波强度，即可进行测量，步骤与使用空气为介质测量声速相同。

使用时应避免液体接触到其他金属件，以免金属物件被腐蚀。使用完毕后，用干燥清洁的抹布将测试架及换能器清洁干净。

5. 声速测量值与公认值比较

（1）空气中声速可按理论值公式 $v = v_0 \sqrt{T/T_0}$ 求得，式中，$v_0 = 331.45$ m/s 为 $T_0 = 273.15$ K 时的声速；$T = (t+273.15)$ K。也可按经验公式 $v = (331.45 + 0.59t)$ m/s 计算求得空气中声速，t 为介质温度（℃）。

（2）液体中的声速见表 4-6。

表 4-6　液体中的声速

介质	温度/℃	声波速度/（m/s）
海水	17	1510～1550
普通水	25	1497
菜籽油	30.8	1450
变压器油	32.5	1425

（3）固体中的纵波声速：

铝：$v_{棒}=5150$ m/s，$v_{块}=6300$ m/s。

铜：$v_{棒}=3700$ m/s，$v_{块}=5000$ m/s。

钢：$v_{棒}=5050$ m/s，$v_{块}=6100$ m/s。

玻璃：$v_{棒}=5200$ m/s，$v_{块}=5600$ m/s。

有机玻璃：$v_{棒}$ 在 1500～2200 m/s 范围，$v_{块}$ 在 2000～2600 m/s 范围。

注：以上数据仅供参考。由于介质的成分和温度不同，实际测得的声速范围可能会较大。

【数据记录与处理】

1. 驻波共振法

（1）将数据填入表 4-7 中。

表 4-7　驻波共振法数据记录表　　$t=$ _____ ℃　$f=$ _____ Hz

位置读数/mm		相差 5 个 $\dfrac{\lambda}{2}$ 的 Δl 值/mm
$l_0=$	$l_5=$	$\Delta l_1=\mid l_5-l_0\mid=$
$l_1=$	$l_6=$	$\Delta l_2=\mid l_6-l_1\mid=$
$l_2=$	$l_7=$	$\Delta l_3=\mid l_7-l_2\mid=$
$l_3=$	$l_8=$	$\Delta l_4=\mid l_8-l_3\mid=$
$l_4=$	$l_9=$	$\Delta l_1=\mid l_9-l_4\mid=$
		$\overline{\Delta l}=$
		$\Delta L=\dfrac{1}{5}\overline{\Delta l}=$

（2）处理数据，用逐差法计算，得出

$$\lambda=2\Delta L=\frac{2}{5}\overline{\Delta l}，\quad \overline{v}=f\cdot\overline{\lambda}$$

（3）不确定度计算：

$$u_{A}(\overline{\Delta l})=\sqrt{\frac{\sum_{i=1}^{5}(\Delta l_i-\overline{\Delta l})^2}{5(5-1)}}$$

$$u_{B}(\overline{\Delta l})=\sqrt{u^2(l_{i+5})+u^2(l_i)}=\sqrt{2\times\left(\frac{\Delta_{仪}}{\sqrt{3}}\right)^2}\quad(\text{本实验中，}\Delta_{仪}=0.001\text{ mm})$$

$$u(\overline{\Delta l})=\sqrt{u_A^2(\overline{\Delta l})+u_B^2(\overline{\Delta l})}$$

$$\frac{u_v}{v}=\sqrt{\left(\frac{u_f}{f}\right)^2+\left(\frac{u_{\overline{\lambda}}}{\overline{\lambda}}\right)^2}\approx\frac{u_{\overline{\lambda}}}{\overline{\lambda}}，\quad u_v=\overline{v}\times\frac{u_v}{\overline{v}}$$

（4）计算结果：

$$v=\overline{v}\pm u_v，\quad E_v=\frac{u_v}{\overline{v}}$$

此处，u_v 即为 $u_C(v)$，u_f 即为 $u_C(f)$，E_v 即为 $E_C(v)$，以此类推。

2. 相位比较法

（1）将数据填入表 4 - 8 中。

表 4 - 8　相位比较法数据记录表　　　　$t=\underline{\ \ \ }$ ℃ ，$f=\underline{\ \ \ }$ Hz

位置读数/mm		相差 5 个 $\dfrac{\lambda}{2}$ 的 Δl 值/mm
$l_0=$	$l_5=$	$\Delta l_1=\|l_5-l_0\|=$
$l_1=$	$l_6=$	$\Delta l_2=\|l_6-l_1\|=$
$l_2=$	$l_7=$	$\Delta l_3=\|l_7-l_2\|=$
$l_3=$	$l_8=$	$\Delta l_4=\|l_8-l_3\|=$
$l_4=$	$l_9=$	$\Delta l_5=\|l_9-l_4\|=$
		$\overline{\Delta l}=$
		$\Delta L=\dfrac{1}{5}\overline{\Delta l}=$

（2）处理数据，用逐差法计算，得出

$$\overline{\lambda}=2\Delta L=\frac{2}{5}\overline{\Delta l}\ ,\ \overline{v}=f\cdot\overline{\lambda}$$

（3）不确定度计算：

$$u_A(\overline{\Delta l})=\sqrt{\frac{\sum_{i=1}^{5}(\Delta l_i-\overline{\Delta l})^2}{5(5-1)}}$$

$$u_B(\overline{\Delta l})=\sqrt{u^2(l_{i+5})+u^2(l_i)}=\sqrt{2\times\left(\frac{\Delta_仪}{\sqrt{3}}\right)^2}\ (\text{本实验中，}\Delta_仪=0.001\ \text{mm})$$

$$u(\overline{\Delta l})=\sqrt{u_A^2(\overline{\Delta l})+u_B^2(\overline{\Delta l})}$$

$$\frac{u_v}{\overline{v}}=\sqrt{\left(\frac{u_f}{f}\right)^2+\left(\frac{u_\lambda}{\overline{\lambda}}\right)^2}\approx\frac{u_\lambda}{\overline{\lambda}}\ ,\qquad u_v=\overline{v}\times\frac{u_v}{\overline{v}}$$

（4）计算结果：

$$v=\overline{v}\pm u_v\ ,\ E_v=\frac{u_v}{\overline{v}}$$

此处，u_v 即为 $u_C(v)$，u_f 即为 $u_C(f)$，E_v 即为 $E_C(v)$，以此类推。

【实验指导】

（1）当驻波系统偏离共振态时，驻波的形态不稳定，而且声波的波腹振幅比最大值要小得多。因此，实验开始时，应反复调节驻波和共振，使系统达到最佳的驻波共振状态。从现象上来看就是：仔细移动测微手轮，使示波器上的图像出现起伏现象（即驻波态），当图像的振幅达到较大状态时，再仔细调节信号发生器上的频率调节旋钮，使示波器上的图像振幅达到最大（共振驻波态）。此时，信号发生器上显示的频率值即为共振频率（f），之后才能进行测量读数。

（2）由于声波在传播过程中有能量损失，因而随着接收端面(S_2)逐渐远离发射端面(S_1)，波的振幅也是逐渐衰减的，但并不改变波腹、波节的位置，因而不影响对波长的测量。只是注意每次移动测微手轮时，一定要移到各个振幅为相对最大处，停止移动后再读数。

（3）示波器在使用时，亮度不能调得太大，以免损坏荧光屏。

实验 4.5　弗兰克-赫兹(F－H)实验

【实验导引】

詹姆斯·弗兰克(James Franck)（见图 4 - 35）是德国著名实验物理学家（后加入美国国籍）。詹姆斯·弗兰克从事科学活动超过 60 年，其间从二十世纪初原子物理和量子论的奠基开始，到这些学科的研究达到精益求精的完善程度为止。詹姆斯·弗兰克是一位伟大的物理学家。由于他所从事的关于太阳能量转变成维持地球上生命的基本过程的研究，对于化学与生物学分支具有深远的影响，因此他又是杰出的化学家和生物学家。他也是柏林大学的哲学博士。詹姆斯·弗兰克教授对物理学的最大贡献还是他早期在柏林大学任职时所作出的巨大发现。在这一时期，他专注于基础的离子运动性的研究，他发现电子与惰性气体原子的碰撞主要是弹性碰撞，且电子并不损失动能。当时他的年青同事，德国物理学家古斯塔夫·路德维希·赫兹(Gustav Hertz)（见图 4 - 36）也参与了这一非常精确的弹性碰撞的研究。1914 年至 1920 年间，弗兰克与赫兹经过大量研究、设计和改进实验，测量了使电子从原子中电离出来应需要多大的能量。他们让具有一定能量的电子与水银蒸气分子发生碰撞，以计算碰撞前后电子能量的变化。实验的结果明确地表明：电子在与水银原子碰撞时，电子严格地损失 4.9 电子伏特的能量，也就是说，水银原子只能接收 4.9 电子伏特的能量，这个事实无可辩驳地说明了水银原子具有玻尔所设想的那种"完全确定的、互相分立的能量状态"。所以说，弗兰克-赫兹实验是能量转变量子化特性的证明，是玻尔所假设的量子化能级的决定性的实验证据，为量子力学的建立做出了非凡的贡献。他们因取得这一伟大的成就而获得了 1925 年的诺贝尔物理学奖。

图4 - 35　詹姆斯·弗兰克(James Franck)

图 4 - 36　古斯塔夫·路德维希·赫兹(Gustav Hertz)

【实验目的】

（1）学习测量氩原子的第一激发电位的方法，加深对原子内部能级量子化的理解。

（2）了解弗兰克-赫兹实验的设计思想和方法。

【实验仪器】

智能弗兰克-赫兹实验仪，计算机。

【实验原理】

原子只能处于一系列不连续的状态，这些状态具有分立的、确定的能量值，称为定态。原子的能量不论通过什么方式发生改变，它只能从一个定态跃迁到另一个定态。

原子在通常情况下处于低能态（基态 E_1），原子从外界吸收其他的足够能量时，可由基态跃迁到能量较高的激发态（如第二定态 E_2）。原子从基态跃迁到第一激发态所需要的能量称为"临界能量"。

实验中是采用电子与原子碰撞的形式给原子传递能量的。当电子所携带的能量小于原子的临界能量时，碰撞发生时既不能改变原子的能量，电子也不损失能量，因此这种碰撞称为弹性碰撞。如果电子所携带的能量大于原子的临界能量，电子可把数值为 $\Delta E = E_2 - E_1$ 的能量交给原子，本身只保留剩余的能量，这种碰撞是非弹性碰撞。

设电子被加速到使原子激发的临界能量的加速电压为 U_0，即

$$eU_0 = E_2 - E_1 \tag{4-37}$$

式中，U_0 称为原子的第一激发电位。

本实验装置所用的弗兰克-赫兹管是一只充氩气（氩气是一种电子亲和势较小的惰性气体）的四极管，各电极的符号、引出线及各电压的关系如图 4-37 所示。第一栅极 G_1 与阴极 K 之间加上约 1.8V 的电压（U_{G_1K}），其作用是消除空间电荷对阴极散射电子的影响。

当灯丝 H 被加热时，被加热的阴极氧化层发射大量的电子，这些电子经过第一栅极后，在第二栅极 G_2 与阴极 K 之间的加速电压 U_{G_2K} 的作用下，向栅极 G_2 做加速运动，它们在运动过程中可能与氩气原子发生碰撞。实验装置的巧妙之处在于收集电子的极板 A 到栅极 G_2 之间加有一定的反向电压 U_{G_2A}，对碰撞后的热电子进行筛选，称为"拒斥电压"（或"筛选电压"）。

当电子通过 KG_2 空间进入 G_2A 空间时，如果它具有较大的能量，就能冲过反向拒斥电场到达极板 A 而形成电流。如果电子在 KG_2 空间因与氩原子碰撞，而将自己的全部能量传给了氩原子使之激发的话，则电子因损失了能量或剩下的能量很小，以致通过栅极 G_2 后也不足以克服反向拒斥电场而被折回，那么通过极板 A 的电流就会显著减小。

图 4-38 所示的 I_A-U_{G_2K} 曲线反映了电子与氩原子进行能量交换的过程。当加速电压 U_{G_2K} 刚开始增大时，由于电压较低，电子获得的能量较低，与氩原子的碰撞还不足以影响氩原子内部的能量，与氩原子只是做弹性碰撞，电子在碰撞后无显著的能量损失，故能穿过栅极并克服反向拒斥电场而到达极板 A，形成极板电流的电子数随 U_{G_2K} 的增大而增多，因而 I_A 也随之增大，即图 4-38 中的 oa 段。当 U_{G_2K} 达到或稍大于氩原子的第一激发电位

U_0 时，电子将在栅极附近与氩原子做非弹性碰撞，几乎把全部的能量传递给了氩原子，使氩原子从基态跃迁到第一激发态，而失去能量的电子因不能克服反向拒斥电场，被斥回至第二栅极，所以板极电流 I_A 将显著减小，即图 4-38 中的 ab 段。之后随着加速电压 U_{G_2K} 的继续增加，电子在离第二栅极较远处就获得了足够的能量，与氩原子做非弹性碰撞后，由于加速电场的继续作用，电子重新获得的能量又能使其克服反向拒斥电场的作用而到达极板 A，这时极板电流又开始上升，即图 4-38 中的 bc 段。直到 $U_{G_2K}=2U_0$ 时，电子又会因第二次非弹性碰撞而失去能量，因而又造成第二次极板电流 I_A 的下降，即图 4-38 中的 cd 段。同理，当 $U_{G_2K}=nU_0$（$n=1,2,3,\cdots$）时，I_A 都会明显地下降。I_A-U_{G_2K} 曲线中两相邻谷点（或峰尖）间的加速电压值，即为氩原子的第一激发电位 U_0。

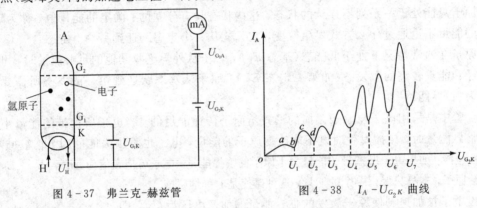

图 4-37　弗兰克-赫兹管　　　　　　图 4-38　I_A-U_{G_2K} 曲线

【实验仪器简介】

F-H$_6$ 智能弗兰克-赫兹实验仪面板示意图见图 4-39。

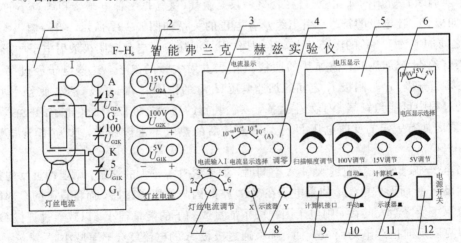

图 4-39　F-H$_6$ 智能弗兰克-赫兹实验仪面板示意图

图 4-39 中 1 为弗兰克-赫兹管；2 为 U_{G_2A}，U_{G_2K}，U_{G_1K} 及灯丝电流的输出端口；3 为 I_A 电流显示（表头示值乘以电流显示选择的指示值为 I_A 电流实际测量值）；4 为 I_A 电流显示选择开关，分为 200 μA，20 μA，2 μA，0.2 μA 四挡，有 I_A 电流输入端口及电流显示选

择和调零旋钮；5 为电压显示，可以分别显示 U_{G_1K}（5 V），U_{G_2A}（15 V），U_{G_2K}（100 V）的值；6 为 U_{G_1K}（5 V），U_{G_2A}（15 V），U_{G_2K}（100 V）电压显示选择开关，下面的 100 V 调节、15 V 调节、5 V 调节分别为 U_{G_2K}、U_{G_2A}、U_{G_1K} 电压的调节旋钮，扫描幅度调节旋钮为 U_{G_2K} 在自动扫描时使用；10 为 U_{G_2K} 扫描开关（置于"自动"挡时，可在计算机上观察稳定的 I_A-U_{G_2K} 曲线图样，置于"手动"挡时可记录数据）；7 为灯丝电流调节旋钮；8 为示波器的接口；12 为电源开关；9 为计算机接口；11 为观察 I_A-U_{G_2K} 曲线图样的计算机和示波器选择旋钮。

【实验内容与步骤】

（1）先将 U_{G_1K}、U_{G_2A}、U_{G_2K}、灯丝电流的输出及电流输入 I 的端口与氩气管的各极用实验连接线连接起来（或实验前已经连好），灯丝电流调节旋钮挡位已选好，请不要调节。

（2）将电源线插入仪器后面的电源插座内，打开电源开关，数码管亮，预热 15 min 后开始做实验。

（3）将"手动-自动"切换开关旋至"自动"挡，旋动"扫描幅度调节"旋钮到最大位置。

（4）将电压显示选择开关调到"5 V"挡，旋转"5 V 调节"旋钮，使电压读数为 1.8 V，即阴极至第一栅极电压 U_{G_1K} 为 1.8 V。

（5）将电压显示选择开关调到"15 V"，旋转"15 V 调节"旋钮，使电压读数为 8 V，即拒斥电压 U_{G_2A} 为 8 V。

（6）将"手动-自动"切换开关旋至"手动"挡，将灯丝电流调节旋钮旋至 5 挡，再将电压显示选择开关旋到"100 V"挡，旋转"100 V"调节旋钮，使电压读数为 0 V，即这时阴极至第二栅极电压 U_{G_2K}（加速电压）为 0 V。"电流显示选择"挡位已选好，不要自己改变。调节"调零"旋钮，使 I_A 显示为 0。

（7）正式测量：缓慢旋转"100 V 调节"旋钮，使电压读数由 0 V 逐渐增大到 100 V（每隔 2 V 测一个点），同时记录电流的读数 I_A（逐点测量）。为了便于作图，在峰、谷附近（电流变化大的时候）可每隔 0.5 V 取值测量。以电流 I_A 为纵坐标，电压 U_{G_2K} 为横坐标，作出曲线。（注：实验时一般顺着电压增加的方向一直缓慢旋转到底，不要回调电压。）

（8）在保持原有的设置参数的条件下，将手动-自动开关旋至"自动"位置，示波器-计算机开关按至"计算机"位置，在计算机操作软件中点击"开始采集"图标或"重新采集"图标，可看到界面生成坐标线，同时电压、电流显示窗口动态显示电压值、电流值的变化，表示数据经通信端口已正常传输至计算机。

（9）当数据正常传输至计算机后，界面上有一红色波形正逐渐形成（如图 4-40 所示）。如果波形和界面不匹配，可在"坐标设置"处调整电压或电流数值的比例大小（注：一般电压选 300 V，电流选 3000 mA）直至图形正常。如未按停止按钮，每个周期生成的波形将重复绘出并重叠在一起。如果要生成一个单周期的完整图，可根据电压动态窗口数据由大变小时，按"重新测量"图标，原画面自动清除并重新记录，电压动态窗口数据再由大变小时，按"停止测量"图标，数据停止采集。将鼠标点到曲线各个峰尖处记录下峰值的大小，并输入计算程序中，计算机自动计算各峰峰（或谷谷）值之间的电势差，即氩原子的第一激发电位值。

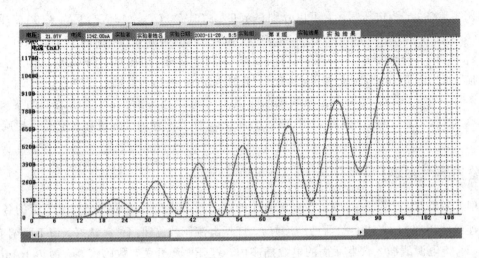

图 4 - 40　计算机显示的 $I_A - U_{G_2 K}$ 曲线

【注意事项】

(1) 各电压须按给定值设置。

(2) 手动测量完毕后,尽快将第二栅极电压调到零。

(3) 实验过程中,不要改变电流倍率;电压调节要缓慢,不要回调电压旋钮。

【数据处理】

(1) 根据手动测量数据作出 $I_A - U_{G_2 K}$ 曲线。

(2) 从 $I_A - U_{G_2 K}$ 关系曲线上寻找 I_A 值的极大值点,以及相应的 $U_{G_2 K}$ 值,即 $I_A - U_{G_2 K}$ 关系曲线中波峰的位置。根据波峰的横坐标 U_n,利用逐差法计算氩原子的第一激发电位 U_0:

$$U_0 = \frac{\dfrac{U_6 - U_3}{3} + \dfrac{U_5 - U_2}{3} + \dfrac{U_4 - U_1}{3}}{3} = \frac{(U_6 - U_3) + (U_5 - U_2) + (U_4 - U_1)}{9}$$

$$(4 - 38)$$

(3) 将计算的氩原子的第一激发电位与其公认值(11.55 V)比较,计算自动测量、手动测量的相对误差和绝对误差,并分别表示出实验结果。

利用波谷值也可以如上操作来求氩原子的第一激发电位 U_0。

【实验指导】

(1) 为什么 $I_A - U_{G_2 K}$ 曲线峰值越来越高? 这是因为电子与氩原子碰撞有一定的概率,一部分电子与氩原子发生非弹性碰撞损失能量后,不能克服反向拒斥电场到达极板从而造成极板电流下降;而另一部分电子则因"逃避"了碰撞,能够到达极板而形成极板电流;又因电子能量越大,碰撞概率越小,能够到达极板而形成极板电流的概率也越大,因此,"谷"的极小值随着加速电压($U_{G_2 K}$)的增大而增大。

(2) 实验中(手动挡)电压增加到 60 V 以后,要注意电流输出指示,当电流指示突然骤增，应立即减小电压，以免管子击穿损坏。

（3）实验过程中如要改变第一栅极与阴极（U_{G_1K}）和第二栅极与阳极（U_{G_2A}）之间的电压时，请将"5 V 调节""15 V 调节"旋钮逆时针旋到底，再改变以上电压值。

（4）本实验装置灯丝电压分为 3 V、3.5 V、4 V、4.5 V、5 V、5.5 V、6.3 V，电流分 1～7 个挡，可在不同的灯丝电流下重复上述实验。如发现波形上端切顶，则阳极输出电流过大，引起微电流放大器失真，应减小灯丝电压。灯丝电流太大或太小都不好，如果太小，参加碰撞的电子数就少，反映不出非弹性碰撞的能量传递，造成 I_A-U_{G_2K} 曲线峰谷很弱，甚至得不到峰谷；反之，则易使微电流放大器饱和，引起 I_A-U_{G_2K} 曲线的阻塞。

（5）如果 I_A-U_{G_2K} 曲线峰谷差值小，可以适当调节 U_{G_2A}（拒斥电压），因为 U_{G_2A} 偏大或偏小，峰谷差都小。U_{G_2A} 偏小时，起不到对非弹性碰撞后失去能量的电子进行筛选作用，峰谷差小；U_{G_2A} 偏大时，许多电子又因能量小而不能到达极板形成极板电流 I_A，所以峰谷差仍然小。

【思考题】

（1）U_{G_1K}，U_{G_2K}，U_{G_2A} 分别是什么电压？其作用各是什么？

（2）实验得到的 I_A-U_{G_2K} 曲线为什么呈周期性变化？曲线的峰值为什么会越来越高？

实验 4.6　脉冲核磁共振实验原理与应用

【实验导引】

随着科学技术的发展，影像设备已成为现代医学当中必不可少的检查设备，这其中就有 MRI（核磁共振成像）、CT、PET、彩超等，特别是MRI 这一高端医疗设备，由于其有非常高的研发和技术壁垒，曾长期被欧美老牌巨头垄断。磁共振的难点在于技术复杂而且跨学科多，这就对跨学科的人才和国家工业技术水平都有较高要求。图 4-41 所示为核磁共振成像系统。

脉冲核磁共振
实验目的及原理

2015 年，我国首台国产 3.0T 超导快速磁共振成像仪在上海推出，该机型具有绿色无辐射、扫描时间短、成像速度快而清晰，诊断更准确等优点。目前该设备已在国内多家三甲医院投入使用，并出口到海外，成功打破了垄断，带来了巨大的社会和经济效益。3.0T 超导快速磁共振成像仪这一"国之重器"的诞生，是众多优秀的科学家们数年如一日奋战在科研一线的结果。

核磁共振（Nuclear Magnetic Resonance，NMR）的原理，反映了核磁共振过程中原子核的重要特征量，即横向弛豫时间和纵向弛豫时间，它们是研究核磁共振成像的重要基础。目前实验室所用的 FD-PNMR-C 型核磁共振仪，使我们可以直观看到磁共振过程中各物理量的变化。

核磁共振是 1946 年由美国斯坦福大学的布洛赫（Bloch）和哈佛大学的珀塞尔（Puccell）各自独立发现的，两人因此获得 1952 年诺贝尔物理学奖。早期的核磁共振电磁波主要采用

连续波，灵敏度较低。1966 年发展起来的脉冲傅
立叶变换核磁共振技术，将信号采集由频域变为
时域，从而大大提高了检测灵敏度，由此脉冲核
磁共振技术迅速发展，成为物理、化学、生物、医
学、地质等领域中分析测试不可缺少的实验
方法。

图 4 - 41　核磁共振成像系统

【实验目的】

(1) 了解脉冲核磁共振的基本实验装置和基
本物理思想。

(2) 用自由感应衰减法测量表观横向弛豫时间 T_2^*，分析磁场均匀度对信号的影响。

(3) 用自旋回波法测量不同样品的横向弛豫时间 T_2。

(4) 用反转恢复法测量不同样品的纵向弛豫时间 T_1。

(5) 调节磁场均匀度，通过傅立叶变换测量样品的化学位移。

(6) 测量不同浓度硫酸铜溶液中氢原子核的横向弛豫时间 T_2 和纵向弛豫时间 T_1，测量其随 $CuSO_4$ 浓度的变化关系。(选做)

【实验仪器】

FP - PNMR - C 型脉冲核磁共振实验仪、计算机。

【实验原理】

核磁共振是指具有磁矩的原子核在恒定磁场中由电磁波引起的共振跃迁现象，核磁共振的物理基础是原子核的自旋。原子核的自旋是质子和中子自旋之和，当质子数和中子数两者或者其中之一为奇数时，原子核才具有自旋角动量和磁矩。这类原子核称为磁性核，只有磁性核才能产生核磁共振。

磁性核基础知识详见 FD - PNMR - C 型脉冲核磁共振实验仪使用说明书。

1. 射频脉冲磁场瞬态作用

实现核磁共振的条件：在一个恒定外磁场 $\boldsymbol{B}_0$ 作用下，在垂直于 $\boldsymbol{B}_0$ 的平面(xy 平面)内加进一个旋转磁场 $\boldsymbol{B}_1$，使 $\boldsymbol{B}_1$ 转动方向与 $\boldsymbol{\mu}$ 的拉摩尔进动同方向。如 $\boldsymbol{B}_1$ 的转动频率 ω 与拉摩尔进动频率 ω_0 相等时，$\boldsymbol{\mu}$ 会绕 $\boldsymbol{B}_0$ 和 $\boldsymbol{B}_1$ 的合矢量进动，使 $\boldsymbol{\mu}$ 与 $\boldsymbol{B}_0$ 的夹角 θ 发生改变，核磁矩的势能

$$E = -\boldsymbol{\mu} \cdot \boldsymbol{B}_0 = -\mu \cdot B_0 \cos\theta \qquad (4-39)$$

θ 增大，核吸收 $\boldsymbol{B}_1$ 磁场的能量使势能增加。如果 $\boldsymbol{B}_1$ 的旋转频率 ω 与拉摩尔进动频率 ω_0 不等，自旋系统会交替地吸收和放出能量，不只有能量吸收。因此能量吸收是一种共振现象，只有 $\boldsymbol{B}_1$ 的旋转频率 ω 与拉摩尔进动频率 ω_0 相等时才能发生共振。产生共振的条件为

$$\omega = \omega_0 = \gamma \cdot B_0 \qquad (4-40)$$

如引入一个旋转坐标系 (x', y', z')，z' 方向与 $\boldsymbol{B}_0$ 方向重合，坐标旋转角频率 $\omega = \omega_0$，则体磁化强度（单位体积内核磁矩的矢量和）$\boldsymbol{M}$ 在新坐标系中静止。若某时刻，在垂直于 $\boldsymbol{B}_0$ 方向上施加一射频脉冲，其脉冲宽度 t_P 满足 $t_P \ll T_1$、$t_P \ll T_2$（T_1、T_2 为原子核系统的弛豫时间），则通常可以把它分解为两个方向相反的圆偏振脉冲射频场，其中起作用的是施加在轴上的恒定磁场 $\boldsymbol{B}_1$，作用时间等于脉宽 t_P。在射频脉冲作用前 $\boldsymbol{M}$ 处在热平衡状态，方向与 z 轴（z' 轴）重合，施加射频脉冲作用后，则 $\boldsymbol{M}$ 将以频率 γB_1 绕 x' 轴进动，如图 4 - 42 所示。

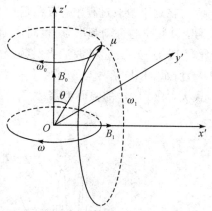

图 4 - 42　转动坐标系中的磁矩

$\boldsymbol{M}$ 转过的角度 $\theta = \gamma B_1 t_P$（如图 4 - 43 中 (a) 所示），称为倾倒角，如果脉冲宽度恰好使 $\theta = \pi/2$ 或 $\theta = \pi$，称这种脉冲为 90°（如图 4 - 43 中 (b) 所示）或 180° 脉冲（如图 4 - 43 中 (c) 所示）。90° 脉冲作用下 $\boldsymbol{M}$ 将倒在 y' 上，180° 脉冲作用下 $\boldsymbol{M}$ 将倒向 $-z$ 方向。由 $\theta = \gamma B_1 t_P$ 可知，只要射频场足够强，则 t_P 值均可以做到足够小而满足 $t_P \ll T_1, T_2$，这意味着射频脉冲作用期间弛豫作用可以忽略不计。

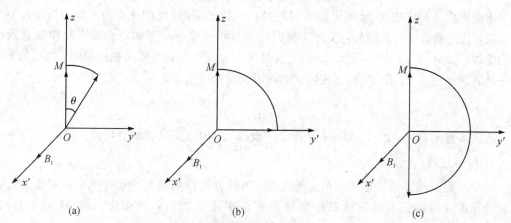

(a)　　　　　　　　　　(b)　　　　　　　　　　(c)

图 4 - 43　不同脉冲下的倾倒角

2. 脉冲作用后体磁化强度 $\boldsymbol{M}$ 的行为——自由感应衰减 (FID) 信号

设 $t = 0$ 时刻加上射频场 $\boldsymbol{B}_1$，到 $t = t_P$ 时 $\boldsymbol{M}$ 绕 $\boldsymbol{B}_1$ 旋转 90° 而倾倒在 y' 轴上，这时射频场 $\boldsymbol{B}_1$ 消失，核磁矩系统将由弛豫过程恢复到热平衡状态。图 4 - 44 所示为 90° 脉冲作用后的弛豫过程，其中 $M_z \to M_0$ 的变化速度取决于 T_1，$M_x \to 0$ 和 $M_y \to 0$ 的衰减速度取决于 T_2，在旋转坐标系看来，$\boldsymbol{M}$ 没有进动，恢复到平衡位置的过程如图 4 - 44 中 (a) 所示。在实验室坐标系看来，$\boldsymbol{M}$ 绕 z 轴旋进按螺旋形式回到平衡位置——核磁弛豫，如图 4 - 44 中 (b) 所示。

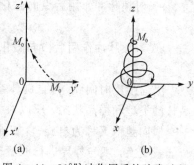

(a)　　　　　　(b)

图 4 - 44　90° 脉冲作用后的弛豫过程

在这个弛豫过程中，若在垂直于 z 轴方向上置一个接收线圈，便可感应出一个射频信号，其频率与进动频率 ω_0 相同，其幅值按照指数规律衰减，称为自由感应衰减信号，也写作 FID 信号。经检波并滤去射频以后，观察到的 FID 信号是指数衰减的包络线，如图 4-45 (a)所示。FID 信号与 $\boldsymbol{M}$ 在 xy 平面上横向分量的大小有关，所以 90°脉冲的 FID 信号幅值最大，180°脉冲的幅值为零。

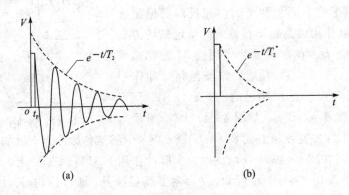

图 4-45　自由感应衰减信号

实验中由于恒定磁场 B_0 不可能绝对均匀，样品中不同位置的核磁矩所处的外场大小有所不同，其进动频率各有差异，实际观测到的 FID 信号是各个不同进动频率的指数衰减信号的叠加，如图 4-45 中(b)所示。设 T_2' 为磁场不均匀所等效的横向弛豫时间，则总的 FID 信号的衰减速度由 T_2 和 T_2' 两者决定，可以用表观横向弛豫时间 T_2^* 来等效：

$$\frac{1}{T_2^*} = \frac{1}{T_2} + \frac{1}{T_2'} \tag{4-41}$$

若磁场越不均匀，则 T_2' 越小，从而 T_2^* 也越小，FID 信号衰减也越快。

3. 弛豫过程

弛豫和射频诱导激发是两个相反的过程，当两者的作用达到动态平衡时，实验上可以观测到稳定的共振信号。当核磁矩系统处在热平衡状态时，体磁化强度 $\boldsymbol{M}$ 沿 z 方向，记为 $\boldsymbol{M}_0$。

弛豫过程因涉及体磁化强度的纵向分量和横向分量变化，故分为纵向弛豫过程和横向弛豫过程。

90°射频脉冲作用后纵向磁化矢量 M_z 和特征时间 T_1 的关系：

$$M_z(t) = M_0(1 - e^{-t/T_1}) \tag{4-42}$$

90°射频脉冲作用后横向磁化矢量 M_x 和特征时间 T_2 的关系：

$$M_x(t) = M_x(0)e^{-t/T_2} \tag{4-43}$$

纵向弛豫时间 T_1 是自旋体系与环境相互作用时的速度量度，T_1 的大小主要依赖于样品核的类型和样品状态，所以对 T_1 的测量可知样品核的信息。

横向弛豫又称为自旋-自旋弛豫。自旋系统内部也就是说核自旋与相邻核自旋之间进行能量交换，不与外界进行能量交换，故此过程体系总能量不变。自旋-自旋弛豫过程，由非平衡进动相位产生时的体磁化强度 $\boldsymbol{M}$ 的横向分量 $M_\perp \neq 0$ 恢复到平衡态时相位无关 $M_\perp = 0$ 表征，所需的特征时间记为 T_2。由于 T_2 与体磁化强度的横向分量 $M_\perp$ 的弛豫时间有关，故 T_2 也称横向弛豫时间。自旋-自旋相互作用也是一种磁相互作用，进动相位相关主要来自于核自旋产生的局部磁场。射频场 B_1、空间分布不均匀的外磁场都可看成是局部磁场。

4. 自旋回波法测量横向弛豫时间 T_2（ $90°-\tau-180°$ 脉冲序列方式）

自旋回波是一种用双脉冲或多个脉冲来观察核磁共振信号的方法，它特别适用于测量横向弛豫时间 T_2。谱线的自然线宽是由自旋-自旋相互作用决定的，但在许多情况下，由于外磁场不够均匀，谱线就变宽了，与这个宽度相对应的横向弛豫时间是前面讨论过的表观横向弛豫时间 T_2^*，而不是 T_2 了，但用自旋回波法仍可以测出横向弛豫时间 T_2。

实际应用中，常用两个或多个射频脉冲组成脉冲序列，周期性地作用于核磁矩系统。比如在 $90°$ 射频脉冲作用后，经过 τ 时间再施加一个 $180°$ 射频脉冲，便组成一个 $90°-\tau-180°$ 脉冲序列，这些脉冲序列的脉宽 t_P 和脉距 τ 应满足下列条件：

$$t_P \ll T_1, T_2, \tau \tag{4-44}$$

$$T_2^* < \tau < T_1, T_2 \tag{4-45}$$

$90°-\tau-180°$ 脉冲序列的作用结果如图 $4-46$ 所示，在 $90°$ 射频脉冲后即观察到 FID 信号；在 $180°$ 射频脉冲后，对应于初始时刻的 2τ 处可以观察到一个"回波"信号。这种回波信号是在脉冲序列作用下核自旋系统的运动引起的，所以称为自旋回波（SE 信号）。

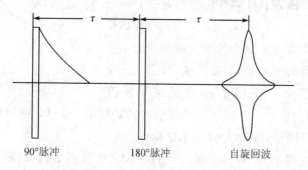

图 $4-46$　自旋回波信号

下面说明自旋回波的产生过程。体磁化强度 $\boldsymbol{M}_0$ 在 $90°$ 射频脉冲作用下绕 x' 轴转到 y' 轴上。在脉冲消失后核磁矩自由进动受到 $\boldsymbol{B}_0$ 不均匀的影响，样品中部分磁矩的进动频率不同，引起磁矩的进动频率不同，使磁矩相位分散并呈扇形展开。为此可把 $\boldsymbol{M}$ 看成是许多分量 $\boldsymbol{M}_i$ 之和。从旋转坐标系看来，进动频率等于 ω_0 的分量相对静止，大于 ω_0 的分量向前转动，小于 ω_0 的分量向后转动。在 $t=\tau$ 时再施加 $180°$ 射频脉冲的作用使磁化强度各分量绕 z' 轴翻转 $180°$，并继续按它们原来的转动方向运动；则 $t=2\tau$ 时刻各磁化强度分量刚好汇聚到 $-y'$ 轴上，$t>2\tau$ 以后，用于磁化强度各矢量继续转动而又呈扇形展开。因此，在 $t=2\tau$ 处得到如图 $4-46$ 所示的自旋回波信号。

由此可知，自旋回波与 FID 信号密切相关，如果不存在横向弛豫，则自旋回波幅值应与初始的 FID 信号一样，但在 2τ 时间内横向弛豫作用不能忽略，体磁化强度各横向分量相应减小，使得自旋回波信号幅值小于 FID 信号的初始幅值，而且脉距 τ 越大则自旋回波幅值越小，并且回波幅值 U 与脉距 τ 存在以下关系：

$$U = U_0 e^{-t/T_2} \tag{4-46}$$

式(4-46)中，$t = 2\tau$，U_0 是 90° 射频脉冲刚结束时 FID 信号的初始幅值，实验中只要改变脉距 τ，则回波的峰值就相应地改变，若依次增大 τ 测出若干个相应的回波峰值，便得到指数衰减的包络线。对(4-46)式两边取对数，可以得到直线方程

$$\ln U = \ln U_0 - \frac{2\tau}{T_2} \tag{4-47}$$

式中，2τ 作为自变量，则直线斜率的倒数便是 T_2。

5. 反转恢复法测量纵向弛豫时间 T_1（180°-τ-90°脉冲序列）

当系统加上 180° 脉冲时，体磁化强度 $\boldsymbol{M}$ 从 z 轴反转至 $-z$ 方向。而由于纵向弛豫效应使 z 轴方向的体磁化强度 M_z 幅值沿 $-z$ 轴方向逐渐缩短，乃至变为零，再沿 z 轴方向增长直至恢复平衡态时 M_0，M_z 随时间变化的规律是以时间 T_2 呈指数增长，见图4-47，表示为

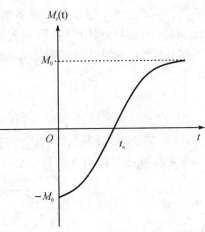

$$M_z(t) = M_0(1 - 2e^{-t/T_1}) \tag{4-48}$$

为检测 M_z 瞬时值 $M_z(t)$，在 180° 脉冲后，隔一时间 t 再加上 90° 脉冲，使 M_z 倾倒至 x' 与 y' 构成平面上产生一自由衰减信号。这个信号初始幅值必定等于 $M_z(t)$。如果等待时间 t 比 T_1 长得多，样品将完全恢复至平衡态。用另一不同的时间间隔 t 重复

图 4-47　M_z 随 t 的变化曲线

180°-90° 脉冲序列的实验，得到另一 FID 信号初始幅值。这样，把初始幅值与脉冲间隔 t 的关系画出曲线，就能得到图 4-47 所示的曲线。

曲线表征体磁化强度 $\boldsymbol{M}$ 经 180° 脉冲反转后 $M_z(t)$ 按指数规律恢复平衡态的过程。以此实测曲线可算出纵向弛豫时间 T_1（自旋-晶格弛豫时间）。最简约的方法是寻找 $M_z(t) = 0$ 处，由式 $T_1 = t_n/\ln 2 = 1.44 t_n$ 得到。

6. 化学位移

化学位移是核磁共振应用于化学上的支柱，它起源于电子产生的磁屏蔽。原子和分子中的核不是裸露的核，它们周围都围绕着电子。所以原子和分子所受到的外磁场作用，除了 $\boldsymbol{B}_0$ 磁场，还有核周围电子引起的屏蔽作用。电子也是磁性体，它的运动也受到外磁场影响，外磁场引起电子的附加运动，感应出磁场，方向与外磁场相反，大小则与外磁场成正比，所以核处实际磁场是

$$B_{核} = B_0 - \sigma B_0 = B_0(1 - \sigma) \tag{4-49}$$

式中，σ 是屏蔽因子，它是个小量，其值小于 10^{-3}。

因此，核的化学环境不同，屏蔽常数 σ 也就不同，从而引起它们的共振频率各不相同，有

$$\omega_0 = \gamma(1 - \sigma)B_0 \tag{4-50}$$

化学位移可以用频率进行测量，但是共振频率随外场 $\boldsymbol{B}_0$ 而变，这样标度显然是不方便

的,实际化学位移用无量纲的 δ 表示,单位是 ppm。

$$\delta = \frac{\sigma_R - \sigma_S}{1 - \sigma_S} \times 10^6 \approx (\sigma_R - \sigma_S) \times 10^6 \qquad (4-51)$$

式(4-51)中 σ_R、σ_S 为参照物和样品的屏蔽常数。用 δ 表示化学位移,只取决于样品与参照物屏蔽常数之差值。

根据化学位移的表达式可知,其数值为考虑屏蔽效应与无屏蔽时的共振频率的偏移大小。为了能够精确度量,就需要一盒绝对恒定的主磁场 B_0,如果 B_0 也是一个不固定的值,那么是无法确定这个偏移量的。当主磁场沿着某个主值向左右有展宽时,会使得化学位移值也向左右有展宽。当主磁场 B_0 的展宽(不均匀度)超过物质的化学位移时,这种偏移量就是没有办法测量的,或者说偏移量淹没在主磁场的不均匀性中。因此,要对物质进行化学位移的测量,需要主磁场的均匀性满足一定要求。

【实验仪器简介】

FD-PNMR-C 型脉冲核磁共振实验仪主要由恒温箱体(内装磁铁及恒温装置)、射频发射主机(含调场电源)、射频接收主机(含匀场电源以及恒温显示)三部分构成,其使用技术指标见表 4-9。

表 4-9　脉冲核磁共振实验仪使用技术指标

参数名称	说　明
调场电源	最大电流:0.5 A;电压调节:0~6.00 V
匀场电源	最大电流:0.5 A;电压调节:0~6.00 V
共振频率	20.000 MHz
磁场强度	0.470T 左右
磁极直径	100 mm
磁极间隙	20 mm
磁场均匀度	10 ppm(10 mm×10 mm×10 mm)
恒温温度	36.50℃
磁场稳定度	磁体恒温 4 小时磁场达到稳定,每分钟拉莫尔频率漂移小于 5 Hz

【实验内容与步骤】

1. 实验前的准备工作

(1) 仪器连接见仪器使用说明书。

(2) 仪器预热准备。

打开主机后面板的电源开关，可以看到恒温箱体上的温度显示为磁铁的当前温度，一般与当时当地的室内温度相当，过一段时间可以看到温度升高，这说明加热器在工作，磁铁温度在升高。因为永磁铁有一定的温漂，所以仪器设置了 PID 恒温控制系统，每台仪器都控制在 36.50℃，这样在不同的环境下能够保证磁场稳定。

经过 3～4 个小时（各地季节变化会导致恒温时间的不同），可以看到磁铁稳定在 36.50℃（有时会在 36.44～36.56℃ 范围变化，属正常现象）。

2．采集信号

打开采集软件，点击"连续采集"按钮，电脑控制发出射频信号，频率一般在 20.000 MHz，另外初始值一般为：脉冲间隔 10 ms，第一脉冲宽度 0.16 ms，第二脉冲宽度 0.36 ms。这时仔细调节磁铁调场电源，小范围改变磁场。当磁铁调场电源调至合适值时，可以在采集软件界面中观察到 FID 信号（调节合适也可以观察到自旋回波信号），这时调节主机面板上"磁铁匀场电源"可以看到 FID 信号尾波的变化。

3．自由感应衰减(FID)信号测量表观横向弛豫时间 T_2^*

将脉冲间隔调节至 25 ms 以上，第二脉冲宽度调节至 0 ms。只剩下第一脉冲时，仔细调节调场电源和匀场电源（电源粗调和电源细调结合起来用），并小范围调节第一脉冲宽度（在 0.16 ms 附近调节），使尾波最大，应用软件通过指数拟合测量表观横向弛豫时间 T_2^*。换不同的样品（如甘油样品、机油样品等）做比较实验并记录其数值。

4．用自旋回波(SE 信号)法测量横向弛豫时间 T_2

在上一步的基础上，找到 90°脉冲的时间宽度（作为第一脉冲），将脉冲间隔调节至 10 ms，并调节第二脉冲宽度至第一脉冲宽度的两倍（因为仪器本身特性，并不完全是两倍关系）作为 180°脉冲，仔细调节匀场电源和调场电源，使自旋回波信号最大。

应用软件测量不同脉冲间隔情况下的回波信号大小，进行指数拟合得到横向弛豫时间 T_2。将它与表观横向弛豫时间 T_2^* 进行比较，分析磁场均匀性对横向弛豫时间的影响。换取不同的实验样品进行比较。

5．学习用反转恢复法测量纵向弛豫时间 T_1

反转恢复法是采用 180°-90°脉冲序列测量纵向弛豫时间 T_1，方法同自旋回波法相似，首先调节第一脉冲为 180°脉冲，第二脉冲为 90°脉冲，改变脉冲间隔，测量第二脉冲的尾波幅度，并进行指数拟合即可得到纵向弛豫时间 T_1。

6．测量样品的相对化学位移

在调节出甘油 FID 信号的基础上，换入二甲苯样品，通过实验软件分析二甲苯的相对化学位移（二甲苯频谱图两个峰的频率差大约为 100 Hz）。

【注意事项】

（1）因为永磁铁的温度特性影响，实验前首先开机预热 3～4 个小时，等到磁铁达到稳定时再开始实验。

（2）仪器连接时应严格按照仪器使用说明书要求连线，避免出错损坏主机。

（3）放样品时要试探着往下放，比较紧时可以旋转着往下放。

（4）在信号调节时要先仔细调节调场电源，调出信号后再调节匀场电源的旋钮，找到合适的共振信号。

（5）测量化学位移时，在调出双峰曲线之后，确定共振吸收峰的频率时，需按住键盘上的左方向键或右方向键使光标移动至双峰处，从而确定共振吸收峰的频率。

【数据记录与处理】

测量数据记录于表 4 - 10 中。

表 4 - 10　数据记录表

信号调节参数	共振频率	恒温控制	调场电源	90°脉冲	180°脉冲
	20 MHz	36.50 ℃			
样品编号	样品信息	表观横向弛豫时间 T_2^* /ms	横向弛豫时间 T_2 /ms	纵向弛豫时间 T_1 /ms	
1	0.05% $CuSO_4$溶液				
2	0.1% $CuSO_4$溶液				
3	0.2% $CuSO_4$溶液				
4	0.3% $CuSO_4$溶液				
5	0.4% $CuSO_4$溶液				
6	甘油				
7	二甲苯	化学位移:			

【思考题】

（1）脉冲核磁共振实验中，磁感应强度 B_0，B_1 和不均匀磁场 B' 各代表什么物理量？

（2）试述倾倒角 θ 的物理意义。说明如何实现倾倒角？

（3）何为 $90° - \tau - 180°$ 脉冲序列及 $180° - \tau - 90°$ 脉冲序列？理解其用处和意义。

（4）不均匀磁场对 FID 信号有何影响？

实验 4.7　光电效应测量普朗克常数

【实验导引】

中国在量子通信方面处在其他国家的前面，2016 年 8 月，中国成功发射了世界首颗量子科学实验卫星"墨子号"，图 4 - 48 所示为量子科学实验卫星"墨子号"。2020 年 12 月 4

日，我国成功构建 76 个光子的量子计算原型机"九章"，求解数学算法高斯玻色取样只需 200 秒，而目前世界最快的超级计算机要用 6 亿年，这一突破使中国成为全球第二个实现 "量子优越性"的国家，图 4-49 所示为量子计算原型机"九章"。以量子力学为基础的量子 计算机，我国目前的研究处于世界领先水平，有望改变我国计算机芯片大部分依赖进口的 现状，实现科教兴国的目标。这些高科技中包含了光电效应的基本原理及应用。目前利用 光电效应制成的光电器件和光电管、光电池、光电倍增管等已成为生产和科研中不可缺少 的重要器件。

图 4-48　量子科学实验卫星"墨子号"

图 4-49　量子计算原型机"九章"

　　赫兹于 1887 年首先发现光电效应现象后，光电效应现象吸引了许多人进行这方面的 研究，得出的光电效应实验规律与经典电磁理论矛盾。虽然实验的发现已经暴露了经典理 论的缺陷，但是许多物理学家还是企图在经典理论的框架内解释光电效应的实验规律。 1905 年，爱因斯坦发展了普朗克的量子假说，提出了光量子概念，很好地解释了光电效应 的全部实验规律，但光量子理论在当时并未被物理学界接受，甚至连相信量子概念的一些 物理学家包括普朗克本人也持反对态度。爱因斯坦遭到冷遇的根本原因在于传统观念束缚 了人们的思想，而且他提出的理论，并没有直接的实验依据。密立根从 1904 年起也开始进 行光电效应的研究，他虽并不同意爱因斯坦的光量子假说，对爱因斯坦的光电方程也持怀 疑态度，但为了探索科学真理，他以严谨的态度对待这项工作，希望能彻底澄清实验事实。 直到 1914 年，他历尽重重困难，第一次给出了实验验证，并在 1916 年首次用油滴实验证实 了爱因斯坦光电效应方程，并在当时的条件下，较为精确地测得普朗克常数 $h = 6.57 \times 10^{-34}$ J·s，这一数据与现在的公认值比较，相对误差也只有 0.9%，为此，1923 年密立根因 这项工作而荣获诺贝尔物理学奖。

【实验目的】

　　(1) 了解光电效应的基本规律，加深对光的量子性的认识。

　　(2) 了解光电管的结构和性能，测量其基本特性曲线，为正确使用光电管提供依据。

　　(3) 验证爱因斯坦光电效应方程，并测量普朗克常数。

【实验仪器】

　　光电效应实验仪、光电管盒带滤波片、汞灯及汞灯电源、导轨、PASCO 无线电压传感器。

【实验原理】

当光照射到金属表面时,金属中有电子逸出的现象,称为光电效应,逸出的电子称为光电子。光电效应实验原理如图 4-50 所示,入射光照射到光电管阴极 K 上,产生光电子,光电子在电场作用下向阳极 A 迁移构成光电流。改变外加电压 U_{AK},测量出光电流 I 的大小,即可得出光电管的伏安特性曲线。

光电效应的基本实验事实如下:

(1)对应于某一频率,光电效应的 I-U_{AK} 关系如图 4-51 所示。从图中可见,对一定的频率,有一电压 U_a,当 $U_{AK} \leqslant U_a$ 时,电流为零,U_a 被称为截止电压。对于不同频率的光,其截止电压不同,如图 4-51 所示。

(2)当 $U_{AK} \geqslant U_a$ 后,I 迅速增加,然后趋于饱和。饱和光电流 I_M 的大小与入射光的强度 P 成正比,如图 4-52 所示。

(3)截止电压 U_a 与频率 ν 的关系如图 4-53 所示,U_a 与 ν 成正比关系。当入射光频率低于某极限值 ν_0(随不同金属而异)时,不论光的强度如何,照射时间多长,都没有光电流产生。

(4)光电效应是瞬时效应。即使入射光的强度非常微弱,只要频率大于 ν_0,在开始照射后立即有光电子产生,所经过的时间至多为 10^{-9} 秒的数量级。

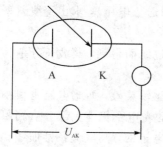

图 4-50　光电效应实验原理图

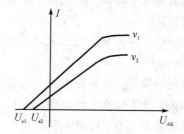

图 4-51　某一频率下,光电效应的 I-U_{AK} 关系

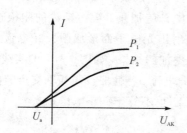

图 4-52　饱和光电流与入射光的强度关系

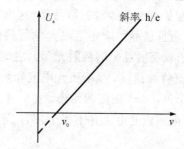

图 4-53　截止电压与频率的关系

经典电磁理论认为,电子从电磁波连续获得能量,获得的能量的大小和光的强度有关,故对于任何频率,只要有足够的光强度和足够的照射时间,总会发生光电效应,而实验事实与此是直接矛盾的。

按照爱因斯坦的光量子理论,光的能量是量子化的,频率为 ν 的光子具有能量 $E = h\nu$,h 为普朗克常数。当光子照射到金属表面上时,被金属中的电子吸收,电子把这能量的一部分用来克服金属表面对它的吸引力,余下的变为电子离开金属表面后的动能,爱因斯坦提出了著名的光电效应方程：

$$h\nu = \frac{1}{2}mv^2 + A \tag{4-52}$$

式中，A 为金属的逸出功，$\frac{1}{2}mv^2$ 为光电子获得的初始动能。由该式可见，入射到金属表面的光频率越高，逸出的电子动能越大，所以即使阳极电位比阴极电位低时也会有电子落入阳极形成光电流，直至阳极电位低于截止电压，光电流才为零，此时有关系：

$$eU_a = \frac{1}{2}mv^2 \tag{4-53}$$

阳极电位高于截止电压后，随着阳极电位的升高，阳极对阴极发射的电子的收集作用越强，光电流随之上升，当阳极电压高到一定程度，已把阴极发射的光电子几乎全收集到阳极，再增加 U_{AK} 时 I 不再变化，光电流出现饱和，饱和光电流 I_M 的大小与入射光的强度 P 成正比。

光子的能量 $h\nu < A$ 时，电子不能脱离金属，因而没有光电流产生。产生光电效应的最低频率（截止频率）是 $\nu_0 = \frac{A}{h}$（红线频率）。将（4-53）式代入（4-52）式可得：

$$eU_a = h\nu - A \tag{4-54}$$

只要用实验方法得出不同的频率对应的截止电压（遏止电压），求出直线斜率，就可以算出普朗克常数。

实验时用的单色光是从低压汞灯光谱中用滤色片过滤而得到，其波长分别为 365 nm，405 nm，436 nm，546 nm，577 nm。

截止电压的确定：如果使用的光电管对可见光都比较灵敏，而暗电流也很小。由于阳极包围着阴极，即使加速电位差为负值时，阴极发射的光电子仍能大部分射到阳极。而阳极材料的逸出功又很高，可见光照射时是不会发射光电子的，其电流特性曲线如图 4-54 所示。图中电流为零时的电位就是截止电压 U_a。然而，由于光电管在制造过程中，工艺上很难保证阳极不被阴极材料所污染（这里污染的含义是：阴极表面的低逸出功材料溅射到阳极上），而且这种污染还会在光电管的使用过程中日趋加重。被污染后的阳极逸出功降低，当从阴极反射过来的散射光照到它时，便会发射出光电子而形成阳极光电流。实验中测得的电流特性曲线，是阳极光电流和阴极光电流叠加的结果，如图 4-55 的实线所示。由图 4-55 可见，由于阳极的污染，实验时出现了反向电流。特性曲线与横轴交点的电流虽然等于"0"，但阴极光电流并不等于"0"，交点的电压 U_a' 也不等于截止电压 U_a。

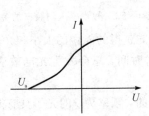

图 4-54 光电管理想的电流特性曲线

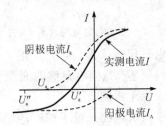

图 4-55 光电管老化的电流特性曲线

U_a' 与 U_a 之差由阴极电流上升的快慢和阳极电流的大小所决定。如果阴极电流上升越快，阳极电流越小，U_a' 与 U_a 之差也越小。从实际测量的电流曲线上看，正向电流上升越快，反向电流越小，则 U_a' 与 U_a 之差也越小。

由于电极结构等种种原因，实际上阳极电流往往饱和得缓慢，在加速电压负到 U_a 时，阳极电流仍未达到饱和，所以反向电流刚开始饱和的拐点电压 U_a'' 也不等于截止电压 U_a，如图 4-55 所示，两者之差视阳极电流的饱和快慢而异。阳极电流饱和得越快，两者之差越小。若在负电压增至 U_a 之前阳极电流已经饱和，则拐点电压就是截止电压 U_a。总而言之，对于不同的光电管应该根据其电流特性曲线的不同而采用不同的方法来确定其截止电压。假如光电流特性的正向电流上升得很快，反向电流很小，则可以用光电流特性曲线与暗电流特性曲线交点的电压 U_a' 近似地作为截止电压 U_a（交点法）。若反向特性曲线的反向电流虽然较大，但其饱和速度很快，则可用反向电流开始饱和时的拐点电压 U_a'' 作为截止电压 U_a（拐点法）。

光电效应实验操作

【实验内容与步骤】

1. 手动测量截止电压和普朗克常数 h

（1）测量前准备。

① 按要求连接导线。

② 盖上汞灯遮光罩。

③ 调整汞灯与光电管的距离，大约为 300～350 mm。

④ 打开电源开关。

⑤ 汞灯和电源预热 20 分钟。

⑥ 设置电压输出选择按钮为 $-2\sim0$ V。设置电流幅度开关量程为 10^{-13} A。

⑦ 按下电流信号选择按钮使其处于"CALIBRATION"校准状态，调节电流调零旋钮使电流表显示为"0"，再按一下信号选择按钮使其处于"MEASURE"测量状态。

（2）测量截止电压。

① 将光电暗盒前面的转盘用手轻轻拉出，即脱离定位销，把 Φ4 mm 的光阑对准上面的白色刻线，使定位销复位。再把装滤色片的转盘放在挡光位，即指示"0"对准上面的白点，在此状态下测量光电管的暗电流。② 把 365 nm 的滤色片转到通光口，此时把电压表显示的 U_{AK} 值调节为 -1.990 V，打开汞灯遮光盖，电流表显示对应的电流值应为负值。③ 调节电压旋钮，逐步升高工作电压（即使负电压绝对值减小），当电压到达某一数值，光电管输出电流为零时，记录对应的工作电压 U_{AK}，该电压即为 365 nm 单色光的截止电压。④ 按顺序依次换上 405 nm，436 nm，546 nm，577 nm 的滤色片，重复以上测量步骤。在表 4-11 记录对应波长的 U_{AK} 值。

表 4 - 11　不同波长光的截止电压，Φ4 mm 光阑

	1	2	3	4	5
波长 λ /nm	365	405	436	546	577
频率 $\nu/\times10^{14}$ Hz,　$\nu=c/\lambda$	8.214	7.408	6.879	5.490	5.196
截止电压 U_a/V					

2. 手动测量伏安特性曲线

将电压输出选择按钮按下，电压调节范围转变为 $-2\sim+30$ V，电流幅度选择开关应转换至 10^{-10} A 挡，并重新调零。其余操作步骤与"测量截止电压"类同，不过此时要把每一个工作电压和对应的电流值加以记录，以便画出伏安特性曲线，并对该特性进行研究分析。

(1) 观察在同一光阑、同一距离条件下 5 条伏安饱和特性曲线。

记录所测 U_{AK} 及 I 的数据并填到表 4 - 12 中。

(2) 观察同一距离、不同光阑(不同光通量)、某条谱线(如 365 nm)的伏安特性曲线。

测量并记录对同一谱线、同一入射距离，而光阑分别为 2 mm，4 mm，8 mm 时对应的电流值并填于表 4 - 13 中。

(3) 观察同一光阑下、不同距离(不同光强)、某条谱线(如 365 nm)的伏安特性曲线。

在 U_{AK} 为 30 V 时，测量并记录对同一谱线、同一光阑时，光电管与入射光在不同距离，如 250 mm，300 mm，350 mm 等对应的电流值并填于表 4 - 14 中。

表 4 - 12　U_{AK} - I 关系

U_{AK}/V							
$I/\times10^{-10}$ A							
U_{AK}/V							
$I/\times10^{-10}$ A							

表 4 - 13　I_M - P 关系

$U_{AK}=$ ＿＿＿ V, λ= ＿＿＿ nm, L= ＿＿＿ mm

光阑孔 Φ/mm	2	4	8
$I/\times10^{-10}$ A			

表 4 - 14　I_M - P 关系

$U_{AK}=$ ＿＿＿ V, λ= ＿＿＿ nm, Φ= ＿＿＿ mm

距离 L/mm	300	350	400
$I/\times10^{-10}$ A			

3. PASCO 无线电压传感器测量和分析光电效应实验

实验线路图如图 4 - 56 所示。

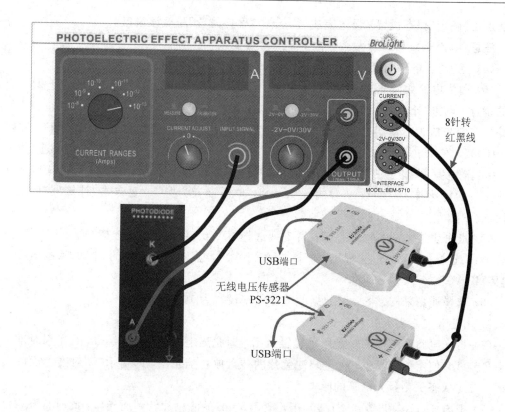

图 4-56　PASCO 无线电压传感器测量和分析光电效应实验

1）硬件设置

（1）按图 4-56 所示连接导线。

（2）用 8 针转红黑线将光电效应实验仪的"CURRENT"数据接口和"-2～0 V/30 V"数据接口分别与两无线电压传感器的电压输入端口（红黑插座端口）相连。

（3）盖上光电管遮光罩。

（4）调整汞灯与光电管的距离，大约为 300～350 mm。

（5）打开所有电源开关。

（6）将汞灯和电源预热 20 分钟。

（7）设置电压输出按钮为 -2～0 V，调节电压旋钮使电压值约为 -1.99 V。设置电流幅度选择开关量程为 10^{-13} A。

（8）按下电流信号选择按钮使其处于"CALIBRATION"校准状态，调节电流调零旋钮使电流表显示为"0"，再按一下信号选择按钮使其处于"MEASURE"测量状态。

2）软件设置

（1）启动 PASCO Capstone 软件。

（2）点击"硬件设置"，此时在硬件设置窗口中，没有任何硬件信息。

（3）用 USB 数据线连接两无线电压传感器到电脑 USB 端口。

（4）设置 2 个电压传感器的属性：点击 2 个无线电压传感器的"属性设置"按钮，将电流表、电压表都调为零；然后点击"立即将传感器归零"，并将"电压范围设置"选择 ±5 V；

最后点击"确定"保存设置。设置完成后，点击"硬件设置"隐藏该窗口。

注意：2 个无线电压传感器都需要做上述设置。

（5）点击"表格和图表"图标，创建实验数据和实验曲线图。

（6）因为电流数值非常小（10^{-13} A 级），所以为了放大电流的数值，在软件上做一个计算的设置：点击"计算器"，输入"IA="后，点击鼠标右键，选"插入数据"中的"电压，传感器编号"（编号应为连接到光电效应实验仪传感器上电流接口的传感器上的编号），并输入" * 1000"，在单位下面输入"pA"；在另一行输入"VAK="后，点击鼠标右键，选"插入数据"中的选"插入数据"中的"电压，传感器编号"（编号应为连接到光电效应实验仪传感器上电压接口的传感器上的编号），并输入" * 10"，单位设置为"V"；再点击"计算器"，隐藏该对话框。

（7）点击表格中的"选择测量"，第 1 列选择"IA（pA）"，第 2 列选择"VAK（V）"。点击图表中纵坐标的"选择测量"，选择"IA（pA）"，点击横坐标的时间"（秒 s）"，选择"VAK（V）"。

（8）选择通用采样，将 2 路数据的采样频率设置为 10 Hz。

3）测量普朗克常数 h

（1）将光电暗盒前面的转盘用手轻轻拉出，即脱离定位销，把 Φ4 mm 的光阑对准上面的白色刻线，使定位销复位。再把装滤色片的转盘放在挡光位，即指示"0"对准上面的白色刻线，在此状态下测量光电管的暗电流。

（2）把电压（U_{AK}）调节到 -1.990 V，把 365 nm 的滤色片转到通光口，此时打开汞灯遮光盖，电流表显示对应的电流值应为负值。

（3）点击采样率旁边的"记录条件"按钮，设置停止条件"IA"高于 100。

（4）点击软件"记录"按钮。

（5）慢慢调节电压旋钮，逐步升高工作电压（即使负电压绝对值减小），当光电管输出电流值由负变正后，当电流大于设定的停止条件值（"IA"高于 100），实验曲线停止。此曲线即为 365 nm 截至电压-电流曲线。

（6）按顺序依次换上 405 nm，436 nm，546 nm，577 nm 的滤色片，重复以上测量步骤。

（7）找出每个波长在电流为零时或者最接近零点的对应的截止电压，填入表4 - 15中。

表 4 - 15　不同波长光的截止电压，Φ4 mm 光阑

	1	2	3	4	5
波长，λ/nm	365	405	436	546	577
频率 ν / $\times 10^{14}$ Hz，$\nu = c/\lambda$	8.214	7.408	6.879	5.490	5.196
截止电压 U_{AK}/V					

（8）计算普朗克常数。

① 点击"添加页面"按钮。

② 在软件右边显示框内创建 2 个表格和 1 个图表文件。

③ 点击表格 1 中的工具条中的"在右侧插入空列"，使其增加为 3 列；点击表格 2 中的工具条中的"移出选定列"，使其剩余 1 列，再 2 次点击工具条中的"创建关于选定列数据的新计算"，使其成为 3 列，其中 2 列可以编辑计算公式。

④ 依次点击表格 1 和表格 2 中的"选择测量"→"新建"→"用户输入的数据"。

⑤ 点击表格 1 和 2 中"用户数据 x"→"重命名"，点击"单位"→"重命名"，点击图表中的"选择测量"，纵坐标选择"截止电压(V)"，横坐标选择"频率(10^{-14} Hz)"，修改名称。

⑥ 把表 4-15 的截止电压，波长和频率数据输入到表格 1。可以看到在图表中出现一条折线，点击图表工具条中的曲线拟合工具"将选定的曲线拟合应用于活动数据/选择要显示的曲线拟合"，选择"线性 mx+b"拟合。

⑦ 把拟合的线性曲线的斜率填入表格 2 中的斜率一栏里面，编辑"普朗克常数"和"误差"的计算公式，可计算出普朗克常数和误差。

4）测量伏安特性曲线

（1）硬件设置。操作步骤第 1～6 步、第 8 步与前面的硬件设置相同。将前面的硬件设置第 7 步改为：设置电压输出按钮为 $-2 \sim +30$ V，调节电压旋钮使电压值约为 -1.99 V。设置电流幅度选择开关量程为 10^{-10} A。

（2）软件设置。操作步骤第 1～5 步、第 8 步与前面的软件设置相同。

将前面的软件设置第 6 步修改为：因为电流数值非常小，所以为了放大电流的数值，在软件上做一个计算的设置，即点击"计算器"，输入"IA＝"后，点击鼠标右键，选"插入数据"中的"电压，传感器编号"（编号应为连接到光电效应实验仪传感器上电流接口的传感器上的编号），并输入"＊1000"，在单位下面输入"nA"；在另一行输入"VAK＝"后，点击鼠标右键，选"插入数据"中的"电压，传感器编号"（编号应为连接到光电效应实验仪传感器上电压接口的传感器上的编号），并输入"＊10"，单位设置为"V"；再点击"计算器"，隐藏该对话框。

将前面的软件设置第 7 步修改为：点击表格中的"选择测量"，第 1 列选择"IA(nA)"，第 2 列选择"VAK(V)"。点击图表中纵坐标的"选择测量"，选择"IA(nA)"，点击横坐标的"时间(秒 s)"，选择"VAK(V)"。

（3）伏安特性曲线测量。

① 将光电暗盒前面的转盘用手轻轻拉出，即脱离定位销，把 Φ4 mm 的光阑对准上面的白色刻线，使定位销复位。再把装滤色片的转盘放在挡光位，即指示"0"对准上面的白色刻线，在此状态下测量光电管的暗电流。

② 把电压(U_{AK})调节到 -1.99 V，把 365 nm 的滤色片转到通光口，打开汞灯遮光盖。

③ 点击采样率旁边的"记录条件"按钮，设置停止条件"VAK"高于 30.00，点击确定保存设置。

④ 点击软件"记录"按钮。

⑤ 慢慢调节电压旋钮，逐步升高工作电压，当电压值调到 $+30$ V 后，软件会自动停止，实验曲线完成。此曲线即为 365 nm 伏安特性曲线。

⑥ 然后改变不同波长的滤色片，切换不同孔径的光阑，重复以上测量步骤，得到的不同波长的伏安特性曲线。

【数据记录与处理】

（1）计算手动测量的普朗克常数 h。

① 依据表 4 - 11 数据画出截止电压与频率的关系曲线。

② 找到最佳线性拟合后的斜率 K。

由公式(4 - 54)计算 $h = e \cdot K = $ _____。

③ 相对误差：$E = |\dfrac{h - h_0}{h_0}| \times 100\% = $ _____。

（2）依据表 4 - 12 数据，作出对应于不同波长及光强的伏安特性曲线。

（3）依据表 4 - 13、表 4 - 14 数据，验证光电管的饱和电流与入射光强成正比。

第 5 章　设计性物理实验 *

实验 5.1　用惠斯通电桥测电阻

【实验目的】

(1) 学习惠斯通电桥测电阻的原理和方法。

(2) 学习电路的连接方法。

(3) 学习电阻箱及电桥的误差计算方法。

【实验仪器】

电阻箱、待测电阻、检流计、滑线变阻器、稳压电源。

【实验要求】

(1) 明确惠斯通电桥测量电阻的原理，能正确的连接电路。

(2) 测量几个待测的电阻。

(3) 查找资料，学习电阻箱及电桥误差的计算方法。

【参考资料】

[1] 肖苏, 任红. 大学物理实验. 合肥: 中国科学技术大学出版社, 2004.

[2] 赵亚林, 周在进. 大学物理实验. 南京: 南京大学出版社, 2006.

实验 5.2　非线性电阻特性的研究

【实验目的】

用给定器材设计实验线路，测量小灯泡和发光二极管的伏安特性。

【实验仪器】

发光二极管、小灯泡、电压表、电流表(应注意电表的量程和内阻)、滑线变阻器、开关和导线等。

---

* 设计性物理实验简介见附录 C

【实验要求】

（1）写出实验方案。

① 明确实验原理。

② 画出测量电路图。

③ 了解实验仪器。

④ 拟出实验步骤。

⑤ 列出数据记录表格。

（2）测量并绘出发光二极管的伏安特性曲线。

① 测量额定电压下小灯泡灯丝的电阻。

② 研究发光二极管的伏安特性与发光现象间的关系。

【实验提示】

（1）非线性电阻的伏安特性为一条曲线。正向导通电流为毫安级，反向导通电流为微安级，所测元件电阻变化很大，考虑到电流表、电压表均有内阻，在电路设计中应根据正向、反向电流的差别来选择采用内接法还是外接法。

（2）测正向、反向伏安特性时，电源电压应根据发光二极管的参数选择不同的值。

（3）电流和电压不要超出发光二极管的正向最大电流和最大反向工作电压。

（4）严格遵守电学实验的操作规程。

（5）测量时电压不要等间距取点，在电流变化缓慢的区域，电压取点间距大些；在电流变化较快的区域，电压取点间距小些。

【参考资料】

[1] 吴振森，武颖丽，胡荣旭，等. 综合设计性物理实验. 西安：西安电子科技大学出版社，2007.

[2] 丁慎训，张连芳. 物理实验教程. 北京：清华大学出版社，2002.

实验 5.3 　电表的改装与校准

【实验目的】

（1）将量程 100 μA 的微安表头改装成电流表。

（2）将量程 100 μA 的微安表头改装成电压表。

【实验仪器】

待改装的微安表头、标准电压表、标准毫安表、直流稳压电源、电阻箱、滑线变阻器、开关、导线。

【实验要求】

（1）写出实验方案。

① 明确实验原理和计算公式。

② 画出改装电路图、校准电路图以及测量表头内阻的电路图。

③ 了解实验仪器。

④ 拟出实验步骤。

⑤ 列出数据记录表格。

（2）校准改装表并画出校准曲线。

（3）确定改装表的准确度等级。

【实验提示】

（1）改装电压表的原理。

实验室中使用的电表，大部分是磁电式仪表。由于它的灵敏度高，满偏电流小，一般只能测量很小的电流和电压。如果想用它来测量较大的电流或电压，则必须对它进行改装。在用表头测量电压时，一般将表头并联在待测电路两端。已知表头的量程为 I_g，内阻为 R_g，则表头的电压量程为 $U_g = I_g R_g$，一般只为零点几伏。为了改装成大量程的电压表，应串联一个分压电阻 R_s。如果要将量程 I_g、内阻 R_g 的表头改装成量程为 U 的电压表，根据串联电路的欧姆定律，可以推导出分压电阻 R_s 的计算公式。

（2）改装电压表的校准。

电表经过改装后，必须进行校准，判断改装表是否符合原电表的准确度等级。进行校准以后，还要绘制校准曲线，以便改装表能准确读数。通常用改装表与准确度等级比表头高两级的标准表进行比较，这种方法叫比较法。校准点在改装表满偏范围内各个标度值的位置上。改装表读数为 I_x，标准表读数为 I_s，则各个校准点的校准值为 $\Delta I = I_s - I_x$，应使电表单调上升校准一次，单调下降校准一次，两次改装表读数的平均值为 I_x。以 ΔI 为纵坐标，I_s 为横坐标，作校准曲线，各个校准点之间用直线连接。

（3）表头内阻的测量。

要把表头改装成电压表，必须先测量表头内阻 R_g 的大小，用以计算分压电阻 R_s，测量表头的内阻有很多方法，请自行选用所提供的仪器，设计一种测量表头内阻 R_g 的方法。

【参考资料】

李平. 大学物理实验. 北京：高等教育出版社，2004.

实验 5.4　表头内阻的测量

【实验目的】

（1）学会用半值法测表头内阻。

（2）学会用电桥法测表头内阻。

【实验仪器】

微安表、滑线变阻器、稳压电源、指针式检流计、单刀双掷开关、双刀双掷开关、电阻箱、100 kΩ 定值电阻、0～100 kΩ 电位器、导线若干。

【实验要求】

（1）写出实验方案。
① 明确实验原理和计算公式。
② 画出测量电路图。
③ 了解实验仪器。
④ 拟出实验步骤。
⑤ 列出数据记录表格。
（2）用串联电阻半值法测表头内阻。
（3）用并联电阻半值法测表头内阻。
（4）用电桥法测表头内阻。

实验 5.5　设计和组装欧姆表

【实验目的】

组装欧姆表。

【实验仪器】

微安表、电阻箱、稳压电源、滑线变阻器等。

【实验要求】

（1）给出组装欧姆表的设计方案（包括原理、电路图、步骤）。
（2）测量欧姆表的中值电阻。
（3）组装量程分别为 1 Ω、10 Ω、100Ω 的欧姆表，计算出组装表各元件的参数大小。
（4）用电阻箱对组装表进行标定。
（5）分析讨论实验原理及量程与元件参数的关系。

【参考资料】

[1]丁慎训，张连芳. 物理实验教程. 北京：清华大学出版社，2002.
[2]王华，任明放，丘伟，等. 大学物理实验. 广州：华南理工大学出版社，2008.

实验 5.6　细丝直径的测量

【实验目的】

用劈尖干涉法测金属细丝的直径。

【实验仪器】

读数显微镜、45°半反射镜、2 片光学玻璃板、钠光灯、金属丝。

【实验要求】

（1）写出设计方案。

① 画出原理图，推导出测量公式。

② 拟出实验步骤。

③ 列出数据记录表格。

（2）测量并记录数据。

（3）处理及分析数据。

（4）计算测量结果及误差。

（5）分析讨论产生误差的原因及如何减小测量误差的方法。

【实验提示】

读数显微镜的正确使用请查阅相关资料。

【注意事项】

（1）使用读数显微镜，在调节中要防止物镜或 45°半反射镜与光学玻璃相碰；

（2）在测量中，为了避免回程误差，只能单方向前进，不能中途倒退后再前进。

【讨论题】

测量单位长度上的条纹数时，应注意什么？

【参考资料】

张兆奎，缪连元，张立，等. 大学物理实验. 上海：华东理工大学出版社，2016.

实验 5.7　物体密度的测量

【实验目的】

（1）测量规则物体的密度。

（2）测量不规则物体的密度。

【实验仪器】

物理天平、烧杯、千分尺、游标尺、待测物体等。

【实验要求】

（1）用千分尺、游标尺、物理天平测量规则物体的密度。

（2）用流体静力称量法测物体的密度。

（3）计算测量结果，对结果进行误差分析，并指出在实验中如何消除或减小误差。

【参考资料】

［1］钟承奕，伍永泉，邓鸿鸣. 大学物理实验. 西安：西安电子科技大学出版社，1990.
［2］张宏，赵敏福. 大学物理实验. 合肥：中国科学技术大学出版社，2009.

实验 5.8　自组电桥测电阻

【实验目的】

（1）设计简单的测量电路。

（2）进行交换法测量练习。

【实验仪器】

旋转式电阻箱、滑线变阻器、检流计、保护开关、待测电阻、电源、开关、导线若干。

【实验要求】

（1）设计测量待测电阻的桥式电路，画出电路图，推导出测量公式。

（2）简述实验步骤，画好记录数据表格。

（3）按所设计的电路图连好线路，进行具体测量。

（4）计算测量结果。

（5）推导出不确定度计算式，计算测量值的不确定度 u，写出结果表示式。

【讨论题】

分析所用测量方法有何优点。

【参考资料】

［1］丁慎训，张连芳. 物理实验教程. 2 版. 北京：清华大学出版社，2002.

实验 5.9 用电位差计校准电流表

【实验目的】

设计用电位差计校准电流表的实验电路，培养实验设计能力。

【实验仪器】

电位差计 1 套（包括工作电源、标准电池、检流计）、直流稳压电源、标准电阻、滑线变阻器、待校电流表、开关、导线若干。

【实验要求】

（1）设计校准电流表的实验电路。

（2）简述实验步骤（要求针对电流表的主刻度正反各校 1 遍，然后取对应的平均值），画好数据记录表格。

（3）计算各 $\Delta I_i = I_{is} - I_i$（$I_{is}$ 为电位差计所测得的准确电流值，I_i 为电流表的示值），画出 ΔI_i-I_i 校准折线，确定待校电流表的准确度等级。

【讨论题】

电流校正值的准确性取决于哪些因素？

【参考资料】

[1] 钟承奕，伍永泉，邓鸿鸣. 大学物理实验. 西安：西安电子科技大学出版社，1990.

[2] 赵亚林，周在进. 大学物理实验. 南京：南京大学出版社，2006.

实验 5.10 温差电动势的测量

【实验目的】

学习用电位差计测量温差电动势。

【实验仪器】

电位差计、铜-康铜热电偶，电热杯、油、温度计、保温杯（内装有冰水）。

【实验要求】

（1）学习电位差计的测量原理和使用方法。

（2）用电位差计测量热电偶的温差电动势。

（3）作温差电动势随温度的变化曲线（E-t 曲线），并从曲线中求出热电偶的温差系数($C=\Delta E/\Delta t$)。

【参考资料】

[1] 钟承奕，伍永泉，邓鸿鸣. 大学物理实验. 西安：西安电子科技大学出版社，1990.

[2] 赵亚林，周在进. 大学物理实验. 南京：南京大学出版社，2006.

实验 5. 11　　色散曲线的测量

【实验目的】

用分光计测量汞光谱的色散曲线。

【实验仪器】

分光计、三棱镜、汞灯、电源等。

【实验要求】

(1) 给出分光计测量汞光谱的色散曲线的设计方案(包括原理、步骤)。

(2) 重复测量 4 次汞光谱中紫、绿和两条黄色谱线的最小偏向角 δ_{min}。

(3) 列表记录数据。

(4) 计算出紫、蓝、青、绿和两条黄色谱线的最小偏向角 δ_{min}。

(5) 计算出棱镜材料对紫、蓝、青、绿和两条黄色谱线的折射率 n。

(6) 画出色散曲线。

(7) 根据仪器精度估计出最小偏向角的不确定度 u_δ 及棱镜材料对各波长折射率 n 的不确定度 u_n。

(8) 分析讨论：对于同一种材料，折射率与波长的关系。

【实验提示】

色散是复色光分解为单色光而形成光谱的现象。色散可利用棱镜或光栅等色散系统的元件来实现。同一种材料的折射率与波长的关系曲线称为色散曲线。

【参考资料】

[1] 张兆奎，缪连元，张立，等. 大学物理实验. 上海：华东理工大学出版社，2016.

[2] 丁慎训，张连芳. 物理实验教程. 北京：清华大学出版社，2002.

实验 5. 12　　薄透镜焦距的测量

【实验目的】

(1) 掌握测量薄透镜焦距的原理和方法。

（2）学会简单光学系统的共轴调节方法。

【实验仪器】

光具座、凹薄透镜、凸薄透镜、光源和毛玻璃屏。

【实验要求】

（1）设计实验方案。

① 明确实验原理和计算公式。

② 画出光路图。

③ 选择测量所用的光学元件。

④ 拟出实验步骤。

⑤ 列出数据记录表格。

（2）对光具座上的光学系统进行共轴调节。

（3）用自准法、共轭法和物距像距法测凸透镜的焦距。

（4）得出测量结果。

（5）讨论：

① 共轭法测凸透镜焦距时，为什么必须满足条件 $L > 4f$？

② 自准法测凸透镜焦距利用了凸透镜的什么光学特性？

【参考资料】

［1］肖苏，任红. 大学物理实验. 合肥：中国科学技术大学出版社，2004.

［2］丁慎训，张连芳. 物理实验教程. 北京：清华大学出版社，2002.

实验 5. 13　　用单缝衍射原理测狭缝宽度

【实验目的】

用单缝衍射原理测量缝宽。

【实验仪器】

光具座、单缝、He－Ne 激光器、透镜、卷尺等。

【实验要求】

（1）写出实验原理和计算公式。

（2）拟出实验步骤。

（3）列出数据记录表格。

（4）计算单缝缝宽及其不确定度。

（5）分析误差产生的原因。

【参考资料】

李平舟，陈秀华，吴兴林. 大学物理实验. 西安：西安电子科技大学出版社，2002.

实验 5.14　测金属杆的线膨胀系数

【实验目的】

(1) 设计一种方法测量金属杆的线膨胀系数。

(2) 练习用逐差法进行数据处理。

【实验仪器】

立式线膨胀实验仪、光杠杆，温度计、钢卷尺、待测金属杆(铜或铁)。

【实验要求】

(1) 写出设计方案。

(2) 拟出实验步骤和计算公式。

(3) 列出数据记录表格。

(4) 用逐差法求出线膨胀系数 α 值。

(5) 计算误差(Er，$\sigma\alpha$)及测量结果。

【实验提示】

在一定的范围内，原长为 L 的固体受热后，其伸长量 ΔL 与温度的变化量 $\Delta t = t_2 - t_1$ 近似成正比，与原长 L 成正比，即

$$\Delta L = \alpha_1 L(t_2 - t_1)$$

式中，α_1 为固体的线膨胀系数，与温度和材料相关。

对于一种确定的固体材料，在一定的温度范围内，α_1 是一个确定值。材料不同，α_1 的值也不同；同一材料在不同温度区域，其 α_1 的值也不同。线膨胀系数 α_1 的物理意义是固体材料在(t_1，t_2)温度区域内每升高 1 ℃时，材料的相对伸长量。在实验中，只要测出 ΔL，t_1，t_2 及 t_1 时固体材料的长度 L，就可求得 α_1 的值。

【参考资料】

李水泉，陈飞明，石发旺. 大学物理实验. 北京：机械工业出版社，2003.

实验 5.15　偏振现象的实验研究

【实验目的】

（1）了解产生和检验偏振光的基本方法。

（2）验证马吕斯定律。

【实验仪器】

偏振片 3 个、1/4 波片、光电管、光具座、激光电源、数字检流计。

【实验要求】

（1）检验自然光和平面偏振光。

（2）验证马吕斯定律。

（3）掌握圆偏振光和椭圆偏振光的产生方法。

【参考资料】

李平舟，陈秀华，吴兴林. 大学物理实验. 西安：西安电子科技大学出版社，2002.

实验 5.16　设计和组装热敏电阻温度计

【实验目的】

（1）设计测量热敏电阻特性的电路。

（2）组装热敏电阻温度计。

【实验仪器】

直流电桥、稳压电源、烧杯、水银温度计、热敏电阻、导线。

【实验要求】

（1）画出测量热敏电阻特性的电路图。

（2）写出设计方案。

【实验提示】

电阻测温是温度测量中被广泛应用的一种方法，其基本原理是利用了电阻随温度而改变的特性。作为感温元件的电阻可以由纯金属、合金或半导体等材料制成。铂电阻性能稳定，常用做标准温度计；锗半导体温度计常用于低温测量半导体；热敏电阻一般是由过渡金属氧化物的混合物组成的，有正温度系数和负温度系数两类。热敏电阻有以下显著的特点：灵敏度高，电阻温度系数比纯金属铂电阻的高约 10 倍，电阻率大。

热敏电阻的优点是：很小的体积可以有很大的阻值，使引线电阻可以忽略，因此，体积可以做得很小。目前，已生产出直径为 0.07 mm 的珠状热敏电阻，引线直径只有 0.01 mm，它能用于测量静脉内的温度。热敏电阻热惯性小，可测量变化较快的温度，常用于温度控制或半导体点温度计。热敏电阻主要缺点是元件的复现性和稳定性有时还不理想。

【实验原理】

热敏电阻具有负温度系数，即电阻值随温度升高而迅速下降。因为在半导体材料内部，随着温度的升高，自由电子的数目增加很快，虽然自由电子定向运动遇到的阻力也增加，但两者相比，前者对电阻率的影响比后者更大，所以，随着温度的升高电阻率反而下降。热敏电阻的电阻温度特性可以用一指数函数来描述：

$$R_T = Ae^{\frac{B}{T}} \tag{5-1}$$

式中，A、B 是与材料物理性质有关的常数；T 为热力学温度。从测量得到的 R_T-T 特性可以求出 A 和 B 的值。为了比较准确地求出 A 和 B，可将式(5-1)线性化后进行直线拟合，即对式(5-1)两侧取自然对数：

$$\ln R_T = \ln A + \frac{B}{T} \tag{5-2}$$

从 $\ln R_T$-$1/T$ 的直线拟合中，即可求得 A 与 B。常用半导体热敏电阻的 B 值约在 1500～5000 kΩ 范围内。

热敏电阻的温度系数 α 的定义为

$$\alpha = \frac{1}{R_T} \frac{dR_T}{dT} \tag{5-3}$$

它表示了热敏电阻随温度变化的灵敏度。由式(5-3)可求得

$$\alpha = -\frac{B}{T^2} \tag{5-4}$$

【参考资料】

汪建章，潘洪明. 大学物理实验，杭州：浙江大学出版社，2013.

实验 5.17　用三线扭摆法测物体的转动惯量

【实验目的】

(1) 加深理解转动惯量的概念，掌握三线扭摆法测量转动惯量的原理和方法。

(2) 正确掌握测量周期的方法。

【实验仪器】

三线扭摆仪、秒表、钢卷尺、游标尺、水准仪等。

【实验要求】

(1) 设计实验方案(实验原理和计算公式)。
(2) 拟好实验步骤,画好数据记录表格。
(3) 进行实验具体操作。
(4) 计算测量结果。
(5) 推导出圆盘、圆环转动惯量的绝对误差和相对误差,写出结果表示式。
(6) 讨论:
① 若摆角 $\theta > 10°$,对测量结果有何影响?
② 怎样测量一个质量分布不均匀物体的转动惯量?简述测量原理和方法。

【参考资料】

张进治,赵小青,刘吉森. 大学物理实验,北京:电子工业出版社,2003.

实验 5.18　用箱式电桥测热敏电阻的温度系数

【实验目的】

(1) 了解热敏电阻的温度特性。
(2) 了解箱式电桥的测量原理、结构和使用方法。
(3) 掌握箱式电桥测电阻的方法。

【实验仪器】

QJ31 型单双臂电桥、电阻温度系数装置、热敏电阻等。

【实验要求】

(1) 通过资料了解箱式电桥的测量原理、结构和使用方法。
(2) 学会测量电桥的灵敏度方法。
(3) 通过测量绘出热敏电阻的 R-t 曲线,总结出热敏电阻的温度特性。

【参考资料】

汪建章,潘洪明. 大学物理实验. 杭州:浙江大学出版社,2013.

实验 5.19　激光全息照相

【实验目的】

(1) 加深理解激光全息照相的基本原理。

　（2）初步掌握拍摄全息照片和物像再现的方法。

　（3）了解全息照相技术的主要特点，并与普通照相技术进行比较。

　（4）了解显影、定影、漂白等暗室冲洗技术。

【实验仪器】

　　He－Ne激光器（波长为632.8 nm），全息平台，光学元件，显影液，定影液，暗室冲洗设备。

　　实验元件含有，① 分束镜P：它可以将入射光分成两束相干的透射光和反射光。用透过率表示分束性能，如透过率为95%，表示透射光与反射光分别占入射光强的95%与5%。② 平面反射镜M_1、M_2：能根据需要改变光束方向。③ 扩束镜L_1、L_2：能扩大激光束的光斑。用放大倍数表示其扩束性能，如25×和60×等。相同情况下，放大倍数越大，被扩束的光斑范围越大，光强越小。④ 光学元件调整架：用于固定光学元件，调节被固定的光学元件的上下、左右及俯仰等方向。整个调整架能够在平台上移动，借助磁吸力也可被固定在平台钢板上。⑤ 全息底片H：用于记录干涉图样。常选用分辨率为3000条/mm的天津I型，可以在暗室里用玻璃刀将底片裁成约为4 cm×6 cm的大小。⑥ 接收屏：白屏。⑦ 载物台：放置物体的小平台。⑧ 被摄物体O：选用反光好的玻璃或陶瓷小工艺品。⑨ 定时快门：控制曝光时间。

【实验要求】

　　（1）设计布置全息光路，调整全息记录平面上的物光与参考光的夹角、光强比，调整物光光程、参考光光程以满足全息光源相干长度的要求。

　　（2）拍摄全息图（记录物光和参考光的干涉条纹）。

　　（3）将底片进行显影、定影、漂白等处理后再漂洗凉干即成全息照片。

　　（4）将全息照片进行物像再现、观察并记录实验现象。

　　（5）对以上观察结果做出合理解释。

【参考资料】

　　[1] 吕乃光. 傅里叶光学(第2版). 北京：机械工业出版社，2006.

　　[2] 杨述武，杨介信，陈国英. 普通物理实验(二、电磁学部分). 北京：高等教育出版社，2004.

实验 5.20　　全息光栅的制作

【实验目的】

　　（1）掌握全息光栅的制作原理及制备方法。

　　（2）能对制作好的全息光栅进行检测，总结全息光栅的特点，并将它与普通刻划光栅进行比较。

【实验仪器】

光学防震平台，He‐Ne 激光器，定时器，50%分束镜，平面镜，全息干板，像屏，底片夹，透镜，显影、定影用具，读数显微镜等。

【实验要求】

（1）掌握全息平台上光学元件的共轴调节技术、扩束与准直的基本方法，熟练地获得并检验平行光。

（2）要求制作一块空间频率 $\nu=100$ lp/mm 的光栅，制作一块空间频率 $\nu=100$ lp/mm 的正交光栅。

（3）设计一种方法测量自制全息光栅的空间频率。

【参考资料】

徐扬子，丁益民. 大学物理实验. 北京：科学出版社，2006.

附录 A　物理实验用表

1. 物理学常用基本常数

物理学常用基本常数见附表1。

附表 1　物理学常用基本常数

物　理　量	符号	主　值	计算使用值
真空中的光速	c	299 792 458 m/s	3.00×10^8
万有引有恒量	G	6.6720×10^{-11} N·m^2/kg^2	6.67×10^{-11}
阿伏伽德罗常数	N_A	$6.022\ 045 \times 10^{23}$/mol	6.02×10^{23}
玻尔兹曼常数	k	$1.380\ 622 \times 10^{-23}$ J/K	1.38×10^{-23}
理想气体在标准温度、压力下的摩尔体积	V_m	$22.4\ 136 \times 10^{-3}$ m^3/mol	22.4×10^{-3}
摩尔气体常数（普适气体常数）	R	8.31441 J/(mol·K)	8.31
洛喜密脱常数	n_0	$2.686\ 781 \times 10^{25}$分子/m^3	2.687×10^{25}
普朗克常数	h	$6.626\ 176 \times 10^{-34}$ J·s	6.63×10^{-34}
基本电荷	e	$1.6\ 021\ 892 \times 10^{-19}$C	1.602×10^{-19}
原子质量单位	u	$1.6\ 605\ 655 \times 10^{-27}$ kg	1.66×10^{-27}
电子静止质量	m_e	$9.109\ 534 \times 10^{-31}$ kg	9.11×10^{-31}
电子荷质比	e/m_e	$1.7\ 588\ 047 \times 10^{11}$ C/kg	1.76×10^{11}
质子静止质量	m_p	$1.6\ 726\ 485 \times 10^{-27}$ kg	1.673×10^{-27}
中子静止质量	m_n	$1.6\ 749\ 543 \times 10^{-27}$ kg	1.675×10^{-27}
法拉第常数	F	$9.648\ 456 \times 10^4$ C/mol	9.65×10^4
真空电容率	ε_0	$8.854\ 187\ 818 \times 10^{-12}$ F/m	8.85×10^{-12}
真空磁导率	μ_0	$1.25\ 663\ 706\ 144 \times 10^{-6}$ H/m	$4\pi \times 10^{-7}$
里德伯常数	R_∞	$1.097\ 373\ 177 \times 10^7$/m	1.097×10^7

2. 中华人民共和国法定计量单位

我国的法定计量单位包括：

(1) 国际单位制的基本单位(见附表2)。

(2) 国际单位制的辅助单位(附表3)。

(3) 国际单位制中具有专门名称的导出单位(附表4)。

(4) 国家选定的非国际单位制单位(附表5)。

(5) 由以上单位构成的组合形式的单位。

(6) 由词冠和以上单位所构成的十进倍数和分数单位(词冠见附表6)。

附表 2　国际单位制的基本单位

量的名称	单位名称	单位符号
长度	米	m
质量	千克(公斤)	kg
时间	秒	s
电流	安〔培〕	A
热力学温度	开〔尔文〕	K
物质的量	摩〔尔〕	mol
发光强度	〔坎德拉〕	cd

附表 3　国际单位制的辅助单位

量的名称	单位名称	单位符号
平面角	弧度	rad
立体角	球面度	sr

附表 4　国际单位制中具有专门名称的导出单位

量的名称	单位名称	单位符号	其他表示式例
频率	赫〔兹〕	Hz	s^{-1}
力，重力	牛〔顿〕	N	$kg \cdot m/s^2$
压强，应力	帕〔斯卡〕	Pa	N/m^2
能量，功，热	焦〔耳〕	J	$N \cdot m$
功率，辐射通量	瓦〔特〕	W	J/s
电荷量	库〔仑〕	C	$A \cdot s$
电位，电压，电动势	伏〔特〕	V	W/A
电容	法〔拉〕	F	C/V
电阻	欧〔姆〕	Ω	V/A
电导	西〔门子〕	S	A/V
磁通量	韦〔伯〕	Wb	$V \cdot s$
磁通〔量〕密度，磁感应强度	特〔斯拉〕	T	Wb/m^2
电感	亨〔利〕	H	Wb/A
摄氏温度	摄氏度	℃	
光通量	流〔明〕	lm	$cd \cdot sr$
〔光〕照度	勒〔克斯〕	lx	lm/m^2
〔放射性〕活度	贝可〔勒尔〕	Bq	s^{-1}
吸收剂量	戈〔瑞〕	Gy	J/kg
剂量当量	希〔沃特〕	Sv	J/kg

附表 5　国际选定的非国际单位制单位

量的名称	单位名称	单位符号	换算关系和说明
时间	分	min	$1\ \mathrm{min}=60\ \mathrm{s}$
	〔小〕时	h	$1\ \mathrm{h}=60\ \mathrm{min}=3600\ \mathrm{s}$
	天〔日〕	d	$1\ \mathrm{d}=24\ \mathrm{h}=86400\ \mathrm{s}$
平面角	〔角〕秒	(″)	$1''=(\pi/6480000)\mathrm{rad}$（π 为圆周率）
	〔角〕分	(′)	$1'=60''=(\pi/10800)\mathrm{rad}$
	度	(°)	$1°=60'=(\pi/180)\mathrm{rad}$
旋转速度	转每分	r/min	$1\ \mathrm{r/min}=(1/60)\ \mathrm{r/s}$
长度	海里	nmile	$1\ \mathrm{nmile}=1852\ \mathrm{m}$（只用于航行）
速度	节	kn	$1\ \mathrm{kn}=1\ \mathrm{nmile/h}=(1852/3600)\ \mathrm{m/s}$（只用于航行）
质量	吨	t	$1\mathrm{t}=10^3\ \mathrm{kg}$
	原子质量单位	u	$1\ \mathrm{u}=1.6605655\times10^{-27}\ \mathrm{kg}$
体积	升	L(l)	$1\ \mathrm{L}=1\ \mathrm{dm}^3=10^{-3}\ \mathrm{m}^3$
能	电子伏	eV	$1\ \mathrm{eV}=1.6021892\times10^{-19}\ \mathrm{J}$
级差	分贝	dB	
线密度	特〔克斯〕	tex	$1\ \mathrm{tex}=1\ \mathrm{g/km}$

附表 6　用于构成十进倍数和分数单位的词冠

所表示的因数	词冠名称	词冠符号
10^{18}	艾〔可萨〕	E
10^{15}	拍〔它〕	P
10^{12}	太〔拉〕	T
10^{9}	吉〔咖〕	G
10^{6}	兆	M
10^{3}	千	k
10^{2}	百	h
10^{1}	十	da
10^{-1}	分	d
10^{-2}	厘	c
10^{-3}	毫	m
10^{-6}	微	μ
10^{-9}	纳〔诺〕	n
10^{-12}	皮〔可〕	p
10^{-15}	飞〔母托〕	f
10^{-18}	阿〔托〕	a

注：(1) 周、月、年(年的符号为 a)为一般常用时间单位。

(2)〔〕内的字，是在不混淆的情况下，可以省略的字。

(3)( )内的字为前者的同义语。

(4) 角度单位度、分、秒的符号不处于数字后时，用括弧。

(5) 升的符号中，小写字母 l 为备用符号。

(6) r 为"转"的符号。

(7) 日常生活和贸易中，质量习惯称为重量。

(8) 公里为千米的俗称，符号为 km。

(9) 10^4 称为万，10^8 称为亿，10^{12} 称为万亿，这类数词的使用不受词冠名称的影响，但不应与词冠混淆。

3. 某些物质的密度

某些物质的密度见附表 7～10。

附表 7　常见气体的密度(0 ℃ 和标准大气压下，单位：$g \cdot cm^{-3}$)

气 体	密 度	气 体	密 度	气 体	密 度
氢	0.000 09	氮、一氧化碳	0.001 25	氩	0.001 78
氦	0.000 18	空气	0.001 29	二氧化碳	0.001 98
煤气	0.000 60	氧	0.001 43	氯	0.003 21

附表 8　常见液体的密度(常温下，单位：$g \cdot cm^{-3}$)

液 体	密 度	液 体	密 度	液 体	密 度
汽油	0.70	矿物油与植物油	0.9～0.93	人血	1.054
乙醇	0.79	蓖麻油	0.97	蜂蜜	1.40
煤油	0.80	海水	1.03	汞	13.6

附表 9　不同温度下水的密度(单位：$g \cdot cm^{-3}$)

温度增量 0.5 ℃	ρ			
	0 ℃	10 ℃	20 ℃	30 ℃
0.0	0.999 867	0.999 727	0.998 229	0.995 672
0.5	0.999 899	0.999 681	0.998 124	0.995 520
1.0	0.999 926	0.999 632	0.998 017	0.995 366
1.5	0.999 849	0.999 580	0.997 907	0.995 210
2.0	0.999 968	0.999 524	0.997 795	0.995 051
2.5	0.999 982	0.999 465	0.997 680	0.994 891
3.0	0.999 992	0.999 404	0.997 563	0.994 728
3.5	0.999 998	0.999 339	0.997 443	0.994 564
4.0	1.000 000	0.999 271	0.997 321	0.994 397
4.5	0.999 998	0.999 200	0.997 196	0.994 263

温度增量0.5 ℃	ρ			
	0 ℃	10 ℃	20 ℃	30 ℃
5.0	0.999 992	0.999 126	0.997 069	0.994 058
5.5	0.999 982	0.999 049	0.996 940	0.993 885
6.0	0.999 968	0.998 969	0.996 808	0.993 711
6.5	0.999 951	0.998 886	0.996 674	0.993 534
7.0	0.999 929	0.998 800	0.996 538	0.993 356
7.5	0.999 904	0.998 712	0.996 399	0.993 175
8.0	0.999 876	0.998 621	0.996 258	0.992 993
8.5	0.999 844	0.998 527	0.996 115	0.992 808
9.0	0.999 808	0.998 430	0.995 969	0.992 622
9.5	0.999 769	0.998 331	0.995 822	0.992 434

附表 10　　某些固体物质的密度(单位: $g \cdot cm^{-3}$)

元素	密度	材料	密度	非金属	密度
铝	2.70	不锈钢	7.75	石蜡	0.87~0.93
锌	7.14	钢材	7.85	蜡	0.95
铁	7.86	工业纯铁	7.87	硬橡胶	1.8
铜	8.93	62 黄铜	8.50	石墨	1.9~2.3
银	10.5	68 黄铜	8.60	食盐	2.1~2.2
铅	11.4	80 黄铜	8.65	熔融石英	2.2
金	19.3	85 黄铜	8.75	玻璃	2.5~2.7
钨	19.3	90 黄铜	8.80	云母	2.6~3.2
铂	21.5	95 黄铜	8.85	铅玻璃	3.88

4. 某些物质的物理参数

某些物质的物理参数见附表 11~32。

附表 11　　某些物质的比热容(常温下,单位: $J \cdot g^{-1} \cdot K^{-1}$)

物质	比热容	物质	比热容	物质	比热容
铝	0.904	银	0.237	水	4.187
铜	0.385	金	0.128	石英玻璃	0.787
黄铜	0.394	铁	0.448	石墨	0.707

附表 12　某些物质的熔点(单位:℃)

物质	汞	冰	石蜡	锡	铅	锌	铝	银	金
熔点	−38.86	0	54	231.97	327.5	419.58	660.4	961.93	1064
物质	铜	锰	钢	硅	熔凝石英	铁	铂	铬	钨
熔点	1084.5	1244	1300~1400	1410	1600	1535	1767	1890	3370

附表 13　某些物质在标准大气压下的沸点(单位:℃)

物质	氦	氢	空气	一氧化碳	氧	二氧化碳	氨	乙醇	水
沸点	−268.9	−252.9	−193	−190	−183	−78.5	−33	78.5	100
物质	甘油	石蜡	汞	锡	铅	锌	铝	银	金
沸点	290	300	357	2260	1740	907	1800	1955	2500
物质	铜	锰	钢	硅	石英	铂	铬	钨	硫
沸点	2360	1900	2750	2355	2400	4300	2200	5900	444.6

附表 14　某些物质的导热系数

物质	二氧化碳	空气	氮	石棉、毡	羊毛	水	云母
温度/℃	27	27	27	—	—	20	100
导热系数 /W·cm^{-1}·K^{-1}	1.66×10^{-4}	2.6×10^{-4}	2.61×10^{-4}	4.18×10^{-4}	7.1×10^{-4}	60.4×10^{-4}	72×10^{-4}
物质	耐火砖	石英玻璃	陶瓷	铁	铝	铜	金刚石
温度/℃		0	100	0	0	0	0
导热系数 /W·cm^{-1}·K^{-1}	0.0105	0.0140	0.30	0.82	2.38	4.0	6.6

附表 15　在 20℃ 时金属的杨氏模量(单位:10^{11}N·m^{-2})

金属	杨氏模量 E	金属	杨氏模量 E
铝	0.69~0.70	镍	2.03
钨	4.07	铬	2.35~2.45
铁	1.86~2.06	合金钢	2.06~2.16
铜	1.03~1.27	碳钢	1.96~2.06
金	0.77	康铜	1.60
银	0.69~0.80	铸钢	1.72
锌	0.78	硬铝合金	0.71

附表 16 水和蓖麻油的黏滞系数

水							
温度 / ℃	0	2	4	6	8	10	12	14
$\eta/(10^{-4}\,\text{Pa}\cdot\text{s})$	17.87	16.71	15.67	14.72	13.86	13.07	12.35	11.69
温度 / ℃	16	18	20	22	24	26	28	30
$\eta/(10^{-4}\,\text{Pa}\cdot\text{s})$	11.09	10.53	10.02	9.548	9.111	8.705	8.327	7.975

蓖麻油				
温度 / ℃	10	20	30	40
$\eta/(\text{Pa}\cdot\text{s})$	2.420	0.986	0.451	0.231

注：空气（20 ℃标准气压下）的黏滞系数 $\eta=1.82\times10^{-5}\,\text{Pa}\cdot\text{s}$。

附表 17 某些金属和合金的电阻率及其温度系数[①]

金属或合金	电阻率 /($\mu\Omega\cdot$m)	温度系数 /(℃$^{-1}$)	金属或合金	电阻率 /($\mu\Omega\cdot$m)	温度系数 /(℃$^{-1}$)
铝	0.028	4.2×10^{-4}	锡	0.12	4.4×10^{-4}
铜	0.0172	4.3×10^{-4}	水银	0.958	1.0×10^{-4}
银	0.016	4.0×10^{-4}	武德合金	0.52	3.7×10^{-4}
金	0.024	4.0×10^{-4}	钢(0.10%～0.15% 碳)	0.10～0.14	6×10^{-3}
铁	0.098	6.0×10^{-4}			
铅	0.205	3.7×10^{-4}	康铜	0.47～0.51	$(-0.04～+0.01)\times10^{-3}$
铂	0.0105	3.9×10^{-4}	铜锰镍合金	0.34～1.00	$(-0.03～+0.02)\times10^{-3}$
钨	0.055	4.8×10^{-4}	镍铬合金	0.98～1.10	$(-0.03～+0.4)\times10^{-3}$
锌	0.059	4.2×10^{-4}			

注：① 电阻率跟金属中的杂质有关，因此表中列出的只是 20℃时电阻率的平均值。

附表 18 在海平面上不同纬度处的重力加速度[①]

纬度 φ / ℃	$g/(\text{m}\cdot\text{s}^{-2})$	纬度 φ / ℃	$g/(\text{m}\cdot\text{s}^{-2})$
0	9.780 49	50	9.810 79
5	9.780 88	55	9.815 15
10	9.782 04	60	9.819 24
15	9.783 94	65	9.822 94
20	9.786 52	70	9.826 14
25	9.789 69	75	9.828 73
30	9.793 38	80	9.830 65
35	9.797 46	85	9.831 82
40	9.801 80	90	9.832 21
45	9.806 29		

注：① 表中所列数值是根据公式 $g=9.78\,049(1+0.005288\sin^2\varphi-0.000006\sin^2 2\varphi)$ 算出的，其中 φ 为纬度

附表 19 固体物质线膨胀系数

物质	温度/℃	线膨胀系数/×10⁻⁶	物质	温度/℃	线胀系数/×10⁻⁶
金	20	14.2	镍铬合金	100	13.0
银	20	19.0	镍钢(Ni10)	—	13
铜	20	16.7	镍钢(Ni43)	—	7.9
铁	20	11.8	混凝土	−13～21	6.8～12.7
锡	20	21	大理石	25～100	5.16
铅	20	28.7	玻璃	0～300	8.10
铝	20	23.0	花岗岩	20	8.3
镍	20	12.8	电木板	—	21～33
黄铜	20	18～19	橡胶	16.7～25.3	77

附表 20 固体中的声速(沿棒传播的纵波,单位:$m \cdot s^{-1}$)

固体	声速	固体	声速
铝	5000	锡	2730
黄铜(Cu70%,Zn30%)	3480	钨	4320
铜	3750	锌	3850
硬铝	5150	银	2680
金	2030	硼硅酸玻璃	5170
电解铁	5120	重硅钾铅玻璃	3720
铅	1210	轻氯铜银冕玻璃	4540
镁	4940	丙烯树脂	1840
莫涅尔合金	4400	尼龙	1800
镍	4900	聚乙烯	920
铂	2800	聚苯乙烯	2240
不锈钢	5000	熔融石英	5760

附表 21 液体中的声速(20℃,单位:$m \cdot s^{-1}$)

液体	声速	液体	声速
CCl_4	935	$C_3H_8O_3$(甘油)	1923
C_5H_6	1324	CH_3OH	1121
$CHBr_3$	928	C_2H_5OH	1168
$C_6H_5CH_3$	1327.5	CS_2	1158.0
CH_3COCH_3	1190	H_2O	1482.9
$CHCl_3$	1002.5	Hg	1451.0
C_6H_5Cl	1284.5	NaCl(4.8%)水溶液	1542

附表 22　气体中的声速(标准状态下,单位: m·s⁻¹)

气体	声速	气体	声速
空气	331.45	H_2O(水蒸气)(100℃)	404.8
Ar	319	He	970
CH_4	432	N_2	337
C_2H_4	314	NH_3	415
CO	337.1	NO	325
CO_2	258.0	N_2O	261.8
CS_2	189	Ne	435
Cl_2	205.3	O_2	317.2
H_2	1269.5		

附表 23　在常温下某些物质相对于空气的光的折射率

物质	波长		
	Hα 线(656.3nm)	D 线(589.3nm)	Hβ 线(486.1nm)
水(18 ℃)	1.3314	1.3332	1.3373
乙醇(18℃)	1.3609	1.3625	1.3665
二硫化碳(18 ℃)	1.6199	1.6291	1.6541
冕玻璃(轻)	1.5127	1.5153	1.5214
冕玻璃(重)	1.6126	1.6152	1.6213
燧石玻璃(轻)	1.6038	1.6085	1.6200
燧石玻璃(重)	1.7434	1.7515	1.7723
方解石(寻常光)	1.6545	1.6585	1.6679
方解石(非常光)	1.4846	1.4864	1.4908
水晶(寻常光)	1.5418	1.5442	1.5496
水晶(非常光)	1.5509	1.5533	1.5589

附表 24　某些晶体及光学玻璃的折射率（对于 $\lambda=589.3$ nm 的光）

名称	折射率
熔凝石英	1.458 43
氯化钠（NaCl）	1.544 27
氯化钾（KCl）	1.490 44
萤石（CaF$_2$）	1.433 81
冕牌玻璃 K6	1.511 10
冕牌玻璃 K8	1.515 90
冕牌玻璃 K9	1.516 30
重冕玻璃 ZK6	1.616 20
重冕玻璃 ZK8	1.614 00
钡冕玻璃 Ba	1.539 90
火石玻璃 F8	1.605 51
重火石玻璃 ZF1	1.647 50
重火石玻璃 ZF6	1.755 00
钡火石玻璃 BaF8	1.625 90

附表 25　可见光波长与颜色的关系

波长范围/nm	780～622	622～597	597～577	577～492	492～470	470～455	455～390
中心波长/nm	660	610	570	540	480	460	410
颜色	红	橙	黄	绿	青	蓝	紫

附表 26　常用光源的谱线波长表

光源	波长/nm	颜色
H（氢）	656.25	红
	486.13	绿 蓝
	434.05	蓝
	410.17	蓝 紫
	397.01	蓝 紫

光源	波长/nm	颜色
He（氦）	706.52	红
	667.82	红
	587.56（D$_3$）	黄
	501.57	绿
	492.19	绿 蓝
	471.31	蓝
	447.15	蓝
	402.62	蓝紫
	388.87	蓝紫
Ne（氖）	650.65	红
	640.23	橙
	638.30	橙
	626.65	橙
	621.73	橙
	614.31	橙
	588.19	黄
	585.25	黄
Na（钠）	589.592（D$_1$）	黄
	588.995（D$_2$）	黄
H$_g$（汞）	623.44	橙
	579.07	黄
	576.96	黄
	546.07	绿
	491.60	绿蓝
	435.83	蓝
	407.78	蓝紫
	404.66	蓝紫
He - Ne 激光	632.8	橙

附表 27　汞灯光谱线波长表

颜色	波长/nm	相对强度	颜色	波长/nm	相对强度
紫外部分	237.83	弱	紫外部分	292.54	弱
	239.95	弱		296.73	强
	248.20	弱		302.25	强
	253.65	很强		312.57	强
	265.30	强		313.16	强
	269.90	弱		334.15	强
	275.28	强		365.01	很强
	275.97	弱		366.29	弱
	280.40	弱		370.42	弱
	289.36	弱		390.44	弱
紫	404.66	强	黄绿	567.59	弱
紫	407.78	强	黄	576.96	强
紫	410.81	弱	黄	579.07	强
蓝	433.92	弱	黄	585.93	弱
蓝	434.75	弱	黄	588.89	弱
蓝	435.83	很强	橙	607.27	弱
青	491.61	弱	橙	612.34	弱
青	496.03	弱	橙	623.45	强
绿	535.41	弱	红	671.64	弱
绿	536.51	弱	红	690.75	弱
绿	546.07	很强	红	708.19	弱
红外部分	773	弱	红外部分	1530	强
	925	弱		1692	强
	1014	强		1707	强
	1129	强		1813	弱
	1357	强		1970	弱
	1367	强		2250	弱
	1396	弱		2325	弱

附表 28　某些纯金属的"红限"波长及逸出功

金属	λ_i/nm	W/eV	金属	λ_i/nm	W/eV
钾（K）	550.0	2.2	汞（Hg）	273.5	4.5
钠（Na）	540.0	2.4	金（Au）	265.0	5.1
锂（Li）	500.0	2.4	铁（Fe）	262.0	4.5
铯（Cs）	460.0	1.8	银（Ag）	261.0	4.0

附表 29　1 mm 厚石英片的旋光率（温度 20 ℃）

波长/nm	344.1	372.6	404.7	435.9	491.6	508.6	589.3	656.3	670.8
旋光率 ρ	70.59	58.86	43.54	41.54	31.98	29.72	21.72	17.32	16.54

附表 30　光在有机物中偏振面的旋转

旋光物质，溶剂，浓度	波长/nm	$[\rho_s]$	旋光物质，溶剂，浓度	波长/nm	$[\rho_s]$
葡萄糖＋水 $c=5.5$ （$t=20℃$）	447.0	96.62	酒石酸＋水 $c=28.62$ （$t=18℃$）	350.0	−16.8
	479.0	83.88		400.0	−6.0
	508.0	73.61		450.0	+6.6
	535.0	65.35		500.0	+7.5
	589.0	52.76		550.0	+8.4
	656.0	41.89		589.0	+9.82
蔗糖＋水 $c=26$ （$t=20℃$）	404.7	152.8	樟脑＋乙醇 $c=34.70$ （$t=19℃$）	350.0	378.3
	435.8	128.8		400.0	158.6
	480.0	103.05		450.0	109.8
	520.9	86.80		500.0	81.7
	589.3	66.52		550.0	62.0
	670.8	50.45		589.0	52.4

注：表中给出旋光率 $[\rho_s]_\lambda^t = \dfrac{\theta \times 100}{lc}$，式中，$\theta$ 表示温度为 $t℃$ 时在所给溶液中振动面的旋转角；l 表示透过旋光溶液厚度，以分米为单位；c 为溶液的浓度。

附表 31 标准化热电偶的特性

名 称	国标	分度号	旧分度号	测温范围/℃	100 ℃时的电动势/mV
铂铑 10 -铂	GB 3772 - 83	S	LB - 3	0～1600	0.645
铂铑 30 -铂铑 6	GB 2902 - 82	B	LL - 2	0～1800	0.033
铂铑 13 -铂	GB 1598 - 86	R	FDB - 2	0～1600	0.647
镍铬-镍硅	GB 2614 - 85	K	EU - 2	−200～1300	4.095
镍铬-考铜	—	S	EA - 2	0～800	6.95
镍铬-康铜	GB 4993 - 85	E	—	−200～900	5.268
铜-康铜	GB 2903 - 89	T	CK	−200～350	4.277
铁-康铜	GB 4994 - 85	J	—	−40～750	6.317

附表 32　铜-康铜热电偶分度表(mV)　(分度号为 T, 冷端温度为 0℃)

温度/℃	0	10	20	30	40	50	60	70	80	90
	热电动势/mV									
−200	−5.603	−5.753	−5.889	−6.007	−6.105	−6.181	−6.232	−6.258		
−100	−3.378	−3.656	−3.923	−4.717	−4.419	−4.648	−4.865	−5.069	−5.261	−5.439
−0	−0.000	−0.383	−0.757	−1.121	1.475	−1.819	−2.152	−2.475	−2.788	−3.089
0	0.000	0.391	0.789	1.196	1.611	2.035	2.467	2.908	3.357	3.813
100	4.277	4.749	5.227	5.712	6.204	6.702	7.207	7.718	8.235	8.757
200	9.286	9.820	10.360	10.905	11.456	12.011	12.572	13.137	13.707	14.281
300	14.860	15.443	16.030	16.621	17.217	17.816	18.420	19.027	19.638	20.256
400	20.869	—	—	—	—	—	—	—	—	—

附录 B　相关实验仪器说明与软件操作指导

　　附录 B-1 至附录 B-2 请登录东北大学秦皇岛分校教务处网站网络教学平台查看，搜索"大学物理实验"及相关资源即可。

　　附录 B-1 为《GDS-3152 型数字示波器的使用说明书》。

　　附录 B-2 为《FD-PNMR-C 型脉冲核磁共振实验仪说明书》。

附录 C　设计性物理实验简介

C.1　物理实验的现状

　　物理实验课是理工科大学生必修的一门重要基础实验课。著名的物理学家麦克斯韦对物理实验教育功能早有阐述，他说："这门课程，除了在实践上长期培养大学生的注意力和分析力外，也促进学生锤炼自己敏锐观察力和动手操作能力。"正是如此，各学校对物理实验都非常重视。从 20 世纪 80 年代开始，国内重点大学对物理实验独立设课。全国每年都有几次物理实验研讨会、学术交流会，对物理实验定期进行教学研讨。

　　尽管从事物理实验教学的教师作出了巨大的努力，但由于历史的原因，物理实验课和时代有所脱节，不能反映当前物理学的发展及科学技术发展的现状，具有明显的陈旧性、滞后性和非实用性。传统的教学方式中，学生实验前先预习实验讲义。每个实验的目的、仪器、原理、实验内容、数据表格、数据处理讲义中都写得清清楚楚。学生在做实验过程中，基本上是"按部就班""照葫芦画瓢"进行实验。在实验中，学生没有充分锻炼自己的动手能力和思维能力，而是把实验当做一种任务来完成，测量、记录和处理出所需数据就算完成了任务。从某种意义上讲，实验只是学生对所学知识的验证、重复和再现，而在知识的灵活运用上，在与现代科学技术结合上，以及培养学生综合分析、解决问题的能力等方面，实验需要得到进一步的加强。

C.2　开设设计性物理实验课的目的

　　随着现代科学技术的飞速发展，当今世界学科门类已愈数千种，不仅物理学本身内容不断更新，而且出现了不少边缘学科。就测量技术而言，测量方法、测量手段、所用仪器、仪表等也是日新月异。

　　教育要面向现代化，面向世界，面向未来，这是高校改革的根本目标。进入 21 世纪的教育，必须适应现代化社会的需要，着重培养学生综合分析问题和解决问题的能力，培养学生创造力和创造精神。

　　设计性物理实验的教学目的，是在学生具有一定的实验能力的基础上，把所学到的物理知识，电子技术以及计算机应用知识和技能，运用到解决物理问题或实际测量问题中。通过独立分析问题、解决问题，使学生把知识转化为能力，为做毕业设计、写科研成果报告和学术论文进行初步训练。这对激发学生的创造性和深入研究的探索精神，培养科学实验能力，提高综合素质都有重要作用。通过生动活泼的学习和思考，对发挥学生的聪明才智以及培养学生的独立工作能力都是大有好处的。

C.3　设计性物理实验的选题

　　设计性物理实验的选题应综合运用所学知识和技能，要有利于提高学生的科学思维方法和科学研究能力，还应采用较为先进的科学方法和测量技术，使学生紧跟当今科学技术发展的步伐。如，光的衍射法测杨氏弹性模量，其测量方法和经典的光杠杆法不同，而是让学生根据光的衍射理论，通过测量衍射条纹间距离的变化量（在金属丝下端安装一个狭缝，用激光照射狭缝，狭缝变化时衍射条纹间距离发生变化），从而测量金属丝的伸长量，这样就大大提高了测量精度；电谐振法测膜层厚度是用电子线路课程中学到的电谐振原理，来解决实际测量问题，用 AD590 把温度的变化转化为电信号的变化，让学生设计制作一个数字温度计，用光敏三极管设计制作一个计数电路，记录迈克尔逊干涉条纹数目，从而了解和使用传感器；对暂态过程的实际测量及曲线图的描绘和用计算机测量磁场是用计算机进行实时数据采集、存储和处理等。用这些现代化的测量手段进行测量，能使学生从中了解到当前先进的测量技术，开阔学生眼界，激发学生学习兴趣，提高学生综合运用知识的能力，为今后工作、科研打下坚实的基础。

C.4　设计性物理实验的教学要求

设计性物理实验要求学生根据给定题目中的任务和要求，自行设计或选择合理的实验方案，并在实验过程中检验其正确性。

学生可根据给定题目中的任务和要求，学会查阅文献、资料，以理论为根据建立物理模型，自行选择实验方法和测量方法，选择最佳测量条件、最少配套仪器及测量数据的处理方法。然后，让学生进行实验，观察现象，测量数据，计算结果，综合分析，写出完整的实验报告。

C.5　设计性物理实验的教学方式

设计性物理实验采用启发式和开放型的教学方式。要求学生从查阅文献、资料，拟订实验方案直到完成实验报告，尽量独立完成。教师只做启发式引导，决不包办代替。本课程提供的设计性实验题目，学生可以任意选择。学生还可以根据自己的兴趣，提出一些题目，在条件允许的情况下自行完成。教师可根据学生的题目和完成情况进行评定记分。这样就可以激发学生对学习的兴趣，从而促进学生的深入研究和探索精神。

在实验时间方面，除固定课时外，每天下午、晚上和节假日，学生可与教师提前约定，到实验室进行实验。每个题目按给定学时记分，而具体操作时间不限，为学生提供充足的时间进行钻研和探讨。

C.6　设计性物理实验过程

科学实验的全过程，一般可用如下流程简明清晰地表示出来（如图 C-1 所示）。图中，实线箭头表示依次进行的各个环节，虚线箭头表示反馈和修正。任何实验过程都需要经过反复多次的实践、反馈、修正，才能不断地得到完善。

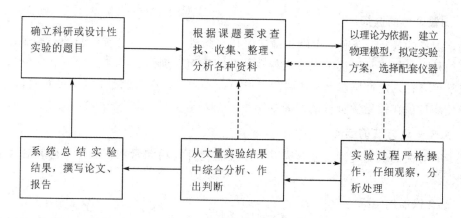

图 C-1　设计性实验流程图

C.7　实验方案的选择

设计性实验的核心是设计、选择实验方案,并在实验中检验方案的正确性与合理性。设计内容一般包括,根据研究内容的要求、实验的精度和现有的主要仪器选择实验方法与测量方法,选择测量条件与配套仪器,对测量数据进行合理处理等。

在进行设计性实验时,主要是完成实验任务,同时应考虑各种误差出现的可能性,分析其产生的原因,以及从大量的测量数据中发现和检验系统误差的存在,估计其大小,并消除或减小系统误差的影响。

1. 实验方法的选择

根据课题所要研究的内容、收集各种可能的实验方法,即根据一定的物理原理,确定被测量与可测量之间的关系的各种可能方法。然后比较各种方法能达到的实验准确度、各自适用的条件及实施的可能性,以确定"最佳实验方法"。如,测本地区的重力加速度,可用单摆法、复摆法、自由落体法、气垫导轨法等,各种方法都有自己的缺点。因此,要在实验室提供的实验条件基础上,通过分析,确定一个误差相对较小、测量方法相对完善的实验方案。

2. 测量方法的选择

实验方法选定后,为使各物理量测量结果的误差最小,需要进行误差来源及误差传递的分析,并结合可能提供的仪器,确定合适的具体测量方法。因为测量同一个物理量,往往有好几种方法可供选择。如,在用自由落体法测量重力加速度的实验中,对于时间的测量,可用光电计时法、火花打点计时法、频闪照相法及用秒表计时等多种计时方法。在仪器已确定的情况下,对某一量的测量,若有几种测量方法可供选择时,则应先选择测量结果误差最小的那种方法。

3. 测量仪器的选择

选择测量仪器时,一般需考虑以下 4 个因素:① 分辨率;② 准确度;③ 量程;④ 价格。由于量程由待测物理量大小决定,在满足测量要求的情况下,应选择较小的量程。在能满足分辨率和精度要求的条件下,应尽可能选择价格较低的仪器。

4．测量条件的选择

确定测量的最有利条件，也就是确定在什么条件下进行测量所引起的误差最小。其中一种方法是由各自变量对误差函数求导并令其为零而得到的。

电学仪表在选定准确度后，还要注意选择合适的量程进行测量，才能使相对误差最小。一般应使测量值在接近满量程的 2/3 处测量。

5．数据处理方法的选择

可参阅有关的数据处理方法，选用一种既能充分利用测量数据，又符合客观实际的数据处理方法。

6．配套仪器的选择

使用多种仪器时，仪器的合理配套问题比较复杂，一般规定各仪器的分误差对总误差的影响都相同，即按等作用原理选择配套仪器。

由于物理实验的内容十分广泛，实验的方法和手段非常丰富，误差的影响错综复杂，是各种因素相互影响的综合结果，因此，要很概括地分析或总结出一套选择实验方案和分析系统误差的普遍适用方法是不现实的。希望同学们通过设计性实验的实践、积累和总结，逐步培养自己进行科学实验的能力和提高进行科学实验的素质。